高等院校计算机应用系列教材

Python基础教程
（微课版）

林志灿　涂晓彬　林智欣　主编

清华大学出版社
北　京

内 容 简 介

本书专门针对Python新手量身定做，涵盖Python 3实际开发中经常用到的重要知识点，内容主要包括Python 语言的类型和对象、运算符和表达式、编程结构和控制流、函数、序列、多线程编程、正则表达式、面向对象编程、文件和目录操作、数据库编程、网络编程和邮件收发、Django 框架和项目范例。在介绍知识点的过程中，理论和实践相结合。书中还安排了不少实践示例，以帮助读者巩固所学，能够学以致用。

本书内容丰富、结构合理、思路清晰、语言简洁流畅、示例翔实。本书可作为高等院校 Python 程序设计课程的教材，也可作为 Python Web 应用开发人员的参考资料。

本书配套的电子课件、实例源文件、习题答案和思维导图可以到 http://www.tupwk.com.cn/downpage 网站下载，也可以扫描前言中的"配套资源"二维码获取。扫描前言中的"看视频"二维码可以直接观看教学视频。

图书在版编目(CIP)数据

Python基础教程：微课版 / 林志灿，涂晓彬，林智欣主编. —北京：清华大学出版社，2023.9
高等院校计算机应用系列教材
ISBN 978-7-302-64581-8

Ⅰ. ①P⋯　　Ⅱ. ①林⋯ ②涂⋯ ③林⋯　　Ⅲ. ①软件工具—程序设计—高等学校—教材　　Ⅳ. ①TP311.561

中国国家版本馆 CIP 数据核字 (2023) 第 180342 号

责任编辑：胡辰浩
封面设计：高娟妮
版式设计：孔祥峰
责任校对：成凤进
责任印制：宋　林

出版发行：清华大学出版社
　　　　网　　　址：https://www.tup.com.cn，https://www.wqxuetang.com
　　　　地　　　址：北京清华大学学研大厦 A 座　　　　邮　　编：100084
　　　　社 总 机：010-83470000　　　　邮　　购：010-62786544
　　　　投稿与读者服务：010-62776969，c-service@tup.tsinghua.edu.cn
　　　　质 量 反 馈：010-62772015，zhiliang@tup.tsinghua.edu.cn

印 装 者：三河市龙大印装有限公司
经　　销：全国新华书店
开　　本：185mm×260mm　　　　印　　张：21.5　　　　字　　数：510 千字
版　　次：2023 年 11 月第 1 版　　　　印　　次：2023 年 11 月第 1 次印刷
定　　价：86.00 元

产品编号：101493-01

Python是一种解释型的、面向对象的、带有动态语义的高级程序设计语言。在使用Python时，开发人员可以保持自己的代码风格，可以使用更清晰易懂的程序来实现想要的功能。对于一个没有任何编程经历的人来说，既简单又强大的Python就是完美的选择。

随着云计算、大数据、人工智能等技术的迅速崛起，对Python人才的迫切需求和现实中Python人才的匮乏让长期沉默的Python语言瞬间备受青睐，本书作为教材，可以说是应运而生。随着技术的快速发展，Python的版本也在更新迭代，不断推出新版本，目前主流的版本为Python 3系列，每推出一个Python新版本都会增加不少新特性。本书基于Python 3.11编写而成，可以满足想学习和了解Python最新版本及其特性的读者。

本书专门为Python新手量身定做，是编者学习和使用Python过程中的体会和经验总结，涵盖实际开发中的所有重要知识点，内容详尽，代码可读性和可操作性强。

本书主要介绍Python语言的类型和对象、运算符和表达式、编程结构和控制流、函数、序列、多线程编程、正则表达式、面向对象编程、文件和目录操作、数据库编程、网络操作和邮件收发等。在讲解每个知识点时，先讲解理论，后列举实际示例，各章还安排了习题，以帮助读者将所学应用到实际中，做到学以致用。

本书的特色是，使用通俗易懂的描述和丰富的代码示例，提高本书的可读性，将复杂问题简化，使学习Python变得轻松。

本书共分14章，各章内容安排如下。

第1章主要介绍Python的起源、应用场合、前景以及Python 3的新特性。

第2章主要介绍Python的基础知识，为后续章节学习相关内容做铺垫。

第3章重点介绍字符和序列(列表、元组、集合等)。

第4章重点介绍流程控制语句，主要包括分支结构、循环结构。

第5章主要介绍正则表达式。

第6章重点介绍函数。函数是组织好的、可重用的、用来实现单一或相关功能的代码段。

第7章重点介绍面向对象编程技术。Python从设计之初就是一门面向对象的语言，提供了一些语言特性以支持面向对象编程。

第8章重点介绍模块，从import语句开始介绍，然后逐步深入。

第9章介绍如何处理各种异常和错误，以及创建和自定义异常类。

第10章重点介绍如何使用Python在硬盘上创建、读取和保存文件，以及目录的创建、删除、遍历等。

第11章主要介绍Python多线程编程。

第12章重点介绍Python数据库编程，并实现简单的增删改查操作。

第13章重点介绍Python网络编程。

第14章介绍如何使用Django框架创建一个投票管理系统，以及如何打包和发布该系统。

本书分为14章，由闽南理工学院的林志灿、涂晓彬、林智欣合作编写完成。其中林志灿编写了第1、3、5、12、14章，涂晓彬编写了第2、4、6、8、11章，林智欣编写了第7、9、10、13章。由于作者水平有限，书中难免存在不足之处，欢迎广大读者批评指正。我们的信箱是992116@qq.com，电话是010-62796045。

本书配套的电子课件、实例源文件、习题答案和思维导图可以到http://www.tupwk.com.cn/downpage网站下载，也可以扫描下方的"配套资源"二维码获取。扫描下方的"看视频"二维码可以直接观看教学视频。

扫描下载　　　　　　　　扫一扫

配套资源　　　　　　　　看视频

编　者

2023年9月

目　录

初识 Python

Python语言伴随人工智能的兴起而得到快速蓬勃的发展，它是一种解释型的、面向对象的、动态数据类型的高级程序设计语言。像Perl语言一样，Python源代码同样遵循GPL协议。Python优雅的语法和动态类型，再结合它的解释性，使其在大多数平台的许多领域成为编写脚本或开发应用程序的理想语言。从云端、客户端到物联网终端，Python无处不在，它已成为人工智能首选的编程语言。

本章的学习目标：

○　了解Python语言的起源与应用领域；

○　熟悉Python语言的版本，Python的下载、安装和启动；

○　了解Python常用的开发工具；

○　熟悉进行Python编程的几种方式；

○　了解Python初学者可能遇到的常见问题。

1.1　Python概述

Python是一门跨平台、开源、免费的解释型高级动态编程语言。除了解释执行，Python还支持伪编译，通过将源代码转换为字节码来优化程序、提高运行速度以及对源代码进行保密，并且支持使用py2exe、pyinstaller、cx_Freeze或其他类似工具将Python程序及其所有依赖库打包为扩展名为.exe的可执行程序，从而可以脱离Python解释器环境和相关依赖库而在Windows平台上独立运行；Python支持命令式编程、函数式编程，完全支持面向对象程序设计。也有人喜欢把Python语言称为"胶水语言"，因为它可以把多种不同语言编写的程序融合到一起实现无缝拼接，更好地发挥不同语言和工具的优势，满足不同应用领域的需求。

目前Python的主流版本为Python 3.x。在选择Python版本时，一定要先考虑清楚使用Python来做哪方面的开发，有哪些扩展库可以使用，这些扩展库最高支持哪个版本的

Python，等等，确定完之后再做出选择，这样就不会把时间浪费在Python和各种扩展库的反复安装上。

1.1.1　Python起源

1989年圣诞节期间，在阿姆斯特丹，Guido van Rossum为了打发圣诞节的无趣，决定开发一种新的脚本解释程序，作为ABC 语言的一种继承。之所以选用Python作为名称，是因为Guido本人是英国一个名叫Monty Python的喜剧团体的爱好者。

ABC语言是由Guido参与设计的一种教学语言。就Guido本人看来，ABC这种语言非常优美和强大，是专门为非专业程序员设计的。但是ABC语言最终并没有成功，究其原因，Guido认为是其非开放性造成的。Guido决定在Python中避免这一错误。同时，他还想实现在ABC语言中闪现过但未曾实现的特性。

就这样，Python诞生了。可以说，Python是从ABC语言发展而来的，主要受到Modula-3(另一种相当优美且强大的语言，为小型团体而设计)的影响，并且结合了UNIX shell和C语言的使用习惯。

自2004年以后，Python的使用率呈线性增长。2011年1月，Python在TIOBE编程语言排行榜上被评为2010年度最受欢迎的语言。

由于Python语言的简洁性、易读性及可扩展性，在国外用Python做科学计算的研究机构日益增多，一些知名大学已采用Python来教授程序设计课程。例如卡内基-梅隆大学的编程基础、麻省理工学院的计算机科学及编程导论就使用Python语言讲授。众多开源的科学计算软件包都提供了Python的调用接口，例如著名的计算机视觉库OpenCV、三维可视化库VTK、医学图像处理库ITK。而Python专用的科学计算扩展库就更多了，例如NumPy、SciPy和matplotlib三个十分经典的科学计算扩展库，它们分别为Python提供快速数组处理、数值运算及绘图功能。因此，Python语言及其众多的扩展库所构成的开发环境十分适合工程技术、科研人员处理实验数据、制作图表，甚至开发科学计算应用程序。

1.1.2　Python版本

Python 作为一种语言，它也是随时间而逐步演进的：

- 早期版本的 Python 被称作是 Python 1；
- 在 2000 年，Python 2 的第一个版本发布，它目前仍在使用中；
- 2008 年 Python 3 的第一个版本发布，它是目前的最高版本。

Python 2 于 2000 年 10 月 16 日发布，其最后一个版本是 2.7。Python 2.7 在 2020 年 1 月 1 日已无法得到 Python 社区的支持，所以其状态类似于 Windows XP 目前的状态。

Python 3 于 2008 年 12 月 3 日发布，目前的版本是 3.11.2。Python 3 是目前最活跃的版本，基本上新开发的 Python 代码都会支持 Python 3。

Python 4 是未来的版本，目前还处于萌芽状态，至今没有相关发布。本教程未涉及 Python 4 的相关内容。

Python 3 和 Python 2 并不是完全兼容的，即在 Python 2 中可以运行的代码并不一定可以在 Python 3 中运行。Python 社区意识到了这个问题，所以在 Python 3 中也提供了一些工具，如 2to3，这些工具可以帮助用户将 Python 2 编写的代码转换成 Python 3 编写的代码。

现阶段来看，多数 Python 库都完成了向 Python 3 迁移的任务，本书的代码也将以 Python 3 为主。建议读者安装 Python 3.5 及以上版本来练习本书中的代码示例。

1.1.3 Python应用

1. 常规软件开发

Python支持函数式编程和面向对象编程，能够承担任何类型软件的开发工作。因此，常规的软件开发、脚本编写、网络编程等都属于标配能力。

2. 科学计算

随着NumPy、SciPy、matplotlib等众多扩展库的开发，Python越来越适合用于科学计算、绘制高质量的2D和3D图形。与科学计算领域最流行的商业软件MATLAB相比，Python是一门通用的程序设计语言，比MATLAB所采用的脚本语言的应用范围更广，有更多的扩展库提供支持。虽然MATLAB中的许多高级功能和工具箱目前还是无法替代的，不过在日常的科研中仍然有很多的工作可由Python代劳。

3. 自动化运维

该功能几乎是Python应用的自留地。作为运维工程师首选的编程语言，Python在自动化运维方面已深入人心，比如Saltstack和Ansible都是大名鼎鼎的自动化平台。

4. 云计算

开源云计算解决方案OpenStack就是基于Python开发的。

5. Web开发

基于Python的Web开发框架有很多，比如耳熟能详的Django，还有Tornado和Flask。其中，Python+Django架构组合的应用范围非常广，开发速度非常快，学习门槛低，能够帮助开发人员快速搭建可用的Web服务。

6. 网络爬虫

网络爬虫也称网络蜘蛛，是大数据行业中获取数据的核心工具。没有网络爬虫自动地、不分昼夜地、高智能地在互联网上爬取免费的数据，那些大数据相关的公司恐怕要少四分之三。能够编写网络爬虫的编程语言有不少，但Python绝对是其中的主流之一，其Scrapy爬虫框架的应用非常广泛。

7. 数据分析

在大量数据的基础上，结合科学计算、机器学习等技术，对数据进行清洗、去重、规格化和有针对性的分析是大数据行业的基石。Python是进行数据分析的主流语言之一。

8. 人工智能

Python在人工智能大范畴领域内的机器学习、神经网络、深度学习等方面都是主流的编程语言，得到广泛的支持和应用。

1.2 搭建Python开发环境

在Windows、Linux、macOS操作系统上，都可以搭建Python开发环境。

1.2.1 下载Python

要搭建Python开发环境，首先必须下载和安装相应的工具。这些工具可免费下载。

(1) 可以从Python官方网站下载安装包。

(2) 也可以从网上下载ActivePython组件包。ActivePython是对Python核心模块和常用模块的二进制封装，是ActiveState公司发布的Python开发环境。ActivePython使得Python的安装更容易，并且可以应用在各种操作系统上。ActivePython包含一些常用的Python扩展，以及Windows环境下的编程接口。如果是Windows用户，下载msi包安装即可；如果是UNIX用户，下载tar.gz包直接解压即可。

(3) Python的IDE具体包括PythonWin、Eclipse+PyDev插件、Komodo、EditPlus、PyCharm等。

1.2.2 安装Python

1. 在Windows操作系统上安装Python

从官网的Windows发行版本列表中找到需要的安装程序，如图1-1所示。32位操作系统下载32-bit安装包，64位操作系统下载64-bit安装包。

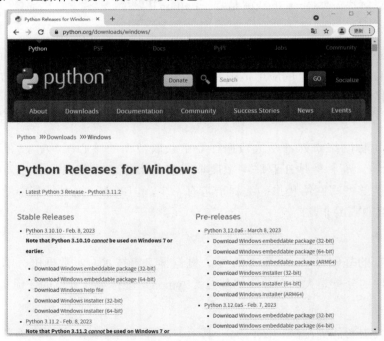

图1-1　Python下载界面

本书使用的是Python 3.11.2。单击Latest Python 3 Release - Python 3.11.2，打开下载界面，下拉界面至Files列表，然后单击Windows installer(64-bit)下载项开始下载，如图1-2所示。

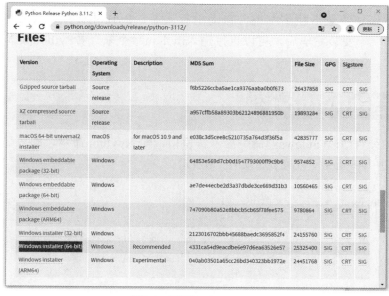

图1-2　下载Python 3.11.2

下载Python安装程序后，双击运行安装程序，初始界面如图1-3所示。选中底部的Add python.exe to PATH复选框，然后单击Install Now按钮。系统可能要求确认对系统所做的更改，单击OK按钮接受这些更改，进入安装界面，如图1-4所示。如果需要修改安装路径，可以单击Customize installation进行修改。

图1-3　Python安装程序的初始界面

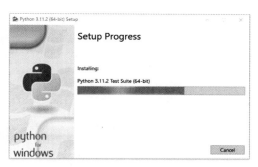

图1-4　Python安装界面

在安装过程的最后，将看到如图1-5所示的界面，单击Close按钮关闭即可。

2. 在Linux操作系统上安装Python

在Linux操作系统上安装Python要简单得多，这里以Ubuntu Linux为例。Python在Ubuntu下有两种常用安装方法。

○　通过Ubuntu官方的apt工具包安装。

图1-5　安装成功界面

○ 通过编译Python源代码安装。

例如，采用apt安装方式时，输入以下命令：

```
sudo apt-get install python3.11.2
```

apt将Python安装包下载到本地并自动进行安装。Python被默认安装到usr/local/lib/python311目录中。安装完毕后，可以直接输入python命令来查看Python版本号或是否安装成功。

1.2.3 启动Python

安装成功后，打开Windows的命令提示符窗口，输入python命令，即可显示当前Python的版本号，并进入Python交互模式，如图1-6所示。

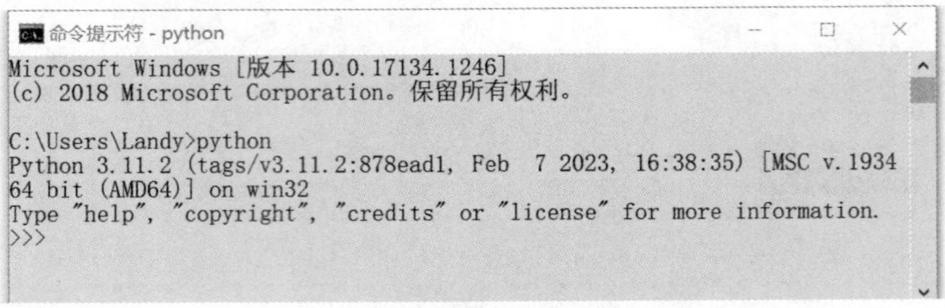

图1-6　在命令提示符窗口中启动Python

在Python交互模式下可以直接输入python命令并执行。例如，输入以下命令：

```
>>> print("hello")
hello
>>> print("hello world")
hello world
>>> x=3
>>> y=4
>>> x+y
7
```

命令提示符窗口如图1-7所示。

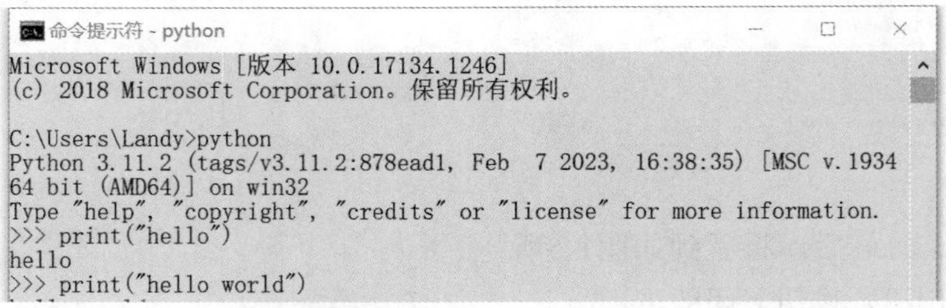

图1-7　直接输入python命令执行

在命令提示符窗口中使用交互模式执行python命令，只适用于测试功能。当关闭窗口时，所有输入的命令和执行结果均无法重现，因此，对于一些需要重复使用的代码，显得无能为力。

因此，本书使用IDLE(Integrated Development Learning Environment，集成开发学习环境)来讲解Python的功能，IDLE又称Eric Idle(Monty Python剧组的一位成员)。

Python安装成功后，同时会安装IDLE。在Windows的【开始】菜单的所有程序中可以找到IDLE的启动项，如图1-8所示。单击IDLE(Python 3.11 64-bit)选项，打开IDLE窗口，如图1-9所示。

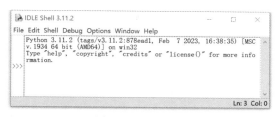

图1-8　IDLE启动项　　　　　　　　　　　　　　图1-9　IDLE窗口

在IDLE中，可通过两种方式与Python交互：shell(输入的Python命令将立即执行)或文本编辑器(允许创建程序代码文档)。目前几乎所有的操作系统都支持IDLE。

在macOS或Linux操作系统中，打开终端，输入idle，按下Enter键即可。

shell内有引擎，IDLE程序包含Python引擎。Python引擎运行Python程序。与命令提示符窗口一样，IDLE Python Shell也可以执行输入的Python命令，将它们输入Python引擎，然后显示结果。

1.2.4　多版本Python及虚拟环境的安装

实际开发中，有可能需要用到不同的Python版本或版本库，这难免会涉及不同Python版本的安装以及不同扩展库的安装。本节以Windows环境为例，介绍多版本Python及虚拟环境的安装。

1. 多版本Python的安装

前面已经安装了Python 3.11.2，这里介绍一下Python 3.7.9的安装。

(1) 首先从Python官网下载Python 3.7.9的安装包，然后双击运行，打开如图1-10所示的界面。

(2) 单击Customize installation按钮，打开Optional Features界面，如图1-11所示。

图1-10　安装Python 3.7.9的初始界面　　　　　　图1-11　Optional Features界面

(3) 单击Next按钮，打开Advanced Options界面，设置安装路径，如图1-12所示。从中可以看出，不能添加路径到系统变量，先单击Install按钮进行安装，后面再专门解决。

(4) 单击Next按钮进入安装过程，如图1-13所示。安装完毕后，单击Finish按钮完成安装。至此，Python 3.7.9已安装完成。

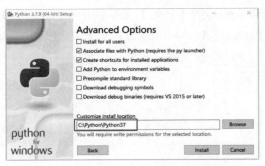

图1-12　Advanced Options界面

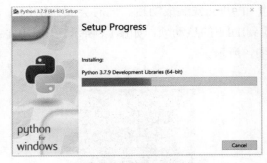

图1-13　安装Python 3.7.9

(5) 此时运行cmd命令进入DOS命令窗口，输入python命令显示Python 3.11.2版本，因为没有把Python 3.7.9版本添加到环境变量中。下面来设置系统环境变量。

打开【控制面板】|【系统和安全】|【系统】，单击【高级系统设置】按钮，如图1-14所示。

图1-14　单击【高级系统设置】按钮

(6) 打开【系统属性】对话框，单击【环境变量】按钮，如图1-15所示。

图1-15　单击【环境变量】按钮

(7) 打开【环境变量】对话框，如图1-16所示，在【系统变量】列表框中选择Path，然后单击【编辑】按钮。

(8) 弹出"编辑环境变量"对话框，单击【新建】按钮，分别添加C:\Python\Python37和

C:\Python\Python37\Scripts到环境变量中，如图1-17所示。

图1-16 【环境变量】对话框

图1-17 添加路径

(9) 找到Python的安装目录，分别将Python37和Python311子目录中python.exe和pythonw.exe的名称修改为python37.exe、pythonw37.exe和python311.exe、pythonw311.exe。

然后运行cmd命令，输入python37即可运行Python 3.7.9版本，输入python311即可运行Python 3.11.2版本，如图1-18所示。

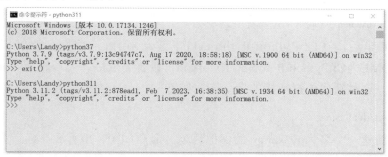

图1-18 执行python37和python311命令

(10) Python安装包需要用到包管理工具pip，但是当同时安装多版本Python时，pip只是其中一个版本，以下将提供一种修改方式，重新安装两个版本的pip，使得两个Python版本的pip能够共存。

在DOS命令窗口中输入以下命令：

```
python311 -m pip install --upgrade pip --force-reinstall
python37 -m pip install --upgrade pip --force-reinstall
```

会显示重新安装成功。

2. Python虚拟环境的安装

在Windows操作系统中安装Python虚拟环境的步骤如下。

(1) 安装virtualenv镜像，执行以下命令(pip3.11为Python311下的pip)：

```
pip3.11 install virtualenv
```

(2) 新建virtualenv，例如，在Python311安装目录下新建一个名为scrapytest的虚拟环境：

virtualenv　scrapytest

(3) 使用cd命令进入C:\Python\Python311\
scrapytest\Scripts目录，直接输入activate命令并
执行，进入虚拟环境，如图1-19所示。进入虚
拟环境，就可以运行Python进行测试了。

(4) 当安装多个Python版本时，可以更改
虚拟环境的Python版本，例如，要为虚拟环
境更改Python版本到Python 3.7，命令如下：

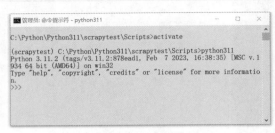

图1-19　进入虚拟环境

virtualenv -p C:\Python\Python37\python37.exe C:\Python\Python311\scrapytest

(5) 当不需要使用虚拟环境时，可以退出虚拟环境，执行以下命令：

deactivate.bat

(6) 如果虚拟环境过多，管理起来会不太方便。这时，可以使用专门的虚拟环境管理包
virtualenvwrapper进行管理，pip安装如下(此处调用的是Python311下的pip311)：

pip3.11 install virtualenvwrapper

在Windows操作系统中安装如下：

pip3.11 install virtualenvwrapper-win

(7) 安装完毕后，在C:\Python\Python311下建立workon文件夹，然后设置环境变量
WORKON_HOME为C:\Python\Python311\workon。设置完成后，可以使用virtualenvwrapper
管理虚拟环境，这时新建虚拟环境的命令格式如下：

mkvirtualenv virtual_name

例如，要新建一个名为py3scrapy的虚拟环境，命令如图1-20所示。

(8) 要查看已安装的虚拟环境，可以执行workon命令，如图1-21所示。

图1-20　使用virtualenvwrapper新建虚拟环境

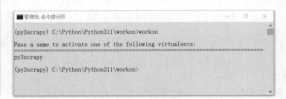

图1-21　查看已安装的虚拟环境

1.3　Python开发环境的使用

"工欲善其事，必先利其器。"学习Python语言也一样，熟悉开发环境是学习一门编
程语言的第一步。

1.3.1　使用自带的IDLE

　　IDLE是Python的官方标准开发环境，从官方网站下载并安装合适的Python版本后，也就同时安装了IDLE。相对于其他Python开发环境而言，IDLE虽比较简单，但具备Python应用开发的几乎所有功能，且不需要进行复杂配置，界面如图1-22所示。

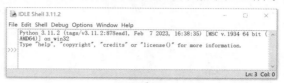

图1-22　Python 3.11.2 IDLE的界面

1.3.2　常用的第三方开发工具

　　除了默认安装的IDLE，还有大量的其他开发环境，如wingIDE、PyCharm、PythonWin、Eclipse、Spyder、IPython、Komodo等。严格来说，所有这些开发环境都是对Python解释器python.exe的封装，核心是完全一样的，只是加了外挂而已。这些开发环境使用起来方便，减少了出错率，尤其是拼写错误。以PyCharm为例，界面如图1-23所示。

图1-23　PyCharm开发环境

1.3.3　官网交互式环境

　　如果暂时什么都不想安装，只是简单地想试试Python语言的功能，可以试试Python官方网站提供的Interactive Shell。登录Python官方网站后，单击图1-24所示方框内的右箭头图标，稍等片刻即可进入如图1-25所示的界面。

❖ 注意：

　　如果想尝试在安卓手机上编写Python程序，可以安装支持Python 3.x的QPython 3。

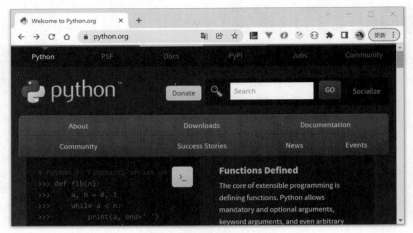

图1-24　Python官方网站

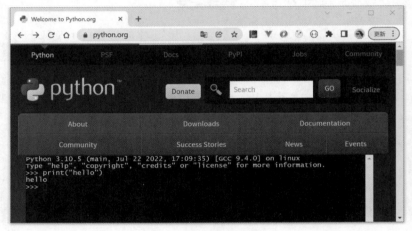

图1-25　Python官方网站提供的Interactive Shell界面

1.4　初学者常见的问题

1.4.1　为什么提示"python不是内部或外部命令……"

已经安装了Python，但是在DOS命令窗口中运行python命令时却提示"python不是内部或外部命令，也不是可运行的程序"。

原因：在环境变量中未给Path添加值。

解决办法：打开环境变量，为系统变量中的Path变量添加Python安装路径，假如Python的安装路径为C:\Python\Python37，就将这个路径添加到系统环境变量中(参照前面1.2.2节的操作方法)，然后再运行python命令。

1.4.2　如何在Python交互模式下运行.py文件

要运行已编写好的.py文件，可以单击【开始】菜单，在【搜索程序和文件】文本框中输入完整的文件名(包括路径)。例如，要运行D:\ceshi.py文件，可以使用下面的命令：

```
python311    D:\ceshi.py
```

在运行.py文件时，如果文件名或路径比较长，可以先在命令窗口中输入python加一个空格，然后直接把文件拖放到空格的位置，这时文件的完整路径将显示在空格的右侧，最后按下Enter键运行即可。

1.5　本章实战

1.5.1　IDLE的简单使用

本节采用标准的IDLE作为开发环境来演示Python的强大功能，几乎所有代码都可以直接在其他开发环境中运行，不需要做任何修改。有时候可能需要同时安装多个不同的版本，例如，同时安装Python 3.11.2和Python 3.7.9，可以根据不同的开发需求在两个版本之间切换。多版本并存并不会影响在IDLE环境中直接运行程序，只需要启动相应版本的IDLE。在命令提示符环境中运行Python程序时，可在调用Python主程序时指定其完整路径，或者修改系统环境变量Path来实现不同版本之间的切换(Path系统环境变量的修改方法参考前面的内容)。

如果能够熟练使用开发环境提供的一些快捷键，可以大幅提升开发效率。在IDLE环境中，除了撤销(Ctrl+Z)、全选(Ctrl+A)、复制(Ctrl+C)、粘贴(Ctrl+V)、剪切(Ctrl+X)等常规快捷键，其他比较常用的快捷键及功能说明如表1-1所示。

表1-1　IDLE中的常用快捷键及功能说明

快捷键	功能说明
Tab	补全单词，列出全部可选单词供选择
Alt+P	浏览历史命令(上一条)
Alt+N	浏览历史命令(下一条)
Ctrl+F6	重启Shell，之前定义的对象和导入的模块全部失效
F1	打开Python帮助文档
Alt+/	自动补全前面曾经出现过的单词，如果之前有多个单词具有相同的前缀，则在多个单词间循环切换
Ctrl+]	缩进代码块
Ctrl+[	取消代码块缩进
Alt+3	注释代码块
Alt+4	取消代码块注释

13

启动Python后默认处于交互模式，直接在Python提示符"＞＞＞"的后面输入相应命令并按Enter键即可执行这些命令。如果执行顺利，可立即看到执行结果，否则会提示有关错误的信息并抛出异常。例如：

```
>>> 2+1                          #井号为注释符，其后的内容不会被执行
3
>>> import math                  #导入Python标准库math
>>> math.sqrt(25)                #使用标准库函数sqrt计算平方根
5.0
>>> 3**2                         #使用**进行幂运算
9
>>> 3*(1+9)
30
>>> 2/0                          #除0错误，会抛出异常
Traceback (most recent call last):
   File "<pyshell#5>", line 1, in <module>
     2/0
ZeroDivisionError: division by zero
>>> x='hello                     #语法错误，字符串的末尾缺少一个单引号
SyntaxError: incomplete input
```

从以上代码可以看出，交互模式一般用来实现一些简单的业务逻辑，或者验证某些功能。复杂的业务逻辑更多的是通过编写Python程序来实现，这样能方便代码的不断完善和重复利用。在IDLE界面中使用菜单命令File | New File创建一个程序文件，输入代码并保存为文件(务必保证扩展名为.py，如果是GUI程序，扩展名为.pyw)。然后，使用菜单命令Run | Run Module运行程序，程序运行的结果将直接显示在IDLE交互界面中。例如，假设程序文件test1.py的内容如下：

```
def main():
    print("this is a test program")
main()
```

在IDLE环境中运行该文件后，显示结果如下：

```
==================== RESTART: D:/pyproject/test1.py ====================
this is a test program
```

在命令提示符环境中运行的方法和结果如图1-26所示。

图1-26 ♦ 在命令提示符环境中运行程序

❖ **技巧：**

为提高代码的运行速度，以及对Python源代码进行保密，可以在命令提示符环境中使用python311 –OO –m py_compile file.py命令将Python程序file.py伪编译为.pyc文件，其中选项 –OO表示优化编译。

1.5.2　pip工具的使用

Python语言中有三类库：内置库、标准库和扩展库。其中，内置库和标准库在Python安装成功后即安装。内置库不需要使用import命令导入就能直接使用；标准库和扩展库需要先导入才能使用。扩展库主要通过pip工具来管理。

使用pip工具之前需要查看是否可用，打开命令提示符环境，输入 pip，如图1-27所示。如果pip工具不能使用，检查Python的安装目录，找到安装目录中的pip.exe文件，然后将其添加到系统环境变量Path中，之后重启再试。

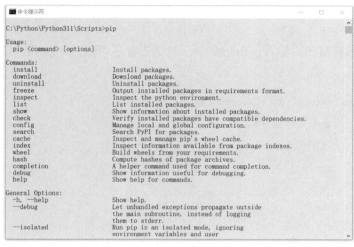

图1-27　pip工具

常用的pip命令如下。

○　pip list：查看已安装的扩展库。

○　pip install package_name：安装名为package_name的扩展库。

○　pip uninstall package_name：卸载名为package_name的扩展库。

例如，使用pip工具安装pandas库，命令如图1-28所示。

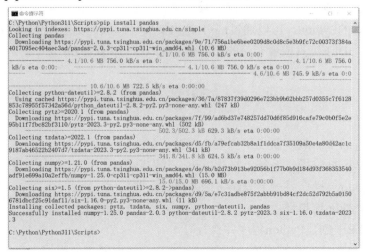

图1-28　安装pandas库

1.5.3 初始化环境

本书后面章节的示例讲解主要使用Python 3.11.2，为了使用方便，这里将Python 3.11.2安装目录下的python311.exe改回python.exe，pythonw311.exe改回pythonw.exe，如图1-29所示。

图1-29 修改文件名

打开命令提示符窗口，输入python命令，测试设置是否成功，如图1-30所示。然后重新执行pip命令：

```
python -m pip install --upgrade pip --force-reinstall
```

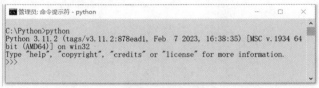

图1-30 测试设置

1.6 本章小结

本章作为开篇，首先介绍了Python语言的起源、Python的主流版本、Python语言的应用领域。Python是一门胶水语言，目前主流版本为Python 3.x。Python语言目前主要用于软件开发、科学计算、自动化运维、云计算、Web开发、网络爬虫、数据分析和人工智能等领域。

在使用Python语言之前，需要先搭建Python开发环境。到Python官方网站下载匹配操作系统的安装包，一键安装即可。可以在同一台计算机上安装多个Python版本或通过Python虚拟环境来使用多版本的Python。可以通过pip工具来安装、卸载、更新Python扩展库。可以在官网的交互式环境、IDLE工具或者专门的IDE环境(如PyCharm软件)中编写、调试Python程序。

1.7 思考与练习

1. Python语言的主流版本及应用主要有哪些？
2. 请实践在Windows操作系统上搭建Python开发环境。
3. 如何在Windows操作系统上安装多版本Python？
4. 如何安装Python虚拟环境？
5. 如何在IDLE中创建Python程序并执行？
6. 如何通过pip工具安装扩展库，以及如何在Python程序中使用扩展库？

## 第 2 章

Python 语言基础

第1章介绍了Python语言的版本、开发环境的搭建、IDE的使用等。有了开发环境后，下面就来学习如何使用Python语言进行编程。

学习任何一门语言，首先要了解该语言的规范、变量、对象、数据类型、表达式等，这是掌握任何一门语言的基础，Python语言也不例外。因此，本章就来介绍这些内容。

本章的学习目标：

- ○ 了解Python语言的语法特点，包括注释、代码规范；
- ○ 熟悉Python语言的保留字，了解Python标识符的命名要求；
- ○ 了解Python变量的使用；
- ○ 熟悉Python基本数据类型，包括数字类型、字符串类型、布尔类型，并掌握查看数据类型的方法；
- ○ 熟练使用Python运算符，包括算术运算符、赋值运算符、比较运算符、逻辑运算符、位运算符，掌握运算符的优先级；
- ○ 熟悉基本输入输出函数的使用，包括input()、print()函数。

2.1　Python语法特点

在开发过程中，必须养成一种良好的编码习惯，使开发人员之间易于理解彼此编写的代码。这种习惯就是为代码添加注释。

Python中的注释有多种，有单行注释、批量多行注释、文档注释。另外，中文注释也很常见。注释可以起到备注的作用，在进行团队合作时，个人编写的代码经常会被多人调用，为了让其他人能更容易理解代码的用途，使用注释是非常有效的。

另外，良好的编程习惯从遵循代码规范开始。对于一段格式良好的Python程序，首先要符合Python代码规范。

2.1.1 注释

1. 单行注释

在Python中，井号(#)常被用作单行注释符号。在代码中使用#时，它右边的任何内容都会被忽略，被当作注释。例如：

```
print 1 #输出1
```

井号右边的内容"输出1"在执行时是不会被输出的。

2. 批量多行注释

Python中也可以对多行代码进行注释，为此，使用Python提供的批量多行注释符号即可。批量多行注释用三对单引号或双引号包含，位于三对引号之间的所有内容均被视为注释。例如：

```
'''
三对单引号，Python多行注释符
三对单引号，Python多行注释符
三对单引号，Python多行注释符
'''
```

或者

```
"""
三对双引号，Python多行注释符
三对双引号，Python多行注释符
三对双引号，Python多行注释符
"""
```

3. 中文注释

在使用Python编程时，免不了会出现或用到中文，这时就需要在文件开头加上中文注释。比如创建一个Python list，在代码上面注释上它的用途，如果开头不声明保存编码的格式是什么，那么它会默认使用ASCII码保存文件，这时如果代码中有中文，就会出错，即使中文是包含在注释里面的。所以，加上中文注释很重要。例如：

```
#coding=UTF-8
```

或者

```
#coding=gbk
```

以上两种形式都可以代表中文注释，推荐使用UTF-8。

作为一名优秀的程序员，为代码添加注释是必须养成的一种习惯。但要确保注释所描述的都是一些较重要的事情，对于看一眼就知其用途的代码则不必添加注释。

4. 文档注释

文档注释一般出现在模块、函数和类的头部，这样在Python中就可以通过__doc__对象获取文档。编辑器和IDE也可以根据文档注释给出自动提示。文档注释主要有以下几种情况。

○ 文档注释以"""开头和结尾，首行不换行，如有多行，末行必须换行，以下是

Google的文档注释风格示例：

```
# -*- coding: UTF-8 -*-
"""Example docstrings.
This module demonstrates documentation as specified by the `Google Python
Style Guide`_. Docstrings may extend over multiple lines. Sections are created
with a section header and a colon followed by a block of indented text.
Example:
    Examples can be given using either the ``Example`` or ``Examples``
    sections. Sections support any reStructuredText formatting, including
    literal blocks::
        $ python example_google.py
Section breaks are created by resuming unindented text. Section breaks
are also implicitly created anytime a new section starts.
"""
```

○ 不要在文档注释中复制函数原型，而是要描述具体内容，解释具体参数和返回值等。例如：

```
# 不推荐的写法(不要写函数原型)
def function(a, b):
    """function(a, b) -> list"""
    ......

# 正确的写法
def function(a, b):
    """计算并返回a到b范围内数据的平均值"""
    ......
```

○ 对函数的参数、返回值等的说明采用NumPy标准，如下所示：

```
def func(arg1, arg2):
    """在这里写函数的一句话总结(如: 计算平均值)
    这里是具体描述
    参数
    ----------
    arg1 : int
        arg1的具体描述
    arg2 : int
        arg2的具体描述
    返回值
    -------
    int
        返回值的具体描述
    参看
    --------
    otherfunc：其他关联函数等
    示例
    --------
    示例使用doctest格式, '>>>'后面的代码可以被文档测试工具作为测试用例自动运行
    >>> a=[1,2,3]
    >>> print [x + 3 for x in a]
    [4, 5, 6]
    """
```

○ 文档注释不限于中英文，但不要中英文混用。

○ 文档注释不是越长越好，通常一两句话能把情况说清楚即可。

◐　模块、公有类、公有方法，能写文档注释的，应该尽量写文档注释。

2.1.2　代码规范

下面先来看看Python的代码规范，让自己首先有个认识，然后在往后的开发中慢慢养成良好的编码习惯。

1. 编码

若无特殊情况，文件一律使用UTF-8编码，文件头部必须加入#-*-coding:UTF-8-*-标识。

2. 代码格式

◐　统一使用4个空格进行缩进。

◐　每行代码尽量不超过80个字符，在特殊情况下可以略微超过80个字符，但最长不得超过120个字符。这在分屏查看比较代码时很有帮助，也方便在控制台中查看代码。

3. 引号

简单说，自然语言使用双引号，机器标识使用单引号。因此，代码里多数应该使用单引号。

◐　自然语言使用双引号"..."，例如，错误信息，很多情况下还是Unicode，使用u"你好世界"。

◐　机器标识使用单引号'...'，例如，dict里的key。

◐　正则表达式使用原生的双引号r"..."。

◐　文档字符串使用三个双引号"""..."""。

4. 空行

模块级函数和类定义之间空两行，类成员函数之间空一行。例如：

```
class A:

    def __init__(self):
        pass

    def hello(self):
        pass


def main():
    pass
```

可以使用多个空行分隔多组相关的函数，或使用空行分隔逻辑相关的代码。

5. import语句

import语句主要用于在程序中导入Python标准库和扩展库。import语句应该分行书写。例如：

```
# 正确的写法
import os
```

```
import sys

# 不推荐的写法
import sys,os

# 正确的写法
from subprocess import Popen, PIPE
```

import语句最好使用绝对导入方式，例如：

```
# 正确的写法
from foo.bar import Bar

# 不推荐的写法
from ..bar import Bar
```

import语句应该放在文件头部，置于模块说明及文档注释之后，于全局变量之前；还应该按照顺序排列，每组之间用一个空行分隔。例如：

```
import os
import sys

import msgpack
import zmq

import foo
```

导入其他模块的类定义时，可以使用相对导入的方式。例如：

```
from myclass import MyClass
```

如果发生命名冲突，可使用名称空间。例如：

```
import bar
import foo.bar

bar.Bar()
foo.bar.Bar()
```

6. 空格

Python程序中，空格的使用规范非常严谨，主要有以下几点。

- 在二元运算符两边各空一格，二元运算符包括=、–、+=、==、>、in、is not、and等。
- 函数的参数列表中，"，"之后要有空格。
- 函数的参数列表中，默认值等号两边不要添加空格。
- 左括号之后，右括号之前不要添加多余的空格。
- 字典对象的左括号之前不要添加多余的空格。
- 不要为了对齐赋值语句而使用额外的空格。

7. 换行

Python支持括号内换行。这有以下两种情况。

(1) 将第二行缩进到括号的起始处。例如：

```
foo = long_function_name(var_one, var_two,
                         var_three, var_four)
```

(2) 将第二行缩进4个空格，适用于从起始括号就换行的情形。例如：

```
def long_function_name(
    var_one, var_two, var_three,
    var_four):
    print(var_one)
```

使用反斜杠\换行，二元运算符加号(+)等应出现在行末；长字符串也可以用此法换行，例如：

```
session.query(MyTable).\
        filter_by(id=1).\
        one()

print 'Hello, '\
        '%s %s!' %\
        ('Harry', 'Potter')
```

另外，禁止使用复合语句，即禁止在一行中包含多个语句；if/for/while语句一定要换行。

2.2 标识符与保留字

2.2.1 标识符

标识符是开发人员在程序中自定义的一些符号和名称，例如，自己定义的变量名、函数名等。定义标识符的首要原则是见名知义。

标识符由字母、下画线和数字组成，且不能以数字开头。注意，Python中的标识符区分大小写。在进行标识符命名时，一般遵循驼峰法命名规范。

❍ 小驼峰式命名法：第一个单词以小写字母开始；第二个单词的首字母大写。例如：

myName、aDog

❍ 大驼峰式命名法：每一个单词的首字母都采用大写字母。例如：

FirstName、LastName

程序员中还有一种命名法比较流行，就是用下画线"_"来连接所有的单词。例如：

send_buf

下面简单介绍Python中一些常用对象的命名规范。

1. 模块名称

模块的命名尽量使用小写形式，首字母保持小写，尽量不要用下画线(除非有多个单词且数量不多)。例如：

```
# 正确的模块名
import decoder
import html_parser

# 不推荐的模块名
import Decoder
```

2. 类名

类名使用驼峰命名风格，首字母大写，私有类可以下画线开头。例如：

```
class Farm():
    pass

class AnimalFarm(Farm):
    pass

class _PrivateFarm(Farm):
    pass
```

> ❖ **注意：**
>
> 最好将相关的类和顶级函数放在同一个模块中，这与Java中不一样，没必要限制一个类一个模块。

3. 函数名

函数名一律小写，若有多个单词，用下画线隔开。例如：

```
def run():
    pass

def run_with_env():
    pass
```

对于私有函数，可在函数名前加下画线_。例如：

```
class Person():

    def _private_func():
        pass
```

4. 变量名

变量名尽量小写，若有多个单词，用下画线隔开。例如：

```
if __name__ == '__main__':
    count = 0
    school_name = ''
```

5. 常量名

常量名采用全大写的风格，若有多个单词，用下画线隔开。例如：

```
MAX_CLIENT = 100
MAX_CONNECTION = 1000
CONNECTION_TIMEOUT = 600
```

2.2.2 保留字

在Python交互模式下，输入以下代码，可以查看Python语言的保留字，即关键字：

```
import keyword
keyword.kwlist
```

Python 3.x中的保留字如图2-1所示。

```
管理员: 命令提示符 - python                              —    □    ×
Python 3.11.2 (tags/v3.11.2:878ead1, Feb  7 2023, 16:38:35) [MSC v.1934 64
bit (AMD64)] on win32
Type "help", "copyright", "credits" or "license" for more information.
>>> import keyword
>>> keyword.kwlist
['False', 'None', 'True', 'and', 'as', 'assert', 'async', 'await', 'break',
'class', 'continue', 'def', 'del', 'elif', 'else', 'except', 'finally', 'f
or', 'from', 'global', 'if', 'import', 'in', 'is', 'lambda', 'nonlocal', 'n
ot', 'or', 'pass', 'raise', 'return', 'try', 'while', 'with', 'yield']
>>>
```

图2-1 Python 3.x中的保留字

任何标识符不得与保留字相同，以免造成使用上的混淆。

2.3 使用变量

在Python中，变量是没有类型的，这和其他编程语言不一样。在使用变量时，不需要提前声明，只需要给这个变量赋值即可。如果只创建了一个变量，而没有对它赋值，那么Python认为这个变量没有被定义。

在Python中，当创建了一个对象，然后把它赋给另一个变量时，Python并没有复制这个对象，而只是复制了对这个对象的引用。

2.3.1 变量的定义

在 Python中，变量就是变量，没有类型，大家所说的"类型"是变量所指向内存中对象的类型。变量是存储在内存中的值。创建变量时会在内存中开辟一块空间。声明一个变量并赋值后，解释器会基于该变量内容的数据类型，为其分配指定内存，并决定什么数据可以存储在内存中。因此，变量可以指定不同的数据类型，这些变量可以存储整数、小数或字符等。

可用等号(=)来给变量赋值。该运算符的左边是变量名，右边是存储在变量中的值，例如：

```
counter = 100                    # 整型变量
miles = 1000.0                   # 浮点型变量
name = " runoob "                # 字符串
```

Python允许开发人员同时为多个变量赋值。例如：

```
a = b = c = 1
```

这条语句创建了一个整型对象，值为1，从后向前赋值，3个变量被赋予相同的数值。也可以为多个对象指定多个变量。例如：

```
a, b, c = 1, 2, "runoob"
```

这条语句将两个整型对象1和2分别赋给变量a和b，将字符串对象"runoob"赋给变量c。

2.3.2　变量的类型

Python 3中有6种标准的数据类型：Number(数字)、String(字符串)、List(列表)、Tuple(元组)、Set(集合)、Dictionary(字典)。其中，Number、String和Tuple为不可变类型；List、Dictionary和Set为可变类型。下面将详细介绍这6种数据类型。

2.4　基本数据类型

本节主要介绍6种标准的数据类型。

2.4.1　数字类型

1. 数字类型

数字类型有int、long、float和complex。

1) int(整型)

在32位机器上，整数的位数为32位，取值范围为$-2^{31} \sim 2^{31}-1$，即$-2\,147\,483\,648 \sim 2\,147\,483\,647$。在64位机器上，整数的位数为64位，取值范围为$-2^{63} \sim 2^{63}-1$，即$-9\,223\,372\,036\,854\,775\,808 \sim 9\,223\,372\,036\,854\,775\,807$。

2) long(长整型)

与C语言不同，Python中对于长整数没有指定位宽，即Python没有限制长整数的大小，但实际上由于机器内存有限，长整数不可能无限大。

从Python 2.2起，如果整数发生溢出，Python会自动将整数转换为长整数。所以，如今即便在长整数的后面不加字母L也不会导致严重后果。

3) float(浮点型)

浮点数用来处理实数，即带有小数的数字。类似于C语言中的double类型。大小为8字节(64位)，其中52位表示底，11位表示指数，剩下的一位表示符号。

4) complex(复数)

复数由实数部分和虚数部分组成，一般形式为$x+yi$，其中，x是复数的实数部分，y是复数的虚数部分，这里的x和y都是实数。

2. 定义数字变量和查看数据类型

当指定一个值时，Number对象就会被创建。例如：

```
var1 = 1
var2 = 10
```

在Python 3中，只有一种整数类型int，表示为长整型，没有Python 2中的long类型。像大多数语言一样，数值类型的赋值和计算都很直观。

可使用内置的type()函数来查询变量所指对象的类型，例如：

```
>>> a, b, c, d = 20, 5.5, True, 4+3j
>>> print(type(a), type(b), type(c), type(d))
<class 'int'> <class 'float'> <class 'bool'> <class 'complex'>
```

此外，还可使用isinstance()函数来判断某个变量是否属于某种数据类型。例如：

```
>>>a = 111
>>> isinstance(a, int)
True
```

type()函数和isinstance()函数的区别在于：type()函数不会认为子类是一种父类类型，isinstance()函数则会认为子类是一种父类类型。示例程序如下：

```
>>> class A:
...       pass
>>> class B(A):              #B继承于A，是A的子类
...       pass
>>> isinstance(A(), A)
True
>>> type(A()) == A
True
>>> isinstance(B(), A)        #isinstance()函数会认为子类是一种父类类型
True
>>> type(B()) == A           #type()函数不会认为子类是一种父类类型
False
```

❖ **注意：**

> 在Python 2中没有布尔型，用数字0表示False，用1表示True。Python 3把True和False定义成关键字，但它们的值还是1和0，它们可以和数字相加。

3. 删除变量

当不再需要某个变量时，可使用del语句删除。del语句的语法格式如下：

```
del var1[,var2[,var3[....,varN]]]
```

可使用del语句删除单个或多个变量，例如：

```
del var                      #删除单个变量
del var_a, var_b             #删除多个变量
```

4. 数值运算

Python可同时为多个变量赋值，如"a, b = 1, 2"。一个变量可通过赋值指向不同类型的对象。数值的除法包含两个运算符：运算符/返回一个浮点数，运算符//返回一个整数。在混合计算时，Python会把整数转换成浮点数。示例程序如下：

```
>>>5 + 4                     #加法
9
>>> 4.3 - 2                  #减法
2.3
>>> 3 * 7                    #乘法
21
>>> 2 / 4                    #除法，得到一个浮点数
0.5
>>> 2 // 4                   #除法，得到一个整数
```

```
0
>>> 17 % 3                        #取余
2
>>> 2 ** 5                        #乘方
32
```

其他数值类型的示例如表2-1所示。

表2-1　其他数值类型的示例

int	float	complex
10	0.0	3.14i
100	15.20	45.i
−786	−21.9	9.322e−36i
080	32.3e+18	.876i
−0490	−90.	−.6545+0i
−0x260	−32.54e100	3e+26i
0x69	70.2E−12	4.53e−7i

2.4.2　字符串类型

1. 定义和引用字符串变量

字符串或串(String)是由数字、字母、下画线组成的一串字符，是编程语言中用于表示文本的数据类型。

Python中的字符串用单引号(')或双引号(")括起来，同时使用反斜杠(\)转义特殊字符。可以创建变量来保存文本，例如：

customer_name = 'Fred'

该语句为变量指定的值是文本字符串。customer_name保存的是文本而非数字。可在任何用到字符串"Fred"的地方使用该变量，例如：

message = 'the name is '+customer_name

在上面指定的表达式中，customer_name变量中保存的文本将被添加到字符串"the name is"的末尾。customer_name当前保存的字符串是"Fred"，上述语句将创建另一个字符串变量message，message中包含的文本内容为"the name is Fred"。

2. 字符串截取

字符串截取的语法格式如下：

变量[头下标:尾下标]

如果方向为从左到右，第一个索引值为0；如果方向为从右到左，右边最后一个字符的索引值为−1。字符串截取示意图如图2-2所示。

图2-2　字符串截取示意图

加号+是字符串的连接符，星号*表示复制当前字符串，紧跟的数字为复制次数，示例如下：

```
#!/usr/bin/python3

str = 'helloworld'

print(str)                          # 输出字符串
print(str[0:-1])                    # 输出第一个到倒数第二个的所有字符
print(str[0])                       # 输出字符串的第一个字符
print(str[2:5])                     # 输出从第三个开始到第五个的所有字符
print(str[2:])                      # 输出从第三个开始的所有字符
print(str * 2)                      # 输出字符串两次
print(str + "TEST")                 # 连接字符串
```

执行以上程序会输出如下结果：

```
helloworld
helloworl
h
llo
lloworld
helloworldhelloworld
helloworldTEST
```

Python使用反斜杠(\)转义特殊字符，如果不想让反斜杠发生转义，可在字符串的前面添加一个r，表示原始字符串。例如：

```
>>> print('c:\windows\system32\nova')
c:\windows\system32
ova
>>> print(r'c:\windows\system32\nova')
c:\windows\system32\nova
```

另外，反斜杠(\)可作为续行符，表示下一行是上一行的延续。也可使用"""..."""或'''...'''跨越多行。需要注意的是，Python没有单独的字符类型，一个字符就是长度为1的字符串，例如：

```
>>>word = 'Python'
>>> print(word[0], word[5])
P n
>>> print(word[-1], word[-6])
n P
```

与C字符串不同的是，Python字符串不能被改变。向一个索引位置赋值(如word[0] = 'm')会导致错误。

❖ **注意：**

(1) 反斜杠可以用来转义，使用r可以让反斜杠不发生转义。

(2) 字符串可以用+运算符连接在一起，用*运算符重复。

(3) Python中的字符串有两种索引方式，从左往右以0开始，从右往左以−1开始。

(4) Python中的字符串不能被改变。

2.4.3　布尔类型

Python支持布尔类型的数据，布尔类型只有True和False两个值，但是布尔类型支持以下几种运算。

○ 与运算：只有两个布尔值都为True时，计算结果才为True，例如：

```
True and True     # ==> True
True and False    # ==> False
False and True    # ==> False
False and False   # ==> False
```

○ 或运算：只要有一个布尔值为True，计算结果就是True，例如：

```
True or True      # ==> True
True or False     # ==> True
False or True     # ==> True
False or False    # ==> False
```

○ 非运算：把True变为False，或者把False变为True，例如：

```
not True     # ==> False
not False    # ==> True
```

布尔运算在计算机中用来做条件判断，根据计算结果为True或False，计算机可自动执行不同的后续代码。

在Python中，布尔类型还可与其他数据类型进行and、or或not运算，请看下面的代码：

```
a = True
print(a and 'a=T' or 'a=F')
```

计算结果不是布尔类型，而是字符串 'a=T'，这是为什么呢？因为Python把0、空字符串 "或None看成False，将其他数值或非空字符串都看成True，所以，True and 'a=T'的计算结果是'a=T'。继续计算'a=T' or 'a=F'，计算结果还是 'a=T'。

要解释上述结果，又涉及and和or运算的一条重要法则：短路计算。

在计算a and b时，如果a是False，则根据与运算法则，整个结果必定为False，因此返回a；如果a是True，则整个计算结果必定取决于b，因此返回b。

在计算a or b时，如果a是True，则根据或运算法则，整个计算结果必定为True，因此返回a；如果a是False，则整个计算结果必定取决于b，因此返回b。

所以，Python解释器在做布尔运算时，只要能提前确定计算结果，它就不会往后计算了，而直接返回结果。

2.4.4　数据类型转换

对Python内置的数据类型进行转换时，可使用内置函数，常用的数据类型转换函数如表2-2所示。

表2-2　数据类型转换函数

函数格式	使用示例	描述
int(x [,base])	int("8")	可转换为String类型和其他数字类型，但是会丢失精度
float(x)	float(1)或float("1")	可转换为String类型和其他数字类型，不足的位数用0补齐，例如1会变成1.0
complex(real ,imag)	complex("1")或complex(1,2)	第一个参数可以是String类型或数字类型，第二个参数只能为数字类型，第二个参数没有时默认为0
str(x)	str(1)	将数字转换为String类型
repr(x)	repr(Object)	返回一个对象的String格式
eval(str)	eval("12+23")	执行一个字符串表达式，返回计算的结果，例如本例中返回35
tuple(seq)	tuple((1,2,3,4))	参数可以是元组、列表或字典。为字典时，返回由字典的key组成的集合
list(s)	list((1,2,3,4))	将序列转换列表，参数可为元组、字典、列表。为字典时，返回由字典的key组成的集合
set(s)	set(['b', 'r', 'u', 'o', 'n'])或set("asdfg")	将一个可迭代对象转换为可变集合，并且去重复，返回结果可用来计算差集x–y、并集x	y、交集x & y
frozenset(s)	frozenset([0, 1, 2, 3, 4, 5, 6, 7, 8, 9])	将一个可迭代对象转换成不可变集合，参数为元组、字典、列表等
chr(x)	chr(0x30)	chr()函数使用一个范围在 range(256)内(就是0～255)的整数作为参数，返回一个对应的字符。返回值是当前整数对应的ASCII字符
ord(x)	ord('a')	返回对应的ASCII数值或Unicode数值
hex(x)	hex(12)	把一个整数转换为十六进制字符串
oct(x)	oct(12)	把一个整数转换为八进制字符串

2.5　运算符

本节主要介绍Python的运算符。举个简单的例子：4+5=9。在这个例子中，4和5被称为操作数，+被称为运算符。Python语言支持以下类型的运算符：算术运算符、比较(关系)运算符、赋值运算符、逻辑运算符、位运算符、成员运算符、身份运算符。下面逐个进行介绍。

2.5.1　算术运算符

算术运算符主要用于两个对象的算术运算(加减乘除等运算)，如表2-3所示。

表2-3　算术运算符

算术运算符	描述	示例

+	两个对象相加	假设变量：a=10，b=20，a + b输出结果30。
		>>> a = 10
		>>> b = 15
		>>> a + b
		25
		>>> a = 'ni'
		>>> b = 'hao'
		>>> a + b
		'nihao'

−	得到负数或使用一个数减去另一个数	假设变量：a=10，b=20，a − b输出结果−10。
		>>> a = 10
		>>> b = 3
		>>> a−b
		7

*	两个数相乘或返回一个被重复若干次的字符串	假设变量：a=10，b=20，a * b输出结果200。
		>>> a = 2
		>>> b = 10
		>>> a * b
		20

/	x除以y	假设变量：a=10，b=20，b / a输出结果2。
		>>> a = 2
		>>> b = 10
		>>> b / a
		5.0

%	返回除法的余数	假设变量：a=10，b=20，b % a输出结果 0。
		>>> a = 2
		>>> b = 10
		>>> b % a
		0

**	返回x的y次幂	假设变量：a=10，b=20，a ** b表示10的20次方，输出结果100000000000000000000。
		>>> a = 2
		>>> b = 10
		>>> a ** b
		1024

//	返回商的整数部分	假设变量：a=10，b=20，9 // 2的输出结果为4。
		>>> a = 2
		>>> b = 10
		>>> b // a
		5

2.5.2 比较运算符

比较(关系)运算符用于比较两个对象(判断是否相等、大于等)，如表2-4所示。

表2-4 比较运算符

比较运算符	描述	示例

==	比较两个对象是否相等	假设变量：a=10，b=20，(a == b)返回False。
		>>> a = 2
		>>> b = 10
		>>> a == b
		False

!=	比较两个对象是否不相等	假设变量：a=10，b=20，(a != b)返回True。
		>>> a = 2
		>>> b = 10
		>>> a != b
		True

<>	比较两个对象是否不相等	Python 3.6中没有这个运算符

>	返回x是否大于y	假设变量：a=10，b=20，(a > b)返回False。
		>>> a = 2
		>>> b = 10
		>>> a > b
		False

<	返回x是否小于y。所有比较运算符返回1表示真，返回0表示假。值1和0分别与特殊变量True和False等价	假设变量：a=10，b=20，(a < b)返回True。
		>>> a = 2
		>>> b = 10
		>>> a < b
		True

>=	返回x是否大于或等于y	假设变量：a=10，b=20，(a >= b)返回False。
		>>> a = 10
		>>> b = 10
		>>> a >= b
		True

<=	返回x是否小于或等于y	假设变量：a=10，b=20，(a <= b)返回True。
		>>> a = 10
		>>> b = 10
		>>> a <= b
		True

2.5.3 赋值运算符

赋值运算符用于为对象赋值，将运算符右边的值(或计算结果)赋给运算符左边的变量，赋值运算符如表2-5所示。

表2-5　赋值运算符

赋值运算符	描述	示例

=	简单的赋值运算符	假设变量：a=10，b=20，c = a + b表示将a + b的运算结果赋值给c。
		>>> a = 10
		>>> a
		10
		>>> a = 10 + 5
		>>> a
		15

+=	加法赋值运算符	假设变量：a=10，b=20，c += a等效于 c = c + a。
		>>> a = 0
		>>> a += 1
		>>> a
		1
		>>> a += 10
		>>> a
		11
		>>> a = 'a'
		>>> a += 'b'
		>>> a
		'ab'

_=	减法赋值运算符	假设变量：a=10，b=20，c—= a等效于 c = c − a。
		>>> a = 10
		>>> a —= 1
		>>> a
		9

*=	乘法赋值运算符	假设变量：a=10，b=20，c *= a等效于c = c * a。
		>>> a = 2
		>>> a *= 10
		>>> a
		20
		>>> a = 'z'
		>>> a *= 5
		>>> a
		'zzzzz'

/=	除法赋值运算符	假设变量：a=10，b=20，c /= a等效于c = c / a。
		>>> a = 10
		>>> a /= 2
		>>> a
		5.0

%=	取模赋值运算符	c %= a等效于c = c % a。
		>>> a = 10
		>>> a %= 3
		>>> a
		1

(续表)

赋值运算符	描述	示例

**=	幂赋值
	运算符
		c **= a等效于c = c ** a。
		>>> a = 2
		>>> a **= 10
		>>> a
		1024

//=	取整除赋值
	运算符
		c //= a等效于c = c // a。
		>>> a = 11
		>>> a //= 2
		>>> a
		5

2.5.4 逻辑运算符

逻辑运算符用于逻辑运算(与、或、非等)，逻辑运算符如表2-6所示。

表2-6 逻辑运算符

逻辑运算符	描述	示例

and	如果x为False，x and y返回False，否则返回y的计算值	>>> a = 0
		>>> b = 1
		>>> a and b
		0
		>>> a = 'a'
		>>> a and b
		1

or	如果x非0，就返回x的值，否则返回y的计算值	>>> a = 0
		>>> b = 1
		>>> a or b
		1

not	如果 x为True，返回False；如果x为False，返回True	>>> a = 0
		>>> not a
		True

2.5.5 位运算符

位运算符用于对Python对象进行位操作，位运算符如表2-7所示。

表2-7　位运算符

位运算符	描述	示例

&	对于参与运算的两个值，如果两个相应位都为1，则该位的结果为1，否则为0	(a & b)输出结果12，二进制解释：0000 1100
		>>> a = 1
		>>> b = 2
		>>> a & b
		0
		>>> b = 3
		>>> a & b
		1

|	只要对应的两个二进制位中有一个为1，结果位就为1	(a | b)输出结果61，二进制解释：0011 1101
		>>> a = 1
		>>> b = 2
		>>> a|b
		3

^	当对应的两个二进制位相异时，结果为1	(a ^ b)输出结果49，二进制解释：0011 0001
		>>> a = 1
		>>> b = 3
		>>> a^b
		2

~	对数据的每个二进制位取反，也就是把1变为0，把0变为1	(~a)输出结果–61，二进制解释：1100 0011，是一个有符号二进制数的补码形式。
		>>> a = 0
		>>> ~a
		–1
		>>> a = 1
		>>> ~a
		–2

<<	将运算数的各二进制位全部左移，由<<右边的运算数指定要移动的位数，高位丢弃，低位补0	a = 2，a << 2输出结果8，二进制解释：0000 0010，向右移两位，变为0000 0100。
		>>> a = 2
		>>> a << 2
		8

>>	将>>左边的运算数的各二进制位全部右移，由>>右边的运算数指定要移动的位数	a >> 2输出结果15，二进制解释：0000 1111
		>>> a = 16
		>>> a >> 1
		8

2.5.6　成员运算符

成员运算符用于判断一个对象是否包含另一个对象，成员运算符如表2-8所示。

表2-8　成员运算符

成员运算符	描述	示例

in	如果在指定的序列中找到值，返回 True，否则返回 False	假定x在y序列中。如果x在y序列中，返回True。
		>>> a = 'a'
		>>> b = 'cba'
		>>> a in b
		True
		>>> b = list(b)
		>>> b
		['c', 'b', 'a']
		>>> a in b
		True

not in	如果在指定的序列中没有找到值，返回True，否则返回False	假定x不在y序列中。如果x不在y序列中，返回True。
		>>> a = 'a'
		>>> b = 'cba'
		>>> a not in b
		False
		>>> b = list(b)
		>>> b
		['c', 'b', 'a']
		>>> a not in b
		False

2.5.7　身份运算符

身份运算符用于判断是否引用自某个对象，身份运算符如表2-9所示。

表2-9　身份运算符

身份运算符	描述	示例
is	判断两个标识符是不是引用自同一个对象	x is y，类似于id(x) == id(y)。如果引用的是同一个对象，返回True，否则返回False
is not	判断两个标识符是不是引用自不同对象	x is not y，类似于id(a) != id(b)。如果引用的不是同一个对象，返回结果True，否则返回False

is和==的区别是：is用于判断两个变量引用的对象是否为同一个，==用于判断引用的变量的值是否相等。

❖ **注意：**

id()函数用于获取对象的内存地址。

2.5.8　运算符的优先级

在一个表达式中，可能包含多个由不同运算符连接起来的、具有不同数据类型的数据对象。由于表达式有多种运算，不同的运算顺序可能得出不同结果甚至出现运算错误，因为当表达式中含有多种运算时，必须按一定顺序进行结合，才能保证运算的合理性和结果的正确性、唯一性。优先级从上到下依次递减，最上面的运算符具有最高的优先级，逗号运算符具有最低的优先级。表达式的结合次序取决于表达式中各种运算符的优先级。优先级高的运算符先结合，优先级低的运算符后结合，同一行中的运算符的优先级相同，如表2-10所示。

表2-10　运算符的优先级(从高到低)

运算符	描述
**	指数(最高优先级)
+ −	按位反转，一元加号和减号
* / % //	乘、除、取模和取整除
+ −	加法、减法
>> <<	右移、左移运算符
&	按位与
^ |	位运算符
<= <> >=	比较运算符
<> == !=	等于或不等于运算符
= %= /= //= −= += *= **=	赋值运算符
is　is not	身份运算符
in　not in	成员运算符
not　or　and	逻辑运算符

运算符优先级的简单示例如下：

```
# coding = UTF-8
#优先级的简单示例
priorityNumber = 2+1*4
print(priorityNumber)              #输出结果：6

#幂运算**
priorityNumber = 2*2**3
print(priorityNumber)              #输出结果：16

#正负号
print(1+2*−3)                      #输出结果：−5

# *、/、%
print(2+1*2/5)                     #输出结果：2

#+、−
print(3 << 2+1)                    #输出结果：24

#比较运算符
priority = 2*3+2 <= 2+1*7
print(priority)                    #输出结果：True

#在没有更高优先级运算符，即只有同级运算符时，按从左到右的顺序结合
print(1+2+3*5+5)                   #输出结果：23
```

```
#在有赋值运算符时，按从右到左的顺序结合，即先算出1+2的值，再赋值给priority
priority = 1+2
print(priority)                                    #输出结果：23
```

2.6 基本输入输出

在前面章节中，你其实已接触了Python的输入输出功能。本节将具体介绍 Python的输入输出。

2.6.1 使用input()函数输入

input()函数用于获得用户输入的数据，语法格式如下：

```
变量 = input('提示字符串')
```

变量和提示字符串都可以省略，用户的输入以字符串形式返回给变量。按Enter键可完成输入，按Enter键之前的所有内容将作为输入字符串赋给变量，例如：

```
>>>a = input('请输入数据：')
请输入字符串：'abc' 123,456 "Python"
>>>a
'abc' 123,456 "Python"
a = input('请输入数据：')
请输入字符串：'abc' 123,456 "Python"
>>>a
'abc' 123,456 "Python"
```

如果输入的数据为int或float类型，则需要先输入字符串，然后使用int(a)的形式。例如，输入a后执行a+1操作：

```
>>>int(a)+1
>>>int(a)+1
```

否则会出现TypeError异常。如果使用input()函数输入数据，但实际没有输入任何数据，那么使用Ctrl+Z组合键输入时，会产生EOFError异常。

2.6.2 使用print()函数输出

Python中的基本输出操作使用print()函数实现，语法格式如下：

```
print([obj1,...][,sep=' '][,end='\n'][,file=sys.stdout])
```

参数列表中，各项参数含义如下：

- [ ]表示可以省略的参数，上述全部参数都可以省略。若同时省略后三个参数，表示使用默认值(用等号指定的默认值)。
- sep表示分隔符，即第一个参数中对象之间的分隔符，默认为空格符(' ')。

- ○ end表示结尾符，即句末的结尾符，默认为'\n'。
- ○ file表示输出位置，即输出到文件还是命令行，默认为sys.stdout，表示输出列命令行(终端)。

示例代码如下：

```
>>>print()                      #输出空行，即使用默认的结尾符，默认为\n，默认的输出文件为标准输出文件
>>>print(123)                   #输出123
123
>>>print(123,'abc',45,'book')                   #使用默认的分隔符sep=' '，输出：123 abc 45 book
123 abc 45 book
>>>print(123,'abc', 45, 'book', sep='#', end='=');print('lalalala')   #输出：123#abc#45#book=lalalala
123#abc#45#book=lalalala
>>>file1 = open('data.txt','w')          #打开文件
>>>print(123,'abc',45,'book',file=file1)       #用file参数指定输出到文件
>>>file1.close()                         #关闭文件
>>>print(open('data.txt'.read))          #输出从文件中读取的内容
123 abc 45 book
```

2.7 本章实战

本节主要使用前面介绍的有关变量、数据类型、运算符、输入输出的知识，创建几个小程序，让大家巩固所学。

2.7.1 求和

本例将接收用户输入的两个数字，然后对这两个数字求和，将求和结果显示出来。程序代码如下：

```
# -*- coding: UTF-8 -*-
# Filename :ch02 sum.py
# 用户输入数字
num1 = input('输入第一个数字：')
num2 = input('输入第二个数字：')
# 求和
sum = float(num1) + float(num2)
# 显示计算结果
print('数字 {0} 和 {1} 相加结果为：{2}'.format(num1, num2, sum))
```

执行以上代码输出结果为：

```
==================== RESTART: C:/projects/ch02sum.py ====================
输入第一个数字：5
输入第二个数字：6
数字5和6相加结果为：11.0
```

在该例中，通过输入两个数字来求和。这里使用内置函数input()来获取用户的输入，input()返回一个字符串，所以需要使用float()方法将这个字符串转换为数字。

在对这两个数字求和时使用了加号(+)运算符，此外，还有减号(–)、乘号(*)、除号(/)、

地板除(//)或取余(%)运算符。对于这些数字运算符，都可以这样进行实践。

还可以将以上运算合并为一行代码：

```
# -*- coding: UTF-8 -*-
# Filename : ch02sum.py
print('两数之和为%.1f' %(float(input('输入第一个数字：'))+float(input('输入第二个数字：'))))
```

执行以上代码，输出结果如下：

```
输入第一个数字：1.5
输入第二个数字：2.5
两数之和为4.0
```

2.7.2   求平方根

平方根又叫二次方根，表示为 $\sqrt{}$ ，如 $\sqrt{16}=4$ ，可用语言描述为：根号下16等于4。在以下示例中，输入一个数字并计算这个数字的平方根。

```
# -*- coding: UTF-8 -*-
# Filename : ch02sqrt.py
num = float(input('请输入一个数字：'))
num_sqrt = num ** 0.5
print(' %0.3f的平方根为%0.3f'%(num ,num_sqrt))
```

执行以上代码，输出结果如下：

```
==================== RESTART: C:/projects/ch02sqrt.py ====================
请输入一个数字：16.0
16.000的平方根为4.000
```

在该例中，请尝试输入一个数字，并使用指数运算符**计算该数的平方根。

该程序只适用于正数。负数和复数可使用以下方式计算：

```
# -*- coding: UTF-8 -*-
# Filename : ch02sqrt1.py
# 计算实数和复数的平方根
# 导入复数数学模块

import cmath

num = int(input("请输入一个数字：  "))
num_sqrt = cmath.sqrt(num)
print('{0}的平方根为{1:0.3f}+{2:0.3f}i'.format(num ,num_sqrt.real,num_sqrt.imag))
```

执行以上代码，输出结果如下：

```
==================== RESTART: C:/projects/ch02sqrt1.py ====================
请输入一个数字：–25
–25的平方根为0.000+5.000i
```

该例中使用了cmath(complex math)模块的sqrt()方法。

2.7.3　求水仙花数

数学中的水仙花数是这样定义的："水仙花数"是指一个三位数，它的各位数字的立方和等于它本身，如370、371。现在要求输出m~n范围内的所有水仙花数。

运行程序时，要求输出给定范围内的所有水仙花数，也就是说，输出的水仙花数必须大于或等于m，并且小于或等于n。如果有多个，则要求按从小到大的顺序排列后在一行内输出，之间用一个空格隔开；如果给定的范围内不存在水仙花数，则输出no；每个测试的输出占一行。

例如，输入：

```
300 380
```

输出如下水仙花数：

```
370 371
```

现在分析一下本例。要从控制台一次性获取以空格分开的数据，理应想到的是使用input().split()。但通过这种方式获得的数据类型是列表(list)，且列表中的每个元素都是字符串(str)，现在需要进一步将列表中的元素转换成数值类型(int)。这里采用一种简便的方法——使用map()函数。map()是Python内置的高阶函数，它接收一个函数f()及一个列表(list)，通过将f()依次作用在list的每个元素上，返回一个map。之后，使用list()将map转换成一个列表，这个列表的前两个元素就是所需要遍历的区间。因此，接收输入数据的语句应该如下所示：

```
list(map(int, input().split()))
```

因为水仙花数存在的区间只可能是三位数，即100~999，所以当输入的数字不是三位数时，要转换成三位数。

最后讨论一下输出数据。输出数据要按从小到大的顺序排列，且在一行内用空格分开。在每次循环遍历的过程中，如果找到水仙花数，就把它保存到一个列表中，在循环结束时输出列表中的每个元素。显然，这使用循环搭配print()函数是做不到的。在本例中使用join()函数打印结果。join()函数用于将序列中的元素以指定的字符连接生成一个新的字符串。语法如下：

```
string.join()
```

join后面的括号中是字符序列，string表示每个字符序列中的间隔字符。

在测试该例时需要注意以下几点：

(1) 输入的不是一个三位数。

(2) 输入多个数。

(3) 输入的第二个数小于第一个数。

程序代码如下：

```
# -*- coding: UTF-8 -*-
# Filename :ch02sxh.py
#判断水仙花数
input_list = list(map(int, input().split()))
```

```
if input_list[0] < 100:
    input_list[0] = 100

if input_list[0] > 999:
    input_list[0] = 999

if input_list[1] < 100:
    input_list[1] = 100

if input_list[1] > 999:
    input_list[1] = 999

if input_list[0] > input_list[1]:
    temp = input_list[0]
    input_list[0] = input_list[1]
    input_list[1] = temp

bai = 0
shi = 0
ge = 0
result = []

for i in range(input_list[0], input_list[1] + 1):
    bai = i // 100
    shi = (i - bai * 100) // 10
    ge = i % 10

    if i == (bai ** 3) + (shi ** 3) + (ge ** 3):
        result.append(i)

if len(result) == 0:
    print('no')
else:
    print(' '.join(str(element) for element in result))
```

运行该程序，输出结果如下：

```
===================== RESTART: C:/projects/ch02sxh.py =====================
300 380
370 371
```

2.7.4 判断素数

本例将接收用户输入的数字，判断该数是否为素数。

首先解释一下什么是素数：素数(prime number)又称质数，是指在大于1的自然数中，除了1和该数自身，无法被其他自然数整除的数(也可定义为只有1与该数本身两个因数的数)。

简单来说，只能除以1和自身的数(需要大于1)就是素数。举个例子，对于5这个数，从2开始一直到4，都不能被5整除，只有1和它本身(5)才能被5整除，所以，5就是一个典型的素数。

那么，要想判断一个随机数是不是素数，用Python代码应该如何实现呢？首先，第一条语句肯定用于接收用户输入的数字：

```
n = int(input("请输入一个数字："))
```

其次，要判断该数是不是素数，就要从2开始一直除到该数之前的那个自然数，很明显是如下数字范围：

```
for i in range(2, n):
```

在循环体中，每次循环时都要判断当次除法是否能整除，这里可以使用求模运算，也就是取余，当余数为0时，该数就不是素数：

```
if n % i == 0:
    print("%d不是一个素数！" % n)
    break
```

这里break语句的作用就是当该数不是素数时，就跳出整个循环，因为该数不是想要的数字(本例涉及的循环控制结构将在后续章节中介绍)。

如果所有循环迭代都完成后还没有找出能整除的数，那么可以判断该数就是一个素数：

```
else:
    print("%d是一个素数！" % n)
```

此时所有代码就写好了，不过为了看起来更简单，没有嵌套是否大于1的判断，因此用户输入的数字默认需要大于1：

```
# -*- coding: UTF-8 -*-
# Filename :ch02sushu.py
#判断输入的数字是否素数
n = int(input("请输入一个数字："))
for i in range(2, n):
    if n % i == 0:
        print(" %d不是一个素数！" % n)
        break
else:
    print(" %d是一个素数！" % n)
```

细细品味这段代码，可以发现，else其实和if不是一对，而与for是并列关系。我们常见的是if…else…或if…elif…else语句，诸如此类，但其实for也可以和else搭配出现。在这段代码中，当某次遍历结果的余数为0时，break生效，循环就结束了，与之成对出现的else代码也就不执行了；当所有遍历结束后，如果没有一次余数为0，循环就转到else开始执行，打印输出"该数为素数"。

最后，请尝试随便输入两个数字，看看功能有没有实现：

```
请输入一个数字：11
11是一个素数！
请输入一个数字：21
21不是一个素数！
```

2.8 本章小结

本章介绍的是Python最基础的语法知识。学习任何一门语言时，首先要了解该语言的规范、变量、对象、数据类型、表达式等，这是掌握任何一门语言的基础，Python语言也不例外。本章首先介绍了Python语法的特点，包括注释、代码规范的常识。然后介绍了Python语言本身的保留字以及标识符命名规则。接着重点介绍了变量的声明，根据变量内容而规定的变量数据类型，基本变量之间进行运算的常规运算符(包括算术运算符、比较运算符、赋值运算符、逻辑运算符、位运算符、成员运算符、身份运算符)以及运算符优先级。最后介绍了如何接收用户从键盘输入的信息，以及如何将Python编程处理后的结果输出以呈现给用户。

本章综合运用了以上介绍的知识，编写了求和、求平方根、求水仙花数、判断素数这几个例子，以巩固所学。

2.9 思考与练习

1. 举例说明Python编程过程中经常用到的注释方式。

2. 如何查看Python中的保留字。

3. 简单描述Python标识符的命名规则。

4. 有以下脚本：

```
info = 'abc'
info[2] = 'd'
```

结果是什么，为什么会报错呢？

5. 如果把上面字符串变量info中的c替换成d，要如何操作呢？

6. 有下面两个变量：

```
**a = '1'
b = 2
```

print(a + b)的结果是什么，为什么会出现这个结果，如果希望结果是3，要如何操作？

7. 已知字符串s = "i,am,lilei"，请用两种办法取出该字符串中的"am"字符串。

8. 在Python中，如何修改字符串？

9. bool("2012" == 2012)的结果是什么？

10. 已知如下代码：

```
a = "中文编程"
b = a
c = a
a = "Python编程"
b = a.decode('UTF-8')
d = "中文编程"
e = a
c = b
b2 = a.replace("中", "中")
```

(1) 请给出str对象"中文编程"的引用计数。

(2) 请给出str对象"Python编程"的引用计数。

第 3 章

字符与序列

Python中常用的序列结构有列表、元组、字典、字符串、集合等。大部分可迭代对象也支持类似于序列的语法，如图3-1所示。列表、元组、字符串等序列类型以及range对象均支持双向索引，第一个元素的下标为0，第二个元素的下标为1，以此类推。可以使用负整数作为索引是Python序列的一大特点，熟练掌握和运用这一特点可以大幅度提高开发效率。

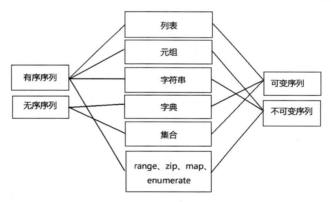

图3-1　Python序列分类示意图

大量实际开发经验表明，熟练掌握Python基本数据结构(尤其是序列)的用法可以更加快速、有效地解决实际问题。大家慢慢会发现，实际工作中的每个问题最终都可通过一些基本数据结构的方法或内置函数来解决。本章通过大量实例介绍了列表、元组、字典、集合等几种基本数据结构的用法，同时还涵盖了range对象、zip对象和enumerate对象的巧妙应用，以及在实际应用中非常有用的列表推导式、切片操作、生成器推导式等。

本章的学习目标：

❍ 熟悉字符串的常见操作，包括字符串的拼接、字符串长度的计算、字符串的截取、字符串的分隔和合并、字符串检索、字母大小写转换、字符串中空格和特殊字符的删除、字符串的格式化、字符串的编码和解码等；

- 熟悉常见的序列操作，包括索引、切片、序列相加、乘法、判断某个元素是否是序列成员、计算序列的长度和最大值/最小值等；
- 熟悉列表的使用，包括列表的创建和删除、访问列表元素、遍历列表、列表元素的增删改操作、对列表进行统计计算、对列表进行排序、列表推导式、二维列表的使用等；
- 熟悉元组的使用，包括元组的创建和删除、访问元组元素、修改元组元素、元组推导式；
- 熟悉字典的使用，包括字典的创建和删除、字典的访问、字典的遍历、字典的增删改操作；
- 熟悉集合的使用，包括集合的创建、集合的增删改操作、常见的集合运算等；
- 了解列表、元组、字典和集合的区别。

3.1 字符串的常见操作

前一章已简单介绍了字符串变量，了解了有关字符串的一些基本操作。本节主要介绍对字符串对象的一些常见操作，所使用的相应方法如表3-1所示。

表3-1　用于字符串对象的常用方法

方法	功能
name.strip()	去掉空格和换行符
name.strip('xx')	去掉某个字符串
name.lstrip()	去掉左边的空格和换行符
name.rstrip()	去掉右边的空格和换行符
name.count('x')	查找某个字符在字符串中出现的次数
name.capitalize()	首字母大写
name.center(n,'-')	把字符串放中间，两边用-补齐
name.find('x')	找到这个字符后返回下标，多个时返回第一个；该字符不存在时返回-1
name.index('x')	找到这个字符后返回下标，多个时返回第一个；该字符不存在时报错
name.replace(oldstr, newstr)	字符串替换
name.format()	字符串格式化
name.format_map(d)	字符串格式化，传入的是一个字典
S.startswith(prefix[,start[,end]])	是否以prefix开头
S.endswith(suffix[,start[,end]])	是否以suffix结尾
S.isalnum()	是否全是字母和数字，并至少有一个字符
S.isalpha()	是否全是字母，并至少有一个字符
S.isdigit()	是否全是数字，并至少有一个字符
S.isspace()	是否全是空白字符，并至少有一个字符
S.islower()	S中的字母是否全是小写
S.isupper()	S中的字母是否全是大写
S.istitle()	S是否首字母大写

(续表)

方法	功能
name.split()	默认按照空格分隔
name.split(',')	按照逗号分隔
','.join(slit)	用逗号连接slit，变成一个字符串，slit可以是字符、列表、字典(可迭代对象)。int类型不适用于该方法

下面重点讲解字符串长度的计算、字母大小写转换、字符串的分隔与拼接、字符串查找、字符串替换、单词个数的统计、字符串的格式化、字符串的编码与解码等相关内容。

3.1.1 字符串长度的计算

len()方法用于返回对象(字符串、列表、元组等)的长度或条目的个数。语法格式如下：

```
len(s)
```

参数s为要计算长度的字符串、列表、字典、元组等。Python在计算字符串长度时，一个中文字符算两个字符，首先将字符串转换成UTF-8，然后计算UTF-8的长度和通过len()方法取得的长度，将其进行对比即可知道字符串内中文字符的数量，这样就可计算出字符串的长度了，例如：

```
value=u'脚本12'
length = len(value)
utf8_length = len(value.encode('utf-8'))
length = (utf8_length–length)/2 + length
print(length)
```

执行以上程序后，输出结果为6。

3.1.2 字母的大小写转换

和其他语言一样，Python为字符串对象提供了转换大小写的方法：upper()和lower()。此外，Python还提供了首字母大写其余字母小写的capitalize()方法，以及所有单词首字母大写其余字母小写的title()方法，示例程序如下：

```
s = 'hEllo pYthon'
print(s.upper())
print(s.lower())
print(s.capitalize())
print(s.title())
```

执行以上代码后，输出结果如下：

```
HELLO PYTHON
hello python
Hello python
Hello Python
```

Python提供了isupper()、islower()、istitle()方法来判断字符串的大小写。需要注意的是：

❍ Python没有提供iscapitalize()方法。

○ 如果对空字符串使用isupper()、islower()、istitle()方法，返回的结果都为False，代码如下：

```
print('A'.isupper())                        #True
print('A'.islower())                        #False
print('Python Is So Good'.istitle())        #True
```

3.1.3　字符串的分隔

Python中的字符串有两种取值顺序。一是从左到右索引，默认从0开始，最大范围是字符串的长度减1，例如：

```
s = 'ilovepython'
```

s[0]的结果是i。

二是从右到左索引，默认从−1开始，最大范围是字符串开头，例如以上字符串中，s[−1]的结果是n。

以上方法常用于从一个字符串中取得一个字符，如果要取得字符串中的若干连续字符，可以使用索引区间标识，例如针对上面的字符串s，s[1:5]的结果是love。

由此可见，当使用以冒号分隔的字符串时，Python返回一个新的对象，该对象包含了以这对偏移标识的连续的内容，包含下边界，比如上面例子的结果包含s[1]的值l，但取到的最大范围不包括上边界，在上面的例子中也就是s[5]的值p，示例如下：

```
str = '0123456789'
print(str[0:3])                 #截取第一位到第三位的字符
print(str[:])                   #截取字符串的所有字符
print(str[6:])                  #截取第七位到结尾的所有字符
print(str[:-3])                 #截取从头开始到倒数第三个字符之前的所有字符
print(str[2])                   #截取第三个字符
print(str[-1])                  #截取倒数第一个字符
print(str[::-1])                #创建一个与原字符串顺序相反的字符串
print(str[-3:-1])               #截取倒数第三位到倒数第一位的字符
print(str[-3:])                 #截取倒数第三位到结尾的所有字符
print(str[:-5:-3])              #逆序截取
```

Python还提供了专门用于截取特定区间字符的split()函数。

split()通过指定分隔符对字符串进行切片，如果参数num有指定值，则仅分隔num个子字符串。split()函数的语法格式如下：

```
str.split(str="", num=string.count(str))
```

其中，参数str为分隔符，默认为所有的空字符，包括空格、换行符(\n)、制表符(\t)等；参数num为分隔次数。该函数返回分隔后的字符串列表，示例如下：

```
#定义一个字符串str1
>>> str1 = "3w.gorly.test.com.cn"
#使用默认分隔符分隔字符串str1
>>> print(str1.split())
['3w.gorly.test.com.cn']
#指定分隔符为'.'，分隔字符串str1
```

```
>>> print(str1.split('.'))
['3w', 'gorly', 'test', 'com', 'cn']
#指定分隔符为'.'，并且指定分隔次数为0次
>>> print(str1.split('.',0))
['3w.gorly.test.com.cn']
#指定分隔符为'.'，并且指定分隔次数为1次
>>> print(str1.split('.',1))
['3w', 'gorly.test.com.cn']
#指定分隔符为'.'，并且指定分隔次数为2次
>>> print(str1.split('.',2))
['3w', 'gorly', 'test.com.cn']
#以下这种分隔等价于不指定分隔次数的情况
>>> print(str1.split('.',-1))
['3w', 'gorly', 'test', 'com', 'cn']
#指定分隔符为'.'，并取序列下标为0的项
>>> print(str1.split('.')[0])
3w
#指定分隔符为'.'，并取序列下标为4的项
>>> print(str1.split('.')[4])
cn
```

3.1.4　字符串的拼接

Python中字符串拼接的常用操作方式有7种，分别是来自C语言的%方式、format()拼接方式、()类似元组方式、面向对象模板拼接方式、常用的+号方式、join()拼接方式及f-string方式。

字符串拼接就是将多个字符串合并成一个字符串。从实现原理上划分，可将这7种字符串拼接方式划分成以下3种类型。

○　格式化类：%、format()、面向对象模板拼接。

○　拼接类：+、()、join()。

○　插值类：f-string。

拼接长度不超过20时，选用+号方式；当需要处理字符串列表等序列结构时，采用join()方式；对于长度超过20的情况，高版本选用f-string方式，低版本根据情况使用format()或join()方式。

下面分别对这7种字符串拼接方式进行详细介绍。

1. 来自C语言的%方式

这种拼接方式的示例代码如下：

```
>>> print('%s %s' % ('Hello', 'world'))
Hello world
```

%方式继承于C语言。%s是一个占位符，它仅代表一段字符串，并不是拼接的实际内容。实际拼接的内容在单独的%后面，放在一个元组里。

类似的占位符还有%d(代表一个整数)、%f(代表一个浮点数)、%x(代表一个十六进制数)，等等。%占位符既是这种拼接方式的特点，也是限制因素，因为每种占位符都有特定意义，实际使用起来相当麻烦。

2. format()拼接方式

format()拼接方式的示例代码如下：

```
# 简洁版
>>> s1 = 'Hello {}! My name is {}'.format('World', 'Python猫')
>>> print(s1)
Hello World! My name is Python猫
# 对号入座版
>>> s2 = 'Hello {0}! My name is {1}'.format('World', 'Python猫')
>>> s3 = 'Hello {name1}! My name is {name2}'.format(name1='World', name2='Python猫')
>>> print(s2)
Hello World! My name is Python猫
>>> print(s3)
Hello World! My name is Python猫
```

这种方式使用花括号{}作为占位符，在format()方法中再传入实际的拼接值。很容易看出，这实际上是对%拼接方式的改进。这种方式在Python 2.6中开始引入。

上例中，简洁版的花括号中无内容，缺点是容易弄错次序。对号入座版主要有两种，一种是传入序列号，另一种是使用键-值对的方式。在实践中，我们更推荐后一种，因为这种方式下既不会输错次序，代码又直观可读。

3. ()类似元组方式

对于()类似元组方式的字符串拼接操作，示例程序如下：

```
>>> s_tuple = ('Hello', ' ', 'world')
>>> s_like_tuple = ('Hello' ' ' 'world')
>>> print(s_tuple)
('Hello', ' ', 'world')
>>> print(s_like_tuple)
Hello world
>>> type(s_like_tuple)
<class 'str'>
```

注意，上例中s_like_tuple并不是一个元组，因为元素间没有逗号分隔符，这些元素可用空格分隔，也可不用空格。若使用type()查看，你会发现它就是str类型。

这种方式看起来很快捷，但是要求括号内的元素是真实字符串，不能混用变量，所以不够灵活，示例如下：

```
# 多元素时，不支持有变量
>>> str_1 = 'Hello'
>>> str_2 = (str_1 'world')
  File "<stdin>", line 1
    str_2 = (str_1 'world')

>>> str_3 = (str_1 str_1)
  File "<stdin>", line 1
    str_3 = (str_1 str_1)

SyntaxError: invalid syntax
# 但是下面的写法不会报错
>>> str_4 = (str_1)
```

4. 面向对象模板拼接方式

对于面向对象模板拼接方式，示例程序如下：

```
>>> from string import Template
>>> s = Template('${s1} ${s2}!')
>>> print(s.safe_substitute(s1='Hello',s2='world'))
Hello world!
```

实际应用中，很少使用字符串的这种拼接方式，因此并不推荐。

5. 常用的+号方式

使用加号(+)来拼接若干字符串，是最常用的字符串拼接方式，示例程序如下：

```
>>> str_1 = 'Hello world！  '
>>> str_2 = 'My name is Python猫'
>>> print(str_1 + str_2)
Hello world！  My name is Python猫
>>> print(str_1)
Hello world！
```

这是最常用的字符串拼接方式。但是，这种方式存在两处容易让人犯错的地方。

首先，编程新手容易犯错，由于不知道字符串是不可变类型，新的字符串会独占一块新的内存，而原来的字符串保持不变。上例中，拼接前有两段字符串，拼接后实际上有三段字符串。

其次，有经验的程序员也容易犯错，他们以为当拼接次数不超过3时，使用+号方式就会比其他方式快，但这没有任何合理依据。

事实上，在拼接短的字面值时，由于Python中具有常数折叠(constant folding)功能，这些字面值会被转换成更短的形式，例如'a'+'b'+'c' 被转换成'abc'，'hello'+'world'也会被转换成'helloworld'。这种转换是在编译期间完成的，而到了运行时，就不会再发生任何拼接操作，因此会加快整体的计算速度。

常数折叠功能要求拼接结果的长度不超过20。所以，当拼接的最终字符串长度不超过20时，+号方式会比后面提到的join()等方式快得多，这与+号的使用次数无关。

6. join()拼接方式

+号拼接方式适用于短字符串的拼接，当拼接的字符串长度超过20时，最好使用join()拼接方式。

str对象自带的join()方法接收一个序列参数，可以实现拼接，例如：

```
>>> str_list = ['Hello', 'world']
>>> str_join1 = ' '.join(str_list)
>>> str_join2 = '-'.join(str_list)
>>> print(str_join1)
Hello world
>>> print(str_join2)
Hello-world
```

可以看出，这种方式比较适合于连接序列对象(如列表)中的元素，并设置统一的分隔符。需要注意的是，在进行拼接时，元素若不是字符串，需要先转换为字符串。

join()拼接方式的缺点是，不适合进行零散的、不属于序列或集合的元素的拼接。

7. f-string方式

f-string方式出自PEP 498(Literal String Interpolation，字面字符串插值)，自Python 3.6版本开始引入。特点是在字符串前加 f 标识，在字符串中间则用花括号{}包裹其他字符串变量，示例程序如下：

```
>>> name = 'world'
>>> myname = 'python_cat'
>>> words = f'Hello {name}. My name is {myname}.'
>>> print(words)
Hello world. My name is python_cat.
```

f-string方式在可读性上远远强过format()方式，处理长字符串的拼接时，速度与join()方式相当。

3.1.5 字符串查找

find()方法用于检测字符串中是否包含子字符串str，如果指定beg(开始)和end(结束)范围，则检查是否包含在指定范围内。如果在指定范围内包含指定的索引值，返回索引值在字符串中的起始位置；如果不包含指定的索引值，返回-1。

find()方法的语法格式如下：

```
str.find(str, beg=0, end=len(string))
```

其中，str表示指定检索的字符串；beg表示开始索引，默认为0；end表示结束索引，默认为字符串的长度。find()方法的返回结果为子字符串所在位置的最左端索引，如果没有找到，则返回-1，示例程序如下：

```
>>> str1 = "Runoob example....wow!!!"
>>> str2 = "exam";
>>> print(str1.find(str2))
7
>>> print(str1.find(str2, 5))
7
>>> print(str1.find(str2, 10))
-1
```

从输出结果可以看出，如果找到字符串，就返回对应的索引值，否则返回-1。

❖ **注意:**

　　字符串的find()方法返回的不是布尔值。如果返回0，就表示在索引0处找到了子字符串。

3.1.6 字符串替换

replace()方法用于将字符串中的old(旧字符串)替换成new(新字符串)，如果指定第三个参数max，则替换不超过max次。

replace()方法的语法格式如下：

```
str.replace(old, new[, max])
```

其中，参数old指的是将被替换的子字符串；参数new是一个新字符串，用于替换old子字符串；参数max为可选参数，替换不超过max次。该方法的返回结果是字符串中的old(旧字符串)被替换成new(新字符串)后生成的新字符串，如果指定第3个参数max，则替换不超过max次。

示例程序如下：

```
>>> str = "this is string example....wow!!! this is really string"
>>> print(str.replace("is","was"))
thwas was string example....wow!!! thwas was really string
>>> print(str.replace("is","was",3))
thwas was string example....wow!!! thwas is really string
```

由输出结果可以看出，当不指定第三个参数时，所有匹配字符都替换；当指定第三个参数时，替换从左往右进行，替换不超过指定次数。

3.1.7　统计字符出现的次数

count()方法用于统计字符串中某个字符出现的次数。可选参数是在字符串中进行搜索的开始与结束位置。count()方法的语法格式如下：

```
str.count(sub, start = 0,end = len(string))
```

其中，参数sub指的是要搜索的子字符串。参数start指的是搜索的开始位置，默认为第一个字符，第一个字符的索引值为0。参数 end指的是搜索的结束位置，默认为字符串最后一个字符的位置。

count()方法的返回结果是子字符串在字符串中出现的次数，示例程序如下：

```
>>> str = "this is string example....wow!"
>>> sub = "i"
>>> print("str.count(sub, 4, 40):", str.count(sub, 4, 40))
str.count(sub, 4, 40): 2   #字符i在str字符串中出现了两次
>>> sub = "wow"
>>> print("str.count(sub):",str.count(sub))
str.count(sub): 1    #字符串"wow"在str字符串中出现了一次
```

3.1.8　去除字符串中的空格和特殊字符

实际项目开发中，在处理字符串时经常会遇到很多空格的问题，逐个手动删除不是我们程序员应该做的事情，Python内置了以下去除空格的方法：lstrip()、rstrip()、strip()。

lstrip()方法用于删除字符串左边的空格，即删除字符串开始位置前的空格，示例代码如下：

```
>>> str = "    Nicholas    "
>>> str.lstrip()
'Nicholas    '
```

从输出结果可见，字符串左侧的空格串被删除了，右侧的空格串还保留着。

rstrip()方法用于删除字符串右边的空格，即删除字符串末尾的所有空格，示例程序如下：

```
>>> str = "   Nicholas   "
>>> str.rstrip()
'   Nicholas'
```

从输出结果可见，字符串右侧的空格串被删除了，左侧的空格串还保留着。

strip()方法用于删除字符串两侧的空格。比如上面的字符串str两侧都有空格，如果需要同时删除两侧的空格，使用strip()方法最方便，示例代码如下：

```
>>> str = "   Nicholas   "
>>> str.strip()
'Nicholas'
```

3.1.9　格式化字符串

许多编程语言中都有格式化字符串的功能，如C和FORTRAN语言中的格式化输入输出功能。Python中内置有对字符串进行格式化的操作%。

格式化字符串时，Python使用一个字符串作为模板。模板中包含一些格式符，这些格式符为真实值预留位置，并说明真实值应该呈现的格式。Python用一个元组将多个值传递给模板，每个值对应一个格式符，示例程序如下：

```
print("I'm %s. I'm %d year old" % ('Vamei', 99))
```

上面的例子中，"I'm %s. I'm %d year old" 为模板。%s为第一个格式符，表示一个字符串。%d为第二个格式符，表示一个整数。('Vamei', 99)的两个元素'Vamei'和99分别为替换%s和%d的真实值。在模板和元组之间，用一个%分隔，%代表了格式化操作。

整个"I'm %s. I'm %d year old" % ('Vamei', 99)实际上构成一个字符串表达式。可以像正常的字符串那样，将它赋值给某个变量。例如：

```
a = "I'm %s. I'm %d year old" % ('Vamei', 99)
print(a)
```

还可以用词典来传递真实值，例如：

```
print("I'm %(name)s. I'm %(age)d year old" % {'name':'Vamei', 'age':99})
```

可以看到，对两个格式符进行了命名。命名使用圆括号括起来。每个命名对应词典的一个键。

格式符为真实值预留位置，并控制显示的格式。格式符可以包含一个类型码，用以控制显示的类型。常用的格式符如表3-2所示。

表3-2 常用的格式符

格式符	作用
%s	字符串(采用str()方法的返回值)
%r	字符串(采用repr()方法的返回值)
%c	单个字符
%b	二进制整数
%d	十进制整数
%i	十进制整数
%o	八进制整数
%x	十六进制整数
%e	指数(基底写为e)
%E	指数(基底写为E)
%f	浮点数
%F	浮点数，与上相同
%g	指数(e)或浮点数(根据显示长度)
%G	指数(E)或浮点数(根据显示长度)
%%	字符"%"

可以用如下方式对格式进行进一步的控制：

%[(name)][flags][width].[precision]typecode

参数name为命名。参数flags可以是+、–、' '或0。+表示右对齐。–表示左对齐。' '为一个空格，表示在正数的左侧填充一个空格，从而与负数对齐。0表示使用0填充。参数width表示显示宽度。参数precision表示小数点后精度，例如：

```
print("%+10x" % 10)
print("%04d" % 5)
print("%6.3f" % 2.3)
```

上面的width、precision参数为两个整数。可以利用*来动态代入这两个参数，例如：

```
print("%.*f" % (4, 1.2))
```

Python实际上用4替换*，所以实际的模板为"%.4f"。

由此可见，Python内置的%操作符可用于格式化字符串操作，控制字符串的呈现格式。Python中还有其他格式化字符串的方式，但使用%操作符最为方便。

3.1.10 encode()和decode()方法

字符串在Python内部的表示为Unicode编码，因此，在进行编码转换时，通常需要以Unicode作为中间编码，先将其他编码的字符串解码(decode)成Unicode，再从Unicode编码(encode)成另一种编码。

decode()方法的作用是将其他编码的字符串转换成Unicode编码，如str1.decode('gb2312')，表示将gb2312编码的字符串str1转换成Unicode编码。

encode()方法的作用是将Unicode编码转换成其他编码的字符串，如str2.encode('gb2312')，表示将Unicode编码的字符串str2转换成gb2312编码。

总之，要想将其他编码转换成UTF-8，必须先解码成Unicode，再重新编码成UTF-8，这以Unicode为转换媒介，例如：

```
s = '中文'
```

如果是在UTF-8文件中，字符串就被编码为UTF-8；如果是在gb2312文件中，则被编码为gb2312。这种情况下，进行编码转换时，都需要先用decode()方法将其转换成Unicode编码，再使用encode()方法将其转换成其他编码。通常，在没有指定具体的编码方式时，使用的都是由系统默认编码创建的代码文件，例如：

```
s.decode('UTF-8').encode('UTF-8')
```

isinstance(s,unicode)方法用于判断s是否为Unicode编码。如果是，就返回True，否则返回False，例如：

```
s = '中文'
s = s.decode('UTF-8')              #将UTF-8解码成Unicode
print(isinstance(s,unicode))       #此时输出的就是True
s = s.encode('UTF-8')              #又将Unicode编码成UTF-8
print(isinstance(s,unicode))       #此时输出的就是False
```

3.2　序列

在Python中，最基本的数据结构就是序列(sequence)。Python包含6种内置序列：列表、元组、字符串、Unicode字符串、buffer对象和xrange对象。

在讲解列表和元组之前，本节先介绍Python中序列的通用操作，这些操作在列表和元组中都会用到。

对于Python中的所有序列，都可以进行一些通用操作，包括索引(indexing)、分片(slicing)、序列相加(adding)、序列相乘(multiplying)、检查成员资格、计算长度、求最小值和最大值。

3.2.1　索引

序列是Python中最基本的数据结构。可以为序列中的每个元素分配一个数字，代表它在序列中的位置(索引)，第一个索引是0，第二个索引是1，以此类推。

序列中的所有元素都是有编号的，从0开始递增。可以通过编号分别对序列中的元素进行访问。前面介绍字符串时已介绍过如何通过索引获取字符或字符串，例如：

```
>>> greeting = 'hello'
>>> greeting[0]
'h'
>>> greeting[1]
'e'
>>> greeting[2]
'l'
```

可以看到，序列中的元素从0开始，从左向右按照自然顺序编号，可以通过编号进行访问。获取元素的方式为：在变量后加中括号，在中括号内输入所要获取元素的编号。这里的编号就是索引，可以通过索引获取元素。所有序列都可以通过这种方式进行索引。

除了从左往右按照编号取值，也可以从右往左取值，例如：

```
>>> greeting = 'hello'
>>> greeting[-1]
'o'
>>> greeting[-2]
'l'
```

可以看到，Python中的序列也可以从右开始索引，最右边元素的索引值为–1，从右往左递减。

在Python中，从左向右索引称为正数索引，从右向左索引称为负数索引。使用负数索引时，会从最后一个元素开始计数，最后一个元素的位置编号为–1。

3.2.2　切片

切片也称为分片。索引用来对单个元素进行访问，分片则通过冒号相隔的两个索引来实现(前面讲解字符串时也曾提到过)，示例程序如下：

```
>>> number = [1,2,3,4,5,6,7,8,9,10]
>>> number[1:3]
[2, 3]
>>> number[-3:-1]
[8, 9]
```

由结果可以看出，分片操作既支持正数索引，又支持负数索引，并且对于提取序列的一部分很方便。

分片操作需要提供两个索引作为边界，第一个索引的元素包含在分片内，第二个索引的元素不包含在分片内。对于上面的示例，假设需要访问最后3个元素，使用正数索引可以写为：

```
>>> number = [1,2,3,4,5,6,7,8,9,10]
>>> number[7:10]
[8, 9, 10]
```

由此可见，number的编号最大应该是9，编号10指向第11个元素，这是一个不存在的元素。

如果需要取得的分片包括序列的结尾元素，只需要将第二个索引设置为空，示例如下：

```
>>> number = [1,2,3,4,5,6,7,8,9,10]
>>> number[-3:]
[8, 9, 10]
```

正数索引也可以使用这种方式取值，示例如下：

```
>>> number[0:]
[1, 2, 3, 4, 5, 6, 7, 8, 9, 10]
```

```
>>> number[:0]
[]
>>> number[:3]
[1, 2, 3]
>>> number[:]
[1, 2, 3, 4, 5, 6, 7, 8, 9, 10]
```

进行分片时，分片的开始位置和结束位置都需要指定，用这种方式获取连续的元素没有问题。但要获取序列中不连续的元素就比较麻烦，或者直接不能操作。例如，要获取序列number中的所有奇数，以一个序列展示出来，用前面的方法就不能实现了。

对于上面这种情况，Python提供了另一个参数：步长。在普通分片中，步长默认为1。分片操作就是按照这个步长逐个遍历序列的元素，遍历后返回开始和结束位置之间的所有元素，例如：

```
>>> number[0:10:1]
[1, 2, 3, 4, 5, 6, 7, 8, 9, 10]
```

将步长设置为比1大的数，示例如下：

```
>>> number[0:10:2]
[1, 3, 5, 7, 9]
```

可以看到，对于number序列，设置步长为2，得到奇数序列。由此可见，将步长设置为大于1的数时，会得到一个跳过某些元素的序列。例如，上面设置的步长为2，得到的是从开始到结束每隔1个元素的序列。比如，还可以进行如下设置：

```
>>> number[0:10:3]
[1, 4, 7, 10]
>>> number[2:6:3]
[3, 6]
>>> number[2:5:3]
[3]
>>> number[1:5:3]
[2, 5]
```

除此之外，也可以设置前面两个索引为空，示例程序如下：

```
>>> number[::3]
[1, 4, 7, 10]
```

上面的操作会将序列中每3个元素的第1个提取出来，将前面两个索引都设置为空。

需要注意的是，步长不能设置为0。

总之，对于正数步长，Python会从序列的头部开始向右提取元素，直到最后一个元素；对于负数步长，则从序列的尾部开始向左提取元素，直到第一个元素。正数步长必须让开始位置小于结束位置，而负数步长必须让开始位置大于结束位置。

3.2.3 序列相加

序列也可以相加，但要注意，这里的相加，并不是将对应的序列元素值相加，而是将序列首尾相接。由于字符串属于字符序列，因此字符串相加也可以视为序列相加。但字符串不能和序列相加，否则会抛出异常。

以下程序演示了两个序列之间的加法，以及序列和字符串之间相加后会抛出异常。

```
print([1,2,3] + [6,7,8])              #运行结果：[1,2,3,6,7,8]
print("Hello" + " world")             #运行结果：Hello world
print([1,2,3] + ["hello"])            #把字符串作为序列的一个元素，运行结果：[1,2,3,"hello"]
print([1,2,3] + ['h', 'e', 'l', 'l', 'o'])   #运行结果：[1,2,3, 'h', 'e', 'l', 'l', 'o']
print([1,2,3] + "hello")              #抛出异常，序列不能和字符串直接相加
```

上述代码中，运行最后一条语句会抛出异常，原因是序列和字符串不能相加。要想让"hello"和序列能够相加，需要将"hello"作为序列的一个元素，如["hello"]，然后再和序列相加。两个相加的序列元素的数据类型可以不一样，例如上述代码中，第3行将一个整数类型的序列和一个字符串类型的序列相加，这两个序列会首尾相接，从而连接在一起。

3.2.4　序列相乘

用数字n乘以一个序列会生成一个新的序列，而在这个新的序列中，原来的序列将被重复n次。如果序列的值是None(Python语言内置的一个值，表示"什么都没有")，那么将这个序列与数字n相乘，假设这个包含None值的序列的长度是1，就会生成占用n个元素空间的序列。

下面的示例通过将字符串与数字相乘，复制字符串；又通过将序列与数字相乘，复制序列：

```
>>> print('hello' * 5)                #字符串与数字相乘
hellohellohellohellohello
>>> print([20] * 10)                  #序列与数字相乘
[20, 20, 20, 20, 20, 20, 20, 20, 20, 20]
>>> print([None] * 6)                 #将值为None的序列和数字相乘
[None, None, None, None, None, None]
```

3.2.5　检查某个元素是否是序列的成员

检查一个元素是否在序列中时用in运算符。该运算符是布尔运算符，返回结果是布尔值。若检查条件为真，返回True；若检查条件为假，返回False。示例程序如下：

```
>>>name = 'wang'
>>>'w' in name
True
>>>'wa' in name
True
>>>'wg' in name
False
>>>users = ['wang','wei','na']
>>>raw_input('your name:') in users
your name:wang
True
>>>raw_input('your name:') in users
your name:cui
False
```

in运算符会检查序列的成员(即元素)，而字符串的成员或元素是字符，如上例中的'w' in 'wang'，早期版本中，这是唯一用于检查字符串成员的方法，但是现在可用in运算符检查更

长的子字符串，如'wa' in 'wang'。

3.2.6 计算序列的长度、最大值和最小值

Python提供了专门的内置函数用于计算序列的长度(即元素个数)、最大值(即最大元素)和最小值(即最小元素)，这些函数分别为：

- len()函数，返回序列中所包含元素的数量。
- max()函数，返回序列中的最大元素。
- min()函数，返回序列中的最小元素。

示例程序如下：

```
>>>number = [1,2,3,4,5]
>>>len(number)
5
>>>max(number)
5
>>>min(number)
1
>>>max(10,2)
10
>>>min(10,2)
2
```

3.3 列表序列

Python包含6种内置序列，最常见的是列表(list)和元组(tuple)。要创建列表，只需要把逗号分隔的不同数据项使用方括号括起来，例如：

```
list1 = ['Google', 'Runoob', 1997, 2000]
list2 = [1, 2, 3, 4, 5 ]
list3 = ["a", "b", "c", "d"]
```

与字符串的索引一样，列表索引从0开始。对列表可以进行截取、组合等。

列表中的数据项不需要具有相同的类型。列表的内容是可变的，而字符串和元组是不可变的(元组将在3.4节介绍)。

Python语言为列表对象封装了许多实用的方法。创建了一个列表对象之后，就可以使用这些方法来操作该列表对象。

前一章已简单介绍了字符串变量，了解了一些基本操作。本节主要介绍用于操作列表对象的一些常用方法，如表3-3所示。

表3-3 用于操作列表对象的常用方法

方法	功能
lst.append(x)	将元素x添加至列表lst的尾部
lst.extend(L)	将列表L中的所有元素添加至列表lst的尾部

(续表)

方法	功能
lst.insert(index,x)	在列表lst中，在指定位置index处添加元素x，将该位置后面的所有元素后移一个位置
lst.remove(x)	在列表lst中删除首次出现的指定元素，将该元素之后的所有元素前移一个位置
lst.pop([index])	删除并返回列表lst中下标为index(默认为–1)的元素
lst.clear()	删除列表lst中的所有元素，但保留列表对象
lst.index(x)	返回列表lst中第一个值为x的元素的下标，若不存在值为x的元素，则抛出异常
lst.count(x)	返回指定元素x在列表lst中出现的次数
lst.reverse()	对列表lst中的所有元素进行逆序操作
lst.sort(key=None,reverse=False)	对列表lst中的元素进行排序，key用来指定排序依据，reverse决定升序(False)还是降序(True)
lst.copy()	返回列表lst的浅复制
append()	向列表尾部追加一个元素
insert()	向列表中的任意指定位置插入一个元素
extend()	将另一个列表中的所有元素追加至当前列表的尾部
pop()	删除并返回指定位置的元素(默认是最后一个元素)
remove()	删除列表中第一个元素值与指定值相等的元素
clear()	清空列表
del()	删除列表中指定位置的元素
count()	返回列表中指定元素出现的次数
index()	返回指定元素在列表中首次出现的位置，如果不存在，则抛出异常
in()	测试列表中是否存在某个元素
sort()	按照指定的规则对所有元素进行排序，默认规则是直接比较元素大小
reverse()	将列表中的所有元素逆序排列
max()和min()	返回列表内所有元素中的最大值和最小值
sum()	返回数值型列表中所有元素之和
len()	返回列表中元素的个数
zip()	将多个列表中的元素重新组合为元组并返回包含这些元组的zip对象
enumerate()	返回包含下标和值的迭代对象

3.3.1 删除列表元素

当不需要列表中的某个元素时，可使用del语句将其删除，例如：

```
list = ['Google', 'Runoob', 1997, 2000]
print("原始列表：", list)
del list[2]
print("删除第三个元素：", list)
```

执行以上程序后，输出结果如下：

```
原始列表：['Google', 'Runoob', 1997, 2000]
删除第三个元素：['Google', 'Runoob', 2000]
```

❖ **注意：**

当为列表添加或删除元素时，列表对象会自动进行内存的扩展或收缩，从而保证元素之间没有缝隙。Python列表的这项内存自动管理功能可以大幅减轻程序员的负担，但删除和插入非尾部元素时会涉及列表中大量元素的移动，这样做效率较低，并且对于某些操作会造成意外的错误结果。因此，除非确实有必要，否则应尽量从列表尾部进行元素的增加或删除操作，这不仅可以大幅提高列表的处理速度，还可以保证总能得到正确的结果。

3.3.2 访问列表元素

可使用下标索引来访问列表中的元素，也可使用方括号的形式截取字符，例如：

```
list1 = ['Google', 'Runoob', 1997, 2000];
list2 = [1, 2, 3, 4, 5, 6, 7 ];
print("list1[0]: ", list1[0])
print("list2[1:5]: ", list2[1:5])
```

执行以上程序后，输出结果如下：

```
list1[0]:    Google
list2[1:5]:   [2, 3, 4, 5]
```

3.3.3 更新与扩展列表

1. 更新列表

可以对列表中的数据项进行修改或更新，示例如下：

```
list = ['Google', 'Runoob', 1997, 2000]
print("第三个元素为：", list[2])
list[2] = 2001
print("更新后的第三个元素为：", list[2])
```

执行以上程序，输出结果如下：

```
第三个元素为：1997
更新后的第三个元素为：2001
```

2. append()方法

append()方法用于在列表末尾添加新的对象，语法格式如下：

```
list.append(obj)
```

参数obj表示要添加到列表末尾的对象。该方法无返回值，但是会修改原来的列表，示例如下：

```
list1 = ['Google', 'Runoob', 'Taobao']
list1.append('Baidu')
print("更新后的列表：", list1)
```

执行以上程序后，输出结果如下：

更新后的列表：['Google', 'Runoob', 'Taobao', 'Baidu']

3. extend()方法

extend()方法用于在列表末尾一次性追加另一个序列中的多个值(用新列表扩展原来的列表)，语法格式如下：

list.extend(seq)

参数seq表示需要追加的元素列表。该方法没有返回值，但会在已存在的列表中添加新的列表内容，示例如下：

```
aList = [123, 'xyz', 'zara', 'abc', 123]
bList = [2009, 'manni']
aList.extend(bList)
print("Extended List : ", aList)
```

执行以上程序后，输出结果如下：

Extended List : [123, 'xyz', 'zara', 'abc', 123, 2009, 'manni']

4. append()和extend()方法的区别

list.append(object)向列表中添加对象object；list.extend(sequence)把序列sequence的内容添加到列表中。

示例程序如下：

```
>>> music_media = ['compact disc', '8-track tape', 'long playing record']
>>> new_media = ['DVD Audio disc', 'Super Audio CD']
>>> music_media.append(new_media)
>>> print(music_media)
['compact disc', '8-track tape', 'long playing record', ['DVD Audio disc', 'Super Audio CD']]
```

可以看出，使用append()方法时，是将new_media看作对象，整体打包添加到music_media对象中。

而使用extend()方法时，是将new_media看作序列，将这个序列和music_media序列合并，示例程序如下：

```
>>> music_media = ['compact disc', '8-track tape', 'long playing record']
>>> new_media = ['DVD Audio disc', 'Super Audio CD']
>>> music_media.extend(new_media)
>>> print(music_media)
['compact disc', '8-track tape', 'long playing record', 'DVD Audio disc', 'Super Audio CD']
```

3.3.4　对列表元素进行统计

要对列表中元素出现的次数进行统计，可使用count()方法。count()方法用于统计某个元素在列表中出现的次数，语法格式如下：

list.count(obj)

其中，参数obj表示列表中要统计的对象。count()方法的返回值是元素在列表中出现的次数，示例程序如下：

```
>>> aList = [123, 'xyz', 'zara', 'abc', 123];
>>> print("Count for 123: ",aList.count(123))
Count for 123: 2
>>> print("Count for zara: ",aList.count('zara') )
Count for zara: 1
```

3.3.5 对列表进行排序

内置方法sort()用于对列表元素进行排序，也可使用内置的全局方法sorted()对可迭代的序列排序以生成新的序列。

1. 排序基础

简单的升序排序非常容易实现，只需要调用sorted()方法。该方法返回一个新列表，该新列表基于小于运算符(__lt__)来排序，例如：

```
>>> sorted([5, 2, 3, 1, 4])
[1, 2, 3, 4, 5]
```

也可使用list.sort()方法来排序，此时列表本身将被修改。通常，此方法不如sorted()方便，但是如果不需要保留原来的列表，此方法将更有效，例如：

```
>>> a = [5, 2, 3, 1, 4]
>>> a.sort()
>>> a
[1, 2, 3, 4, 5]
```

另一个区别在于：list.sort()方法仅被定义在列表中，而sorted()方法对所有的可迭代序列都有效，例如：

```
>>> sorted({1: 'D', 2: 'B', 3: 'B', 4: 'E', 5: 'A'})
[1, 2, 3, 4, 5]
```

2. key参数/函数

从Python 2.4开始，为list.sort()和sorted()方法增加了key参数，用于指定一个函数，此函数将在比较每个元素前被调用。例如，可通过key指定的函数来忽略字符串的大小写：

```
>>> sorted("This is a test string from Andrew".split(), key=str.lower)
['a', 'Andrew', 'from', 'is', 'string', 'test', 'This']
```

key参数的值为一个函数，此函数只有一个参数且返回一个用于进行比较操作的值。key参数指定的函数将对每个元素进行操作。

更常见的是，用复杂对象的某些值对复杂对象的序列进行排序，例如：

```
>>> student_tuples = [
...        ('john', 'A', 15),
...        ('jane', 'B', 12),
...        ('dave', 'B', 10),
... ]
>>> sorted(student_tuples, key = lambda student: student[2])        #按照age字段排序
```

[('dave', 'B', 10), ('jane', 'B', 12), ('john', 'A', 15)]

3. 升序和降序

list.sort()和sorted()方法都接收参数reverse(值为True或False)，表示升序或降序排序，例如：

```
>>> test = [6,1,2,3,4,5]
>>> a = sorted(test,reverse=True)
>>> print(a)
[6, 5, 4, 3, 2, 1]
```

3.3.6 列表推导式

1. 基本列表推导式

列表推导式提供了一种创建列表的简便方法。创建列表时，列表中的元素来自其他序列、可迭代对象或创建的一个满足某条件的序列。

假设要创建一个由平方数组成的列表，例如：

```
squares = []
for x in range(10):
    squares.append(x**2)
print(squares)
```

输出结果如下：

[0, 1, 4, 9, 16, 25, 36, 49, 64, 81]

也可通过下面的方式获得相同的列表：

squares = [x**2 for x in range(10)]

这也等价于下面的方式，但使用列表推导式更简单。

squar = map(lambda x:x**2,range(10))

函数map(function,iterable)常有两个参数，第一个参数function是一个函数，第二个参数iterable是一个列表。为列表中的每个元素调用函数function，调用结果将构成一个新序列。

列表推导式包含一对方括号，在方括号中有一个表达式，表达式后面紧跟一条for语句，然后是零条或多条for语句或if语句。通过for语句和if语句计算表达式的结果，将结果作为新列表的元素。语法格式如下：

[表达式 for 变量 in 序列或迭代对象]

列表推导式是Python最受欢迎的特性之一，掌握它是成为合格Python程序员的基本标准。本质上，可以把列表推导式理解成一种集合了变换和筛选功能的函数，可通过这种函数把一个列表转换成另一个新列表。注意是另一个新列表，原始列表保持不变。

例如，下面的列表推导式将两个不同列表中的元素整合到了一起：

>>> [(x,y)for x in [1,2,3] for y in [3,1,4] if x != y]

[(1, 3), (1, 4), (2, 3), (2, 1), (2, 4), (3, 1), (3, 4)]

这等价于：

```
>>> combs = []
>>> for x in [1,2,3]:
        for y in [3,1,4]:
            if x != y:
                combs.append((x,y))

>>> combs
[(1, 3), (1, 4), (2, 3), (2, 1), (2, 4), (3, 1), (3, 4)]
```

注意，for语句和if语句在这两段程序中的顺序是相同的。

如果表达式是一个元组(如前面例子中的(x,y))，那么必须给它加上圆括号。

```
>>> vec = [-4,-2,0,2,4]
>>> #使用vec中元素的倍数，创建一个数组
>>> [x*2 for x in vec]
[-8, -4, 0, 4, 8]
>>> #过滤列表，删除列表中的负数
>>> [x for x in vec if x >= 0]
[0, 2, 4]
>>> #对列表中的每个元素应用一个函数
>>> [abs(x) for x in vec]
[4, 2, 0, 2, 4]
>>> #对每个元素调用一个方法
>>> freshfruit = ['000banana00','0000loganberry0','0passion fruit00000']
>>> [weapon.strip('0') for weapon in freshfruit]
['banana', 'loganberry', 'passion fruit']
>>> #创建一个二元元组，如(number, square)
>>> [(x,x**2) for x in range(6)]
[(0, 0), (1, 1), (2, 4), (3, 9), (4, 16), (5, 25)]
>>> #元组必须用圆括号包围，不然会出错
>>> [x,x**2 for x in range(6)]
SyntaxError: invalid syntax
>>> #将一个多维数组转换为一维数组
>>> vec = [[1,2,3],[4,5,6],[7,8,9]]
>>> [num for elem in vec for num in elem]
[1, 2, 3, 4, 5, 6, 7, 8, 9]
```

列表推导式可以包含复杂表达式和嵌套函数，例如：

```
>>> from math import pi
>>> [str(round(pi,i)) for i in range(1,6)]
['3.1', '3.14', '3.142', '3.1416', '3.14159']
```

对于round()函数，其执行结果与Python版本和计算机的精度有关。

2. 嵌套的列表推导式

列表推导式中，最基本的表达式可以是任意表达式，包括其他列表推导式。

可以将下面的3×4矩阵当作一个列表，该列表由3个长度为4的子列表组成：

```
>>> matrix = [
    [1,2,3,4],
    [5,6,7,8],
    [9,10,11,12],
```

```
    ]
>>> matrix
[[1, 2, 3, 4], [5, 6, 7, 8], [9, 10, 11, 12]]
```

使用下面的列表推导式转置行和列：

```
>>> [[row_list[j] for row_list in matrix]for j in range(4)]
[[1, 5, 9], [2, 6, 10], [3, 7, 11], [4, 8, 12]]
```

从前面的内容可以看出，嵌套的列表推导式是在for循环的循环体中进行计算的，所以上面的例子等同于：

```
>>> transposed = []
>>> for j in range(4):
        transposed.append([row[j] for row in matrix])
>>> transposed
[[1, 5, 9], [2, 6, 10], [3, 7, 11], [4, 8, 12]]
```

也等同于：

```
>>> transposed
[[1, 5, 9], [2, 6, 10], [3, 7, 11], [4, 8, 12]]
>>> transposed = []
>>> for j in range(4):
        #下面的三行实现了嵌套的列表推导式
        transposed_row = []
        for row_list in matrix:
            transposed_row.append(row_list[j])
        transposed.append(transposed_row)

>>> transposed
[[1, 5, 9], [2, 6, 10], [3, 7, 11], [4, 8, 12]]
```

在现实情况中，与复杂的流式语句相比，有的程序员可能更喜欢Python的内置函数。由此，zip()函数更适合完成上面的工作。

```
>>> zipp = zip(*matrix)
>>> list(zipp)
[(1, 5, 9), (2, 6, 10), (3, 7, 11), (4, 8, 12)]]
```

3.4　元组

对于一些不想让修改的数据，可以用元组(Tuple)来保存。元组被称为只读列表，数据可被查询，但不能被修改，类似于列表的切片操作，元组写在圆括号中，元素之间用逗号隔开。

3.4.1　元组的创建

元组的创建很简单，只需要在圆括号中添加元素，并使用逗号隔开即可，示例如下：

```
>>>tup1 = ('Google', 'Runoob', 1997, 2000);
```

```
>>> tup2 = (1, 2, 3, 4, 5 );
>>> tup3 = "a", "b", "c", "d";          # 没有圆括号也可以
>>> type(tup3)
<class 'tuple'>
```

下面创建一个空元组，示例如下：

```
# 创建一个空元组
tup = ()
print(tup)
print(type(tup))                        # 使用type函数查看类型
```

输出结果如下：

```
()
<class 'tuple'>
```

元组中只包含一个元素时，需要在这个元素的后面添加逗号，否则圆括号会被当作运算符使用：

```
# 创建元组 (只有一个元素时，在这个元素的后面加上逗号)
tup = (1,)      #元组中只有一个元素时，在这个元素的后面加上逗号，否则会被当成其他数据类型处理
print(tup)
print(type(tup))                        # 使用type函数查看类型
```

输出结果如下：

```
(1,)
<class 'tuple'>
```

元组的元素可以是不同的数据类型，示例如下：

```
tup = (1,2,["a","b","c"],"a")
print(tup)
```

执行以上程序后，输出结果如下：

```
(1, 2, ['a', 'b', 'c'], 'a')
```

还可以将列表转换为元组，示例如下：

```
list_name = ["python book","Mac","bile","kindle"]
tup = tuple(list_name)                  # 将列表转换为元组
print(type(list_name))                  # 查看list_name的类型，并将结果打印出来
print(type(tup))                        # 查看tup的类型，并将结果打印出来
print(tup)
```

执行以上程序后，输出结果如下：

```
<class 'list'>
<class 'tuple'>
('python book', 'Mac', 'bile', 'kindle')
```

元组与字符串类似，下标索引也从0开始，可以对它执行截取、组合等操作。

3.4.2 访问元组元素

可以使用下标索引来访问元组中的元素，示例如下：

```
tup1 = ('Google', 'Runoob', 1997, 2000)
tup2 = (1, 2, 3, 4, 5, 6, 7 )
print("tup1[0]: ", tup1[0])
print("tup2[1:5]: ", tup2[1:5])
```

执行程序后，输出结果如下：

```
tup1[0]: Google
tup2[1:5]: (2, 3, 4, 5)
```

3.4.3 连接元组

虽然元组中的元素不可修改，但可对元组进行连接，示例如下：

```
tup1 = (12, 34.56);
tup2 = ('abc', 'xyz')
# 修改元组元素的操作是非法的
# tup1[0] = 100
# 创建一个新元组
tup3 = tup1 + tup2;
print(tup3)
```

执行以上程序后，输出结果如下：

```
(12, 34.56, 'abc', 'xyz')
```

3.4.4 删除元组

虽然元组中的元素不可删除，但可使用del语句删除整个元组，示例如下：

```
tup = ('Google', 'Runoob', 1997, 2000)
print(tup)
del tup;
print("删除后的元组tup；")
print(tup)
```

以上元组被删除后，输出变量时会有异常信息，输出结果如下：

```
('Google', 'Runoob', 1997, 2000)
删除后的元组tup；
Traceback (most recent call last):
  File "C:/Python/Python311/pyprojects/ch03/del_tup_element.py", line 5, in <module>
    print(tup)
NameError: name 'tup' is not defined
```

由于元组是不可变类型，因此，元组不支持列表中针对元素的增、删、改操作，只支持查询操作。

3.4.5　元组的运算符

与字符串一样，元组之间可使用+号和*号进行运算，如表3-4所示。这就意味着可对元组进行组合和复制操作，生成一个新的元组。

表3-4　元组运算符

表达式	结果	描述
len((1, 2, 3))	3	计算元素个数
(1, 2, 3) + (4, 5, 6)	(1, 2, 3, 4, 5, 6)	连接
('Hi!',) * 4	('Hi!', 'Hi!', 'Hi!', 'Hi!')	复制
3 in(1, 2, 3)	True	判断元素是否存在
for x in (1, 2, 3): print(x,)	1 2 3	迭代

另外，因为元组也是序列，所以可以访问元组中指定位置的元素，也可以截取元组中的一段元素，示例如下：

```
>>> L = ('Google', 'Taobao', 'Runoob')
>>> L[2]                    #读取第三个元素
'Runoob'
>>> L[–2]                   #反向读取；读取倒数第二个元素
'Taobao'
>>> L[1:]                   #读取元素，从第二个开始后的所有元素
('Taobao', 'Runoob')
```

3.4.6　生成器

虽然可以用列表存储数据，但是当数据量特别大时，建立一个列表来存储数据就会占用大量内存。这时生成器就派上用场了。这是一种不怎么占用计算机资源的方法。

前面介绍列表时，介绍了如何用列表推导式来初始化列表，例如：

```
list5 = [x for x in range(5)]
print(list5)   #输出：[0, 1, 2, 3, 4]
```

元组没有推导式，但是可以使用类似的方式生成一个生成器，只不过需要将上面的[ ]换成()，例如：

```
gen = (x for x in range(5))
print(gen)
#输出：<generator object <genexpr> at 0x0000000000AA20F8>
```

从输出结果可以看出，生成器并不是直接输出结果，而是告诉我们这是一个生成器。那么，该如何调用这个gen生成器呢？

有两种调用方式，第一种方式如下：

```
for item in gen:
    print(item)
```

执行以上程序后，输出结果如下：

```
0
1
2
3
4
```

第二种方式如下：

```
print(next(gen))                        #输出:0
print(next(gen))                        #输出:1
print(next(gen))                        #输出:2
print(next(gen))                        #输出:3
print(next(gen))                        #输出:4
print(next(gen))                        #输出:Traceback(most recent call last):StopIteration
```

下面介绍生成器的原理。从第一种调用方式可知，生成器是可迭代的，确切地说，生成器就是迭代器。验证代码如下：

```
from collections import Iterable, Iterator
print(isinstance(gen, Iterable))        #输出:True
print(isinstance(gen, Iterator))        #输出:True
```

字符串、列表、元组、字典、集合都是可迭代的，可使用for循环来访问其中的每个元素，但它们并不是迭代器。

在此对迭代器可做一个类比，假如定义一个泡茶函数(迭代器)，然后将泡茶的方法封装到这个函数。每次调用这个函数就返回一个步骤，并对当前的执行状态进行保存。如果中途有事，比如执行到步骤二时突然去接了个电话，回来调用这个函数就会返回步骤三(水开了，开始泡茶)，也就是状态已保存好。可以执行这个泡茶函数，直到调用完所有步骤为止。

若定义了一个函数，这个函数是一步步执行的，并能保存状态，这个函数就相当于迭代器。

回到上面的第二种调用方式，到第6个print(next(gen))时，系统告知Traceback(most recent call last): StopIteration。也就是说，gen迭代到最后了，无法继续迭代。

生成器本身就是迭代器，它在内部封装好了算法，并规定好在某个条件下就返回一个结果给调用者。(x for x in range(5))的实现方式就是这样，并不是先实现(0, 1, 2, 3, 4)，再逐个迭代元素，而是逐个生成元素。

3.4.7　元组与列表的区别

元组和列表类似，都是线性表。唯一的区别是，元组中存储的数据不能被程序修改，可以将元组看作只能读取数据而不能修改数据的列表。因为元组和列表有很多相同之处，所以有关列表讲过的内容，此处不再赘述，而重点讲述元组和列表的不同之处，之后讨论元组数据的不可修改特性。

❑ 声明元组并赋值的语法与列表相同，区别在于：元组使用圆括号，列表使用方括号。元素之间都用英文逗号分隔。

- 元组的访问和列表相同，可直接使用下标索引访问元组中的单个数据项，也可使用截取运算符访问子元组。这些运算符包括"[]"和"[:]"，用于访问元组中的单个数据项或子元组。

- 元组是不可修改类型，虽然在程序运行过程中无法对元组的元素进行插入和删除操作，但可通过构造一个新的元组并替换旧的元组，实现元组元素的插入和删除。

- 可将多个元组合并成一个元组，合并后的元组中，元素顺序保持不变。合并后的元组为新元组，原有的元组保持不变。

- 元组的遍历方式和列表相同，都是使用for循环语句进行遍历。

- 和列表一样，适用于列表的方法也适用于元组。但由于元组的不可修改特性，用于列表的排序、替换、添加等方法，在元组中不能使用。可以使用的主要方法有：计算元组个数、求元组中的最大值、求元组中的最小值等。

- 元组的不可修改特性可能会让元组变得非常不灵活，因为元组作为容器对象，很多时候需要对容器中的元素进行修改，这在元组中是不允许的。可以说，元组是列表的一种补充。

3.5 字典

字典(dictionary)是另一种可变容器模型，并且可存储任何类型的对象，如字符串、数字、元组等其他容器模型。

3.5.1 字典的创建

字典由键和对应值成对组成，也被称作关联数组或哈希表，其基本语法如下：

```
dict = {'Alice': '2341', 'Beth': '9102', 'Cecil': '3258'}
```

也可使用以下方式创建字典：

```
dict1 = { 'abc': 456 }
dict2 = { 'abc': 123, 98.6: 37 }
```

注意，键与值用冒号隔开(:)，每对键与值用逗号分隔，整体放在花括号中({})。键必须独一无二，但值则不必，既可以是标准对象，又可以是用户自定义对象。值可以取任何数据类型，但必须是不可变类型，如字符串、数字或元组。键必须不可变，所以可以用数字、字符串或元组充当，而用列表就不可行。

3.5.2 访问字典

创建字典后，要访问字典中的元素，可以把相应的键放入方括号，示例如下：

```
dict = {'Name': 'Zara', 'Age': 7, 'Class': 'First'}
print("dict['Name']: ", dict['Name'])
print("dict['Age']: ", dict['Age'])
```

执行以上程序后，输出结果如下：

```
dict['Name']:   Zara
dict['Age']:    7
```

如果用字典中没有的键访问数据，会输出错误，示例如下：

```
dict = {'Name': 'Zara', 'Age': 7, 'Class': 'First'}
print("dict['Alice']: ", dict['Alice'])
```

执行以上程序将输出如下错误：

```
#KeyError: 'Alice'[/code]
```

3.5.3　修改字典

向字典添加新内容的方法是增加新的键/值对，也可修改或删除已有的键/值对，示例如下：

```
dict = {'Name': 'Zara', 'Age': 7, 'Class': 'First'}
dict['Age'] = 8                          # 修改元素
dict['School'] = "DPS School"            # 增加元素
print("dict['Age']: ", dict['Age'])
print("dict['School']: ", dict['School'])
```

执行以上程序后，输出结果如下：

```
dict['Age']: 8
dict['School']: DPS School
```

3.5.4　删除字典元素

对于字典，可以删除字典中的某个元素，也可以清空字典，或者删除整个字典，示例如下：

```
dict = {'Name': 'Alice', 'Age': 7, 'Class': 'First'}
del dict['Name']
dict.clear()
print("dict['Age']: ", dict['Age'])
print("dict['School']: ", dict['School'])
```

执行以上程序会引发异常，因为执行del操作后字典不再存在：

```
Traceback (most recent call last):
  File "C:/Python/Python311/pyprojects/ch03/del_dict_element.py", line 4, in <module>
    print("dict['Age']: ", dict['Age'])
KeyError: 'Age'
```

3.5.5　字典的内置方法

现在总结一下Python为字典对象提供的一些内置方法，如表3-5所示。

表3-5　用于字典的内置方法

方法	功能
cmp(dict1, dict2)	比较两个字典元素
len(dict)	计算字典元素的个数，即键的总数
str(dict)	输出字典可打印的字符串表示形式
type(variable)	返回输入的变量类型，如果变量是字典，就返回字典类型
dict.clear()	删除字典内所有元素
dict.copy()	返回字典的浅复制
dict.fromkeys(seq[,val])	创建一个新字典，以序列seq中的元素作为字典的键，val为字典所有键对应的初始值
dict.get(key, default=None)	返回指定键的值，如果值不在字典中，就返回default值
dict.has_key(key)	如果键在字典中，返回True，否则返回False
dict.items()	以列表形式返回可遍历的(键, 值)元组数组
dict.keys()	以列表形式返回字典中所有的键
dict.setdefault(key, default=None)	和get()类似，但如果键已存在于字典中，将会添加键并将值设为default值
dict.update(dict2)	把字典dict2的键/值对更新到dict中
dict.values()	以列表形式返回字典中的所有值

3.5.6　字典的遍历

字典是一种经常使用且应用广泛的数据结构，主要用于存储键值对形式的数据。实际编程实践中，经常需要对字典元素进行遍历，包括遍历字典的键、值、项以及键值对。

1. 遍历字典的键

当需要遍历字典d的键时，可使用for key in d的形式进行遍历，示例如下：

```
>>> d = {'list':[1, 2, 3],1:123,'111':'python3','tuple':(4, 5, 6)}
>>> for key in d:
        print(str(key)+':'+str(d[key]))
list:[1, 2, 3]
1:123
111:python3
tuple:(4, 5, 6)
```

又如：

```
>>> d = {'list':[1, 2, 3],1:123,'111':'python3','tuple':(4, 5, 6)}
>>> for key in d.keys():
        print(key)
1
list
111
Tuple
```

2. 遍历字典的值

当需要遍历字典d的值时，可使用for value in d.value()的形式进行遍历，示例如下：

```
>>> d = {'list':[1, 2, 3],1:123,'111':'python3','tuple':(4, 5, 6)}
>>> for value in d.values():
        print(value)
[1, 2, 3]
123
python3
(4, 5, 6)
```

3. 遍历字典的项

要遍历字典中的项并逐项输出，可使用for item in d.items()的形式实现，示例如下：

```
>>> d = {'list':[1, 2, 3],1:123,'111':'python3','tuple':(4, 5, 6)}
>>> for item in d.items():
        print(item)
('list', [1, 2, 3])
(1, 123)
('111', 'python3')
('tuple', (4, 5, 6))
```

4. 遍历字典的键值对

除了以上遍历方式，还可按照键值对的形式遍历字典对象，示例如下：

```
>>> d = {'list':[1, 2, 3],1:123,'111':'python3','tuple':(4, 5, 6)}
>>> for key,value in d.items():
        print(key,value)
list [1, 2, 3]
1 123
111 python3
tuple (4, 5, 6)
```

3.6 集合

3.6.1 集合的创建

集合(Set)是一种无序的不重复元素序列。可以使用花括号{}或set()函数创建集合，注意，创建空集合时必须使用set()而不能使用{}，因为{}用于创建空字典。

创建集合对象的语法格式如下：

parame = {value01,value02,...}

或者

set(value)

示例如下：

```
>>>basket = {'apple', 'orange', 'apple', 'pear', 'orange', 'banana'}
>>> print(basket)                        # 这里演示的是去重功能
{'orange', 'banana', 'pear', 'apple'}
>>> 'orange' in basket                    # 快速判断元素是否在集合内
True
>>> 'crabgrass' in basket
False
>>>                                       # 下面展示两个集合间的运算
...
>>>a = set('abracadabra')
>>>b = set('alacazam')
>>>a
{'a', 'r', 'b', 'c', 'd'}
>>>a–b                                     # 集合a中包含而集合b中不包含的元素
{'r', 'd', 'b'}
>>>a | b                                   # 集合a或b中包含的所有元素
{'a', 'c', 'r', 'd', 'b', 'm', 'z', 'l'}
>>>a & b                                   # 集合a和b中都包含的元素
{'a', 'c'}
>>>a ^ b                                   # 不同时包含于a和b的元素
{'r', 'd', 'b', 'm', 'z', 'l'}
```

类似于列表推导式，同样，集合也支持集合推导式，示例如下：

```
>>>a = {x for x in 'abracadabra' if x not in 'abc'}
>>>a
{'r', 'd'}
```

3.6.2　集合的常见操作

1. 添加元素

要向集合中添加一个元素，语法格式如下：

```
s.add(x)
```

将元素x添加到集合s中时，如果元素x已存在，则不进行任何操作，例如：

```
>>>thisset = set(("Google", "Runoob", "Taobao"))
>>> thisset.add("Facebook")
>>> print(thisset)
{'Taobao', 'Facebook', 'Google', 'Runoob'}
```

还有一种方法，也可以用来添加元素，且参数可以是列表、元组、字典等，语法格式如下：

```
s.update(x)
```

x可以有多个，用逗号分开。例如：

```
>>>thisset = set(("Google", "Runoob", "Taobao"))
>>> thisset.update({1,3})
>>> print(thisset)
{1, 3, 'Google', 'Taobao', 'Runoob'}
```

```
>>> thisset.update([1,4],[5,6])
>>> print(thisset)
{1, 3, 4, 5, 6, 'Google', 'Taobao', 'Runoob'}
>>>
```

2. 移除元素

要从集合中移除一个元素，语法格式如下：

s.remove(x)

将元素x从集合s中移除时，如果元素x不存在，则会发生错误。例如：

```
>>>thisset = set(("Google", "Runoob", "Taobao"))
>>> thisset.remove("Taobao")
>>> print(thisset)
{'Google', 'Runoob'}
>>> thisset.remove("Facebook")          #元素不存在则会发生错误
Traceback (most recent call last):
File "<stdin>", line 1, in <module>
KeyError: 'Facebook'
```

此外还有一种方法，也可用于移除集合中的元素，且如果元素不存在，不会发生错误。语法格式如下所示：

s.discard(x)

示例如下：

```
>>>thisset = set(("Google", "Runoob", "Taobao"))
>>> thisset.discard("Facebook")              # 元素不存在，但不会发生错误
>>> print(thisset)
{'Taobao', 'Google', 'Runoob'}
```

也可随机删除集合中的一个元素，语法格式如下：

s.pop()

示例如下：

```
thisset = set(("Google", "Runoob", "Taobao", "Facebook"))
x = thisset.pop()
print(x)
```

输出结果如下：

```
$ python3 test.py
Runoob
```

多次执行时，会发现每次的测试结果都不一样。

然而在交互模式下，pop()方法则用于删除集合中的第一个元素(排序后的集合中的第一个元素)。

```
>>>thisset = set(("Google", "Runoob", "Taobao", "Facebook"))
>>> thisset.pop()
'Facebook'
>>> print(thisset)
{'Google', 'Taobao', 'Runoob'}
```

3. 计算集合中元素的个数

Python提供了内置的len()方法以计算集合中包含的元素的个数，语法格式如下：

len(s)

执行后将返回集合s中元素的个数，示例如下：

```
>>>thisset = set(("Google", "Runoob", "Taobao"))
>>> len(thisset)
3
```

4. 清空集合

当不需要集合时，可以使用clear()方法清空集合，语法格式如下：

s.clear()

以清空集合s为例：

```
>>>thisset = set(("Google", "Runoob", "Taobao"))
>>> thisset.clear()
>>> print(thisset)
set()
```

5. 判断元素是否在集合中

若集合中的元素过多，该如何找到指定的元素呢？Python提供了专门的方法用于判断元素是否在集合中，语法格式如下：

x in s

该语句判断元素x是否在集合s中，若在则返回True，否则返回False，示例如下：

```
>>>thisset = set(("Google", "Runoob", "Taobao"))
>>> "Runoob" in thisset
True
>>> "Facebook" in thisset
False
```

3.6.3 集合的内置方法

Python为集合对象提供了一系列常用的内置方法，如表3-6所示。

表3-6　集合的常用方法

方法	描述
add()	为集合添加元素
clear()	清空集合中的所有元素
copy()	复制集合
difference()	返回多个集合的差集
difference_update()	移除集合中的元素，该元素在指定的集合中也存在
discard()	删除集合中指定的元素
intersection()	返回集合的交集

（续表）

方法	描述
intersection_update()	删除集合中的元素，该元素在指定的集合中不存在
isdisjoint()	判断两个集合是否包含相同的元素，如果包含，返回True，否则返回 False
issubset()	判断指定集合是否为该方法的参数集合的子集
issuperset()	判断该方法的参数集合是否为指定集合的子集
pop()	随机移除元素
remove()	移除指定元素
symmetric_difference()	返回两个集合中不重复元素的集合
symmetric_difference_ update()	移除当前集合中与另一个指定集合中相同的元素，并将另一个指定集合中不同的元素插入当前集合中
union()	返回两个集合的并集
update()	更新集合中的元素

3.7 本章实战

在本章实战中，将用本章介绍的序列数据结构实现杨辉三角。

杨辉三角是中国古代数学的杰出研究成果之一，通过把二项式系数图形化，将组合数内在的一些代数性质直观地从图形中体现出来，是一种离散型的数与形的结合。杨辉三角具有许多规律，但在此我们需要知道的是以下几个性质：

(1) 每行开头与结尾的数为1。

(2) 每个数都等于它上方两数之和。

(3) 第 n 项的数字有 n 项，第 n 行数字之和为2n–1。

(4) 第 n 行的第 m 个数可表示为 $C(n–1，m–1)$，也就是从 $n–1$ 个不同元素中取 $m–1$ 个元素的组合数。

(5) 第 n 行的第 m 个数和第 $n–m+1$ 个数相等，此为组合数性质之一。

(6) 每个数字等于上一行的左右两个数字之和。可用此性质写出整个杨辉三角。也就是第 $n+1$ 行的第 i 个数等于第 n 行的第 $i–1$ 个数和第 i 个数之和，这也是组合数的性质之一，可表示为 $C(n+1,i)=C(n,i)+C(n,i–1)$。

(7) $(a+b)n$ 的展开式中的各项系数依次对应杨辉三角的第 $n+1$ 行中的每一项。

性质(1)为规律前提，性质(4)和性质(6)是杨辉三角的基本性质。

下面首先分析编程思路。

把每一行看作一个列表，试着编写一个生成器，不断输出下一行的列表。

对于每一行，列表的第一个元素和最后一个元素是不变的。如果用空列表 L = []表示，$L[0]$、$L[n]$是不变的。

第一步：先找规律，抽象化问题。

首先可以观察到，第一行为[1]，直接赋给一个变量：初始化数列 p = [1]。其次可以观察到，下面的每一行的开头和结尾都是[1]，那么我们可以推导出每一行的规律为[1]+⋯+[1]。那么，从第三行开始中间的[2]，第四行中间的[3, 3]，第五行中间的[4,6,4]，等等，以此类推才是我们需要推导的部分。

第一行：[1]，设 $p = [1]$。

第二行：[1]+[1]，设 $p = [1,1]$。

第三行：[1]+[2]+[1]，设 $p = [1,2,1]$。

第四行：[1]+[3]+[3]+[1]，设 $p = [1,3,3,1]$。

经过找规律，可以发现，每个新列表的中间部分，都等于上一行列表的第0个元素+第1个元素，第1个元素+第2个元素，第2个元素+第3个元素…。

加上头尾也就是[1] +$[p[0]+p[1]]$+$[p[1]+p[2]]$…+[1]，比如对于上面推导中的第三行，$p[0] = 1$、$p[1] = 2$、$p[3] = [1]$，那么第四行就是[1] + [1+2] # $p[0]+p[1]$+ [2+1]# $p[2]+p[3]$+ [1]…后面以此类推。

既然核心点是除去首位两个[1]的中间部分$[p[0] + p[1]]$+$[p[1] + p[2]]$+$[p[2] + p[3]]$…那么很容易得到规律$[p[i] + p[i+1]]$# for i in range(x)。

示例程序如下：

```python
def yanghui(t):
    #打印第一行和第二行
    print([1])
    line = [1,1]
    print(line)
    #打印从第三行开始的其他行
    for i in range(2,t):
        r = []
        #按规律生成该行除两端以外的数字
        for i in range(0,len(line)-1):
            r.append(line[i]+line[i+1])
        #把两端的数字连上
        line = [1]+r+[1]
        print(line)

#测试，打印杨辉三角的前6行
yanghui(6)
```

运行以上程序，输出结果如下：

```
[1]
[1, 1]
[1, 2, 1]
[1, 3, 3, 1]
[1, 4, 6, 4, 1]
[1, 5, 10, 10, 5, 1]
```

3.8 本章小结

Python中常用的序列结构有列表、元组、字典、字符串、集合等。大部分可迭代对象也支持类似于序列的语法。

本章主要对字符和序列数据结构进行了详细介绍。首先介绍的是字符串的常见操作，包括计算字符串的长度、大小写字母转换、字符串的分隔与拼接、字符串的查找和替换、字符串中指定字符出现次数的统计、字符串中空格与特殊字符的去除、字符串的格式化，以及字符串的编码和解码操作。

然后介绍了序列的常用功能，包括索引、切片、相加、相乘、检查某个对象是否是序列对象，以及计算序列的长度、最大值和最小值等。

最后介绍的是列表、元组、字典、集合。这四类数据结构是实际编程中使用最多的数据类型。一定要牢记哪些类型是可修改的，哪些是不可修改的。可修改的数据类型和不可修改的数据类型，从底层的工作原理上看是不一样的，系统为它们提供的方法也是有差别的。

3.9　思考与练习

1. 简述Python的序列数据类型中，哪些是可修改的，哪些是不可修改的。

2. 描述可修改数据类型和不可修改数据类型的区别。举例说明。

3. 已知字符串 a = "aAsmr3idd4bugs7Dlsf9eAF"，要求如下：

(1) 请将a字符串中的大写字母改为小写，小写字母改为大写。

(2) 请将a字符串中的数字取出，生成一个新的字符串并输出。

4. 请将上题中的a字符串反转并输出，比如'abc'的反转结果是'cba'。

5. 假设有字符串a = 'aAsmr3idd4bugs7Dlsf9eAF'，去除a字符串内的数字后，请对a字符串内的单词重新排序(a~z)，重新生成一个排序后的字符串并输出(保留大小写，a与A的顺序关系为：A在a的前面。如AaBb)。

6. 假设存在列表对象list = [12,34,54,64,53,62,23]，请在该列表对象上实现冒泡排序。

7. 购买商品时假设有商品列表 lst = ["手机", "电脑", "鼠标垫", "游艇"]，请编程实现：

(1) 在控制台上显示所有的商品，格式为：序号 商品名称，例如：1手机。

(2) 如果输入Q，结束购买任务。

(3) 输入对应的序号，显示对应的商品，例如：输入1，显示"手机"。

(4) 如果输入的不是数字，提示用户输入有误。

(5) 如果数字范围不在序号范围内，提示用户输入有误。

8. 编写程序以保存用户名和密码。

(1) 用户名和密码保存在如下数据结构中：

```
user_list = [
    {'username': 'zs', 'password': '1234'},
    {'username': 'ls', 'password': 'asdf'}
]
```

(2) 非法字符串模板board = ['zs', 'ls', 'ww']。

(3) 可连续输入用户名和密码。

(4) 如果想终止程序，请输入Q或q。

(5) 输入用户名时，如果是board中的非法字符串，将非法字符串替换成同等个数的*，例如将zs替换成**，然后添加到user_list中。

(6) 每次添加成功后，打印出刚添加的用户名和密码。

9. 实现整数加法计算器。

例如，用户输入5+8+21+…(最少输入两个数)，然后进行分隔，最后再进行计算，将最后的计算结果添加到字典中(替换None)。

10. 请用Python语言实现超市买水果程序：

(1) 输入自己口袋里有多少钱。

(2) 展示商品的序号、名称及价格。

(3) 输入要买商品的序号。

(4) 输入要买商品的数量。

(5) 在购物车中显示要买水果的名称及对应的数量，以及自己还剩多少钱。

(6) 如果序号输入有误，就提示用户重新输入。

(7) 如果钱不够了，提示用户钱不够，并且退出程序。

## 第 4 章

流程控制语句

编程语言中的流程控制语句可分为以下几类：顺序语句、分支语句、循环语句。其中，顺序语句不需要单独的关键字来控制，就是从上到下一行一行执行，不需要特殊的说明。本章主要介绍的是分支语句和循环语句，以及如何提前跳出分支和终止循环。

本章的学习目标：

- ○　if分支结构，包括单分支if结构、双分支结构和多分支结构；
- ○　while循环结构；
- ○　for循环结构；
- ○　循环嵌套结构；
- ○　跳转语句，包括continue、break和pass语句。

4.1　分支结构

条件分支语句通过一条或多条语句(判断条件)的执行结果(True或False)来决定应执行哪个分支的代码块。Python提供的分支语句为if…else语句，没有提供switch…case语句。

4.1.1　单分支if结构

在单分支if结构中，if后面应该接一个条件(结果为布尔类型)，而且Python是通过缩进来控制条件块的，缩进数相同的语句在一起组成一个语句块，这和PHP中的if…else语句就近原则不同。

单分支if结构的语法格式如下：

```
if 判断条件:
    代码块
```

如果单分支语句的代码块只有一条语句，可以把if语句和代码写在同一行，格式如下：

if 判断条件: 一条语句

以上语句结构中，判断条件就是计算结果必须为布尔值的表达式；表达式后面的冒号不能少。另外，if后面出现的语句，如果属于if语句块，则必须使用相同的缩进等级。

例如，要判断指定的uid是不是root用户，程序代码如下：

```
uid = 0
if uid == 0:
    print("root")
```

也可以写成以下形式：

```
uid = 0
if uid == 0: print("root")
```

执行程序，输出结果如下：

root

4.1.2　双分支if…else结构

对于双分支if…else结构，如果if后面的条件成立，则执行if语句块；如果不成立，就执行else语句块。else后面是没有条件的，在多个条件下，Python中的else…if可以简写成elif。

双分支if…else结构的语法格式如下：

```
if 判断条件:
    代码块
else:
    代码块
```

例如，要根据用户id打印用户身份，示例代码如下：

```
uid = 100

if uid == 0:
    print("root")
else:
    print("Common user")
```

输出结果如下：

Common user

4.1.3　多分支if…elif…else结构

多分支结构if…elif…else的语法格式如下：

```
if 判断条件1:
    代码块1
elif 判断条件2:
    代码块2
```

```
    ...
    elif 判断条件n:
        代码块n
    else:
        默认代码块
```

例如，要根据学生分数打印字母等级，示例代码如下：

```
score = 88.8
level = int(score % 10)

if level >= 10:
    print('Level A+')
elif level == 9:
    print('Level A')
elif level == 8:
    print('Level B')
elif level == 7:
    print('Level C')
elif level == 6:
    print('Level D')
else:
    print('Level E')
```

输出结果如下：

Level B

上面"判断条件"中的表达式既可以是任意表达式，又可以是任意类型的数据对象实例。只要判断条件的最终返回值的真值测试结果为True，就表示条件成立，相应的代码块就会被执行；否则表示条件不成立，需要判断下一个条件。

4.2　循环结构

当需要多次执行某个代码语句或代码块时，可使用循环语句。Python提供的循环语句有while循环和for循环。需要注意的是，Python中没有do…while循环。此外，还有几个用于控制循环执行过程的循环控制语句：break、continue和pass。

4.2.1　while循环

while循环语句的基本格式如下：

```
while 判断条件:
    代码块
```

当给定的"判断条件"的返回值的真值测试结果为True时，执行循环体中的"代码块"，否则退出循环体。

例如，要循环打印数字0~9，示例代码如下：

```
count = 0
```

```
while count <= 9:
    print(count, end=' ')
    count += 1
```

输出结果如下:

```
0 1 2 3 4 5 6 7 8 9
```

4.2.2 while死循环

当while循环的判断条件一直为True时,while循环体中的代码就会永远循环下去,例如:

```
while True:
    print("这是一个死循环")
```

输出结果如下:

```
这是一个死循环
这是一个死循环
这是一个死循环
...
```

此时可以通过Ctrl + C组合键终止代码的运行。

4.2.3 while…else语句

while…else语句的格式如下:

```
while 判断条件:
    代码块
else:
    代码块
```

else中的代码块会在while循环正常执行完的情况下执行,如果while循环被break语句中断,那么else中的代码块不会被执行。以下示例是while循环正常执行结束的情况(else中的代码块会被执行):

```
count = 0
while count <=9:
    print(count, end=' ')
    count += 1
else:
    print('end')
```

执行结果如下:

```
0 1 2 3 4 5 6 7 8 9 end
```

以下示例是while循环被中断的情况(else中的代码块不会被执行):

```
count = 0
while count <=9:
    print(count, end=' ')
```

```
        if count == 5:
            break
        count += 1
else:
    print('end')
```

输出结果如下：

0 1 2 3 4 5

4.2.4　for循环

for循环通常用于遍历序列(如列表、元组、字符串、集合、范围和映射对象)。for循环的基本语法格式如下：

```
for 临时变量 in 可迭代对象:
    代码块
```

例如，遍历打印一个列表中的元素，示例代码如下：

```
names = ['Tom', 'Peter', 'Jerry', 'Jack']
for name in names:
    print(name)
```

执行结果如下：

```
Tom
Peter
Jerry
Jack
```

对于序列，也可通过索引进行迭代，代码如下：

```
names = ['Tom', 'Peter', 'Jerry', 'Jack']
for i in range(len(names)):
    print(names[i])
```

执行结果与上面的相同。

另外，还有for…else循环结构，它与while…else语句基本一致，这里不再赘述。

4.2.5　循环控制语句

循环控制语句可更改循环体中程序的执行过程，如中断循环、跳过本次循环。常见的循环控制语句如表4-1所示。

表4-1　常见的循环控制语句

循环控制语句	说明
break	终止整个循环
continue	跳过本次循环，执行下一次循环
pass	pass语句是空语句，只是为了保持程序结构的完整性，没有什么特殊含义。pass语句并不是只能用于循环语句，也可用于分支语句

例如，遍历0~9范围内的所有数字，并通过循环控制语句打印其中的奇数，示例代码如下：

```
for i in range(10):
    if i % 2 == 0:
        continue
    print(i, end=' ')
```

执行代码，输出结果如下：

```
1 3 5 7 9
```

又如，通过循环控制语句打印一个列表中的前3个元素，示例代码如下：

```
names = ['Tom', 'Peter', 'Jerry', 'Jack', 'Lilly']
for i in range(len(names)):
    if i >= 3:
        break
    print(names[i])
```

执行以上代码，输出结果如下：

```
Tom
Peter
Jerry
```

4.2.6 循环嵌套

循环嵌套是指在一个循环体中嵌入另一个循环，即while、while…else、for、for…else结构互相嵌套。

例如，通过while循环打印九九乘法表，示例代码如下：

```
j = 1
while j <= 9:
    i = 1
    while i <= j:
        print('%d*%d=%d' % (i, j, i*j), end='\t')
        i += 1
    print()
    j += 1
```

执行以上代码，输出结果如下：

```
1*1=1
1*2=2   2*2=4
1*3=3   2*3=6   3*3=9
1*4=4   2*4=8   3*4=12  4*4=16
1*5=5   2*5=10  3*5=15  4*5=20  5*5=25
1*6=6   2*6=12  3*6=18  4*6=24  5*6=30  6*6=36
1*7=7   2*7=14  3*7=21  4*7=28  5*7=35  6*7=42  7*7=49
1*8=8   2*8=16  3*8=24  4*8=32  5*8=40  6*8=48  7*8=56  8*8=64
1*9=9   2*9=18  3*9=27  4*9=36  5*9=45  6*9=54  7*9=63  8*9=72  9*9=81
```

又如，改用for循环打印九九乘法表，示例代码如下：

```
for j in range(1, 10):
    for i in range(1, j+1):
        print('%d*%d=%d' % (i, j, i*j), end='\t')
        i += 1
    print()
    j += 1
```

代码执行的输出结果相同。

4.3 本章实战

4.3.1 判断闰年

大家都知道，普通闰年就是能被4整除但不能被100整除的年份；能被400整除的年份是世纪闰年。下面通过分支结构来判断输入的年份是不是闰年。

解决办法一：

(1) 接收年份数值。

(2) 判断年份数值能不能被4整除，如果能，再判断年份数值能不能被100整除。

(3) 如果该年份数值能被100整除，则接着判断是否能被400整除。

(4) 若能被400整除，则输入的年份是世纪闰年，否则不是世纪闰年；能被4和100同时整除的年份不是普通闰年，否则是普通闰年。

程序代码如下：

```
year = int(input("输入年份: "))
    if (year % 4) == 0:
        if (year % 100) == 0:
            if (year % 400) == 0:
                print("{}是世纪闰年".format(year)) # 整百年能被400整除的是世纪闰年
            else:
                print("{}不是世纪闰年".format(year))
        else:
            print("{}是普通闰年".format(year))   # 非整百年能被4和100同时整除的为普通闰年
    else:
        print("{}不是普通闰年".format(year))
```

解决办法二：以上嵌套分支结构使程序代码过于复杂，这里灵活运用运算符，将判断是否闰年的表达式写成(year % 4) == 0 and (year % 100) != 0 or (year % 400) == 0，即年份数值不能同时被4和100整除，或者年份数值能被400整除。

程序代码如下：

```
year = int(input("请输入年份: "))
if (year % 4) == 0 and (year % 100) != 0 or (year % 400) == 0:
    print("{}是普通闰年或世纪闰年".format(year))
else:
    print("{}不是普通闰年或世纪闰年".format(year))
```

4.3.2 使用snaps库制作数字闹钟

我们可以使用循环，通过snaps库的draw_text函数重复显示时间。在使用snaps库之前，记住先通过pip下载库文件。下面创建一个程序来显示闹钟消息，该闹钟每秒更新一次。

```
# EG6-18 Digital Clock

import time
import snaps

while True:
    current_time = time.localtime()                 #从不终止的循环

    hour_string = str(current_time.tm_hour)         #获取时间
    minute_string = str(current_time.tm_min)
    second_string = str(current_time.tm_sec)        #获得包含时间信息的字符串

    time_string = hour_string+':'+minute_string+':'+second_string
    snaps.display_message(time_string)              #显示时间字符串
    time.sleep(1)                                   #将程序暂停1秒
```

该程序包含一个循环，它不断地从闹钟读取时间并显示出来。它还包含对sleep函数的调用，该函数使程序暂停1秒。

4.4 本章小结

编程语言中的流程控制语句分为以下几类：顺序语句、分支语句、循环语句。其中，顺序语句不需要单独的关键字来控制，就是从上到下一行一行执行，不需要特殊的说明。分支语句主要用于解决在存在多条执行路径的情况下，选择其中哪条路径来执行。循环语句则用于当满足某种条件时反复执行指定的语句块，当然，在循环未终止之前，也可通过continue语句跳过本次循环，或者通过break语句跳出循环。

在任何一门编程语言中，分支结构和循环结构的应用都非常广泛，因此一定要牢记和掌握其用法。

4.5 思考与练习

1. 使用while循环打印数字1~100的和。
2. 使用for循环打印字符A~Z。
3. 使用while循环将12345转换为54321。
4. 使用while循环将12345转换为'12345'，不要使用字符串。

5. 假设有以下列表：

```
lt = [
    {'name': '田馥甄', 'age': '36', 'info': [('phone', '1383838438'), ('address', '北京')]},
    {'name': '柳岩', 'age': '33', 'info': [('phone', '139809808'), ('address', '河南郑州')]},
    {'name': '林志玲', 'age': '42', 'info': [('phone', '13767655465'), ('address', '河北石家庄')]},
    {'name': '柳慧芬', 'age': '18', 'info': [('phone', '13737623'), ('address', '山东济南')]},
]
```

遍历该列表，打印：姓名，年龄，电话，住址。

第 5 章

正则表达式

正则表达式是计算机科学领域中的一个概念。它使用单个字符串来描述、匹配一系列符合某种句法规则的文本。在很多文本编辑器中，正则表达式通常被用来检索、替换那些匹配某种模式的文本。许多程序设计语言都支持利用正则表达式进行字符串操作。例如，Perl语言中就内置了一个功能强大的正则表达式引擎。正则表达式这个概念的普及最初源于UNIX中的工具软件(如sed和grep)。正则表达式通常缩写为regex。

Python自1.5版本起增加了re模块，提供了Perl风格的正则表达式模式。re模块使Python语言拥有全部的正则表达式功能。

可使用compile函数根据模式字符串和可选的标志参数生成正则表达式对象。正则表达式对象拥有一系列方法，可用于正则表达式的匹配和替换。re 模块也提供了与这些方法功能完全一致的函数，这些函数使用模式字符串作为它们的第一个参数。本章主要介绍Python中常用的正则表达式处理函数。

本章的学习目标：

○ 了解常用元字符的含义及作用；
○ 掌握re模块中的常用功能函数；
○ 能够使用正则表达式来判断一些常用的字符串规则，如手机号码、电子邮箱等。

5.1 认识正则表达式

正则表达式本身是一种高度专业化的小型编程语言，在Python中，通过内嵌集成re模块，开发人员可直接调用来实现正则匹配。正则表达式被编译成一系列的字节码，然后由C编写的匹配引擎执行。

5.1.1　元字符

本节首先介绍组成模式字符串的特殊字符，表5-1所示为普通字符和元字符。

表5-1　正则表达式中的普通字符和元字符

字符	含义	模式字符串	匹配字符串
普通字符	匹配自身	abc	abc
.	匹配任意除换行符"\n"外的字符(在DOTALL模式中也能匹配换行符)	a.c	abc
\	转义字符，使后一个字符改变原来的意思	a\.c;a\\c	a.c;a\c
*	匹配前一个字符0次或多次	abc*	ab;abccc
+	匹配前一个字符1次或无限次	abc+	abc;abccc
?	匹配一个字符0次或1次	abc?	ab;abc
^	匹配字符串的开头，在多行模式中匹配每一行的开头	^abc	abc
$	匹配字符串的末尾，在多行模式中匹配每一行的末尾	abc$	abc
|	匹配|左右表达式中的任意一个，从左到右匹配，如果|未包含在圆括号中，范围是整个正则表达式	abc|def	abcdef
{}	{m}匹配前一个字符m次，{m,n}匹配前一个字符m~n次。若省略n，则匹配m至无限次	ab{1,2}c	abcabbc
[]	字符集。对应的位置可以是字符集中的任意字符。字符集中的字符可以逐个列出，也可以给出范围，如[abc]或[a-c]，[^abc]表示取反，即非abc 所有特殊字符在字符集中都会失去它们原有的特殊含义，用\反斜杠转义可恢复特殊字符的特殊含义	a[bcd]e	abeaceade
()	被括起来的表达式将作为分组，从表达式左边开始每遇到一个分组的左括号"("，就将编号加1 分组表达式作为整体，可以后接数量词。表达式中的|仅在分组中有效	(abc){2} a(123|456)c	abcabca456c

在此需要强调一下反斜杠\的作用：

- ❍　反斜杠后面跟元字符，表示去除特殊功能(即将特殊字符转义成普通字符)。
- ❍　反斜杠后面跟普通字符可实现特殊功能(即预定义字符)。

示例如下：

```
>>> import re
>>> a = re.search(r'(tina)(fei)haha\2','tinafeihahafei tinafeihahatina').group()
>>> print(a)
tinafeihahafei
```

5.1.2　预定义字符

预定义字符可以写在字符集[]中，这些字符如表5-2所示。

表5-2　预定义字符

字符	含义	模式字符串	匹配字符串
\d	数字：[0~9]	a\bc	a1c
\D	非数字：[^\d]	a\Dc	abc
\s	匹配任何空白字符：[<空格> \t \r \n \f \v]	a\sc	a c
\S	匹配非空白字符：[^\s]	a\Sc	abc
\w	匹配包括下画线在内的任何字符：[A~Z a~z 0~9_]	a\wc	abc
\W	匹配非字母字符，即匹配特殊字符	a\Wc	a c
\A	仅匹配字符串的开头，同^	\Aabc	abc
\Z	仅匹配字符串的结尾，同$	abc\Z	abc
\b	匹配单词边界，匹配的单词边界不包含在匹配中，例如，'er\b' 可以匹配"never"中的'er'，但不能匹配"verb"中的'er'	\babc\ba\b!bc	(空格)abc(空格) a!bc
\B	[^\b]	a\Bbc	abc

此处需要强调一下对单词边界的理解，示例代码如下：

```
import re
w = re.findall('\btina','tian tinaaaa')
print(w)
s = re.findall(r'\btina','tian tinaaaa')
print(s)
v = re.findall(r'\btina','tian#tinaaaa')
print(v)
a = re.findall(r'\btina\b','tian#tina@aaa')
print(a)
```

执行以上程序，输出结果如下：

```
[]
['tina']
['tina']
['tina']
```

5.1.3　特殊分组用法

正则表达式还可用于对字符串进行分组匹配，如表5-3所示。

表5-3　分组匹配

字符	含义	模式字符串	匹配字符串
(?P<name>)	分组，除了原有的编号，再指定一个额外的别名	(?P<id>abc){2}	abcabc
(?P=name)	引用别名为<name>的分组匹配到字符串	(?P<id>\d) abc(?P=id)	1abc1 5abc5
\<number>	引用编号为<number>的分组匹配到字符串	(\d)abc\1	1abc1 5abc5

5.2 re模块中的常用功能函数

re 模块使 Python 语言拥有了正则表达式的所有功能。本节主要介绍re模块中的常用功能函数。

5.2.1 re.compile函数

re.compile函数主要用于把正则表达式编译成正则表达式对象。可以把那些常用的正则表达式编译成正则表达式对象，这样可以提高执行效率。

re.compile函数的语法格式如下：

re.compile(pattern,flags=0)

其中，参数pattern指的是编译时用到的表达式字符串；参数flags指的是编译标志位，用于修改正则表达式的匹配方式，如是否区分大小写、多行匹配等。常用的标志如表5-4所示。

表5-4 常用的标志

标志	含义
re.S(DOTALL)	匹配包括换行符在内的所有字符
re.I(IGNORECASE)	使匹配对大小写不敏感
re.L(LOCALE)	进行本地化识别(locale-aware)匹配
re.M(MULTILINE)	多行匹配，影响^和$
re.X(VERBOSE)	通过给予更灵活的格式使正则表达式的编写更易于理解
re.U	根据Unicode字符集解析字符，这个标志会影响\w、\W、\b、\B

示例程序如下：

```
import re
tt = "Tina is a good girl, she is cool, clever, and so on..."
rr = re.compile(r'\w*oo\w*')
print(rr.findall(tt))    #查找所有包含'oo'的单词
```

执行以上程序，输出结果如下：

['good', 'cool']

5.2.2 re.match函数

re.match函数尝试从字符串的起始位置开始匹配，如果起始位置匹配不成功，就返回None。语法格式如下：

re.match(pattern, string, flags=0)

其中，参数pattern指的是匹配用的正则表达式；string指的是要匹配的字符串；flags指的是标志位，用于控制正则表达式的匹配方式，如是否区分大小写、多行匹配等。

当匹配成功时，re.match函数返回匹配的对象，否则返回None。

可使用group(num)或groups()函数来获取匹配表达式，如表5-5所示。

表5-5　group(num)或groups()函数

函数	描述
group(num=0)	匹配整个表达式的字符串,对于group()可以一次输入多个组号。在这种情况下,将返回一个包含那些组所对应值的元组
groups()	返回一个包含所有组字符串的元组

示例程序如下:

```
import re
print(re.match('www', 'www.runoob.com').span())        # 在起始位置匹配
print(re.match('com', 'www.runoob.com'))               # 不在起始位置匹配
```

执行以上程序,输出结果如下:

```
(0, 3)
None
```

5.2.3　re.search函数

re.search函数扫描整个字符串并返回第一个成功的匹配,语法格式如下:

```
re.search(pattern, string, flags=0)
```

其中,参数pattern指的是匹配用的正则表达式;string指的是要匹配的字符串;flags指的是标志位,用于控制正则表达式的匹配方式,如是否区分大小写、多行匹配等。

当匹配成功时,re.search函数返回匹配的对象,否则返回None。和re.match函数一样,re.search函数也可使用group(num)或groups()函数来获取匹配表达式。示例程序如下:

```
import re
print(re.search('www', 'www.runoob.com').span())       # 在起始位置匹配
print(re.search('com', 'www.runoob.com').span())       # 不在起始位置匹配
```

执行以上程序,输出结果如下:

```
(0, 3)
(11, 14)
```

re.match与re.search的区别是,re.match只匹配字符串的开头,如果字符串的开头不符合正则表达式,则匹配失败,返回None;而re.search匹配整个字符串,直到找到匹配。示例程序如下:

```
import re
line = "Cats are smarter than dogs";
matchObj = re.match( r'dogs', line, re.M|re.I)
if matchObj:
    print("match --> matchObj.group() : ", matchObj.group())
else:
    print("No match!!")
    matchObj = re.search( r'dogs', line, re.M|re.I)
if matchObj:
    print("search --> matchObj.group() : ", matchObj.group())
else:
    print("No match!!")
```

执行以上程序，输出结果如下：

```
No match!!
search --> matchObj.group()：  dogs
```

5.2.4　re.findall函数

re.findall函数用于遍历匹配，获取字符串中所有匹配的字符串，返回一个列表。语法格式如下：

```
re.findall(pattern, string, flags=0)
```

例如：

```
p = re.compile(r'\d+')
print(p.findall('o1n2m3k4'))
```

执行以上程序，输出结果如下：

```
['1', '2', '3', '4']
```

又如：

```
import re
tt = "Tina is a good girl, she is cool, clever, and so on..."
rr = re.compile(r'\w*oo\w*')
print(rr.findall(tt))
print(re.findall(r'(\w)*oo(\w)',tt))          #()表示子表达式
```

执行以上程序，输出结果如下：

```
['good', 'cool']
[('g', 'd'), ('c', 'l')]
```

5.2.5　re.finditer函数

re.finditer()函数用于搜索字符串，返回一个能顺序访问每个匹配结果(Match对象)的迭代器。找到匹配的所有子字符串，并把它们作为迭代器返回。语法格式如下：

```
re.finditer(pattern, string, flags=0)
```

示例程序如下：

```
import re
iter = re.finditer(r'\d+','12 drumm44ers drumming, 11 ... 10 ...')
for i in iter:
    print(i)
    print(i.group())
    print(i.span())
```

执行以上程序，输出结果如下：

```
<_sre.SRE_Match object; span=(0, 2), match='12'>
12
(0, 2)
<_sre.SRE_Match object; span=(8, 10), match='44'>
```

```
44
(8, 10)
<_sre.SRE_Match object; span=(24, 26), match='11'>
11
(24, 26)
<_sre.SRE_Match object; span=(31, 33), match='10'>
10
(31, 33)
```

5.2.6 re.split函数

前面已介绍过，re.split函数按照能够匹配的子字符串将字符串分隔后返回。可使用re.split函数来分隔字符串，如re.split(r'\s+', text)，这会将字符串按空格分隔成一个单词列表。

语法格式如下：

```
re.split(pattern, string[, maxsplit])
```

其中，可选参数maxsplit用于指定最大分隔次数，若不指定该参数则将整个字符串进行分隔，例如：

```
print(re.split('\d+','one1two2three3four4five5'))
```

执行结果如下：

```
['one', 'two', 'three', 'four', 'five', '']
```

5.2.7 re.sub函数

re.sub函数使用re替换字符串中每个匹配的子字符串，然后返回替换后的字符串。语法格式如下：

```
re.sub(pattern, repl, string, count)
```

示例程序如下：

```
import re
text = "JGood is a handsome boy, he is cool, clever, and so on..."
print(re.sub(r'\s+', '-', text))
```

执行以上程序，输出结果如下：

```
JGood-is-a-handsome-boy,-he-is-cool,-clever,-and-so-on...
```

其中，第2个参数是替换后的字符串，本例中为'-'；第4个参数指定替换个数，默认为0，表示每个匹配项都替换。

另外，re.sub函数还允许对匹配项的替换进行复杂的处理，例如：

```
re.sub(r'\s', lambda m: '[' + m.group(0) + ']', text, 0);
```

上述语句会将字符串中的空格' '替换为'[ ]'，示例程序如下：

```
import re
text = "JGood is a handsome boy, he is cool, clever, and so on..."
print(re.sub(r'\s+', lambda m:'['+m.group(0)+']', text,0))
```

执行以上程序，输出结果如下：

JGood[ ]is[ ]a[ ]handsome[ ]boy,[ ]he[ ]is[ ]cool,[ ]clever,[ ]and[ ]so[ ]on...

5.2.8 re.subn函数

re.subn函数返回替换次数，语法格式如下：

subn(pattern, repl, string, count=0, flags=0)

示例程序如下：

```
import re
print(re.subn('[1-2]','A','123456abcdef'))
print(re.sub("g.t","have",'I get A,   I got B ,I gut C'))
print(re.subn("g.t","have",'I get A,   I got B ,I gut C'))
```

执行以上程序，输出结果如下：

```
('AA3456abcdef', 2)
I have A,   I have B ,I have C
('I have A,   I have B ,I have C', 3)
```

5.2.9 注意事项

1. re.match与re.search函数的区别

re.match函数只匹配字符串的开头，如果字符串的开头不符合正则表达式，则匹配失败，函数返回None；而re.search函数匹配整个字符串，直到找到一个匹配。示例程序如下：

```
import re
a = re.search('[\d]',"abc33").group()
print(a)
p = re.match('[\d]',"abc33")
print(p)
```

执行以上程序，输出结果如下：

```
3
None
```

2. 贪婪匹配与非贪婪匹配

后面不带?的*、+和?等都是贪婪匹配，也就是尽可能匹配；但后面加上?成为*?、+?、??后，就变成了非贪婪匹配。示例程序如下：

```
import re
a = re.findall(r"a(\d+?)",'a23b')
print(a)
b = re.findall(r"a(\d+)",'a23b')
print(b)
```
执行以上程序，输出结果如下：

```
['2']
['23']
```

又如：

```
import re
a = re.match('<(.*)>','<H1>title<H1>').group()
print(a)
b = re.match('<(.*?)>','<H1>title<H1>').group()
print(b)
```

执行以上程序，输出结果如下：

```
<H1>title<H1>
<H1>
```

再如：

```
import re
a = re.findall(r"a(\d+)b",'a3333b')
print(a)
b = re.findall(r"a(\d+?)b",'a3333b')
print(b)
```

执行结果如下：

```
['3333']
['3333']
```

在此需要注意的是，如果前后均有限定条件，就不存在什么贪婪模式了，非匹配模式失效。

5.3　本章实战

本节将综合前面介绍的正则表达式相关知识，编写一个可以获取电子邮箱、URL网址、手机号、IP地址的程序。

要从文本中提取电子邮箱、URL网址、手机号、IP地址等相关信息，使用正则表达式非常容易实现。

电子邮箱的形式如下：邮箱名@服务器域名.一级域名.二级域名，如admin@example.com.cn。邮箱名和服务器域名可以由大小写字母、数字、连接符(-)、英文点号(.)、下画线(_)组成；域名则用小写字母表示。因此，用于获取电子邮箱的正则表达式为：

```
[a-z0-9\.\-+_]+@[a-z0-9\.\-+_]+\.[a-z]+
```

手机号包括11位数字，形如1×× ×××× ××××，因此，用于获取手机号的正则表达式可表示为1\d{10}。如果是国际长途，还需要加上国家区号，此处留给大家思考。

URL网址的形式如下：协议://www.二级域名.一级域名.顶层域名，如https://verify.longleding.com。用于提取URL的正则表达式如下：

```
http[s]?://(?:[a-zA-Z]|[0-9]|[$-_@.&+]|[!*,]|(?:%[0-9a-fA-F][0-9a-fA-F]))+)|([a-zA-Z]+.\w+\.+[a-zA-Z0-9\/_]+
```

IP地址有IPv4和IPv6两种版本，这里以前者为主，形如192.168.1.1，由四组点分十进制数组成。因此，用于提取IP地址的正则表达式如下：

```
\b(?:(?:25[0-5]|2[0-4][0-9]|[01]?[0-9][0-9]?)\.){3}(?:25[0-5]|2[0-4][0-9]|[01]?[0-9][0-9]?)\b
```

程序代码如下：

```python
# encoding: utf-8
import re
# 自定义获取电子邮件的函数
def get_findAll_emails(text):
    """
    :param text: 文本
    :return: 返回电子邮件列表
    """
    emails = re.findall(r"[a-z0-9\.\-+_]+@[a-z0-9\.\-+_]+\.[a-z]+", text)
    return emails


# 自定义获取手机号的函数
def get_findAll_mobiles(text):
    """
    :param text: 文本
    :return: 返回手机号列表
    """
    mobiles = re.findall(r"1\d{10}", text)
    return mobiles


# 自定义获取URL网址的函数
def get_findAll_urls(text):
    """
    :param text: 文本
    :return: 返回url列表
    """
    urls = re.findall(r"(http[s]?://(?:[a-zA-Z]|[0-9]|[$-_@.&+]|[!*,]|(?:%[0-9a-fA-F][0-9a-fA-F]))+)|([a-zA-Z]+
.\w+\.+[a-zA-Z0-9\V_]+)",text)
    urls = list(sum(urls,()))
    urls = [x for x in urls if x!='']
    return urls


# 自定义获取IP地址的函数
def get_findAll_ips(text):
    """
    :param text: 文本
    :return: 返回ip列表
    """
    ips = re.findall(r"\b(?:(?:25[0-5]|2[0-4][0-9]|[01]?[0-9][0-9]?)\.){3}(?:25[0-5]|2[0-4][0-9]|[01]?[0-9][0-9]?)\b",
        text)
    return ips


if __name__ == '__main__':
    content = "Please 47.92.2.58:443 contact 127.0.0.1    15988455173 us 18720071239
https://blog.csdn.net/u013421629/ at https://www.yiibai.com/ contact@qq.com for further information
1973536419@qq.com You can also give feedbacl at feedback@yiibai.com"
    emails = get_findAll_emails(text=content)
    print(emails)
    moblies = get_findAll_mobiles(text=content)
    print(moblies)
    urls = get_findAll_urls(text=content)
    print(urls)
    ips = get_findAll_ips(text=content)
    print(ips)
```

执行以上程序，输出结果如下：

```
['contact@qq.com', '1973536419@qq.com', 'feedback@yiibai.com']
['15988455173', '18720071239']
['Please 47.92', 'contact 127.0', 'https://blog.csdn.net/u013421629/', 'https://www.yiibai.com/', 'contact@qq.com', 'feedback@yiibai.com']
['47.92.2.58', '127.0.0.1']
```

5.4　本章小结

正则表达式使用单个字符串来描述、匹配一系列符合某种句法规则的文本。在很多文本编辑器中，正则表达式通常被用来检索、替换那些匹配某种模式的文本。在Web应用中，正则表达式主要用于判断表单输入内容是否符合期望的规则，如电子邮箱格式、网址格式、电话号码格式等。

Python自1.5版本起就增加了re模块，提供了Perl风格的正则表达式模式。re模块使Python语言拥有了正则表达式的所有功能。

本章首先介绍了正则表达式的基础内容，包括元字符、预定义字符和特殊分组用法；其次介绍了Python中用于实现正则功能的re模块的所有常用功能函数。通过本章的学习，用户应该能够在实际项目中处理一些基本且常见的字符模式匹配问题。

5.5　思考与练习

1. 举例说明如何使用正则表达式来处理转义字符。

2. 如何使用正则表达式来判断字符串是否全部小写。

3. 使用正则表达式，提取首字母的缩写词。例如，假设字符串为Federal Emergency Management Agency，那么提取到的首字母为FEMA。

4. 在处理自然语言时，如果以逗号分隔较大的数字，就会出现问题。请编写程序，实现清理数字中的逗号分隔符。

5. 将中文表示的年份转换为数字表示的年份，例如，将"一九四九年"转换为"1949年"。

6. 输入手机号码，判断手机号码是否为11位，以及是否为1开头的数字。

7. 给定一串字符，判断是否是手机号。

8. 请尝试写一个验证电子邮箱的正则表达式。

版本一：可以验证类似的电子邮箱：

```
someone@gmail.com
bill.gates@microsoft.com
```

版本二：可以提取带名字的电子邮箱。

```
tom@voyager.org => Tom Paris
bob@example.com => bob
```

第 6 章

函　数

函数是程序设计的重要部分。函数是组织好的、可重用的、用来实现单一或相关功能的代码段。可使用函数将一个大型解决方案分解为多个部分，并创建可供程序使用的行为库。前面介绍的程序曾用到Python提供的函数(如print函数)。本章将学习如何创建和使用自己的函数。用户将学习如何为函数提供要处理的数据，以及程序如何接收函数返回的结果。函数使程序变得更简洁、更易于管理。

本章的学习目标：

○　掌握创建函数、调用函数的方法；

○　掌握如何向函数传递参数；

○　了解函数如何返回值，如何使用返回值；

○　了解函数内变量的作用域；

○　了解匿名函数的定义和使用。

6.1　函数的创建和调用

函数是组织好的、可重用的、用来实现单一或相关功能的代码段，能提高应用的模块性和代码的重复利用率。Python提供了许多内置函数，如print函数，也可以自己创建函数，称为用户自定义函数。

6.1.1　创建函数

创建函数时使用def关键字，一般格式如下：

```
def 函数名(参数列表):
    函数体
```

默认情况下，参数值和参数名是按函数声明中定义的顺序相匹配的。

在定义想要的函数时，需要遵从以下原则：

○ 函数代码块以 def 关键字开头，后接函数标识符名称和一对圆括号()。

○ 传入的任何参数和自变量必须放在一对圆括号中，在这对圆括号中可以定义参数。

○ 函数的第一行语句可选择性地使用文档字符串——用于存放函数说明。

○ 函数内容以冒号起始，并且缩进。

○ 使用"return[表达式]"形式结束函数，选择性地返回一个值给调用方。不带表达式的return语句相当于返回 None值。

创建函数的示例如下：

```
def hello():
    print("Hello World!")

hello()
```

该程序的输出如下：

```
Hello World!
```

以上创建的hello函数没有参数传递。实际上，Python和其他编程语言一样，其函数是可以传递参数的，示例如下：

```
# 计算面积的函数
def area(width, height):
    return width * height

def print_welcome(name):
    print("Welcome", name)

print_welcome("Runoob")
w = 4
h = 5
print("width =", w, " height =", h, " area =", area(w, h))
```

执行以上程序，输出结果如下：

```
Welcome Runoob
width = 4    height = 5    area = 20
```

6.1.2 调用函数

创建函数后，也就提供了函数名，指定了函数中包含的参数和代码块结构，这样函数的基本结构就完整了。接下来，就可以通过另一个函数调用来执行这个函数，也可以直接从Python命令提示符执行。

在调用函数时，需要知道函数的名称和参数，例如：

```
print(my_abs(-3))
```

执行该函数，输出结果为3。

Python内置了很多有用的函数，可以直接调用，比如上面求绝对值的函数abs，它只有一个参数。

　　函数名其实就是指向函数对象的引用，完全可以把函数名赋给变量，这相当于给函数起了"别名"，例如：

```
a = abs                              # 变量a指向abs函数
print(a(-2))                         # 通过变量a调用abs函数
```

　　执行程序，输出结果为2。

　　在调用函数时，如果传入的参数数量不正确，就会出现TypeError错误，并且会给出提示。例如，函数abs只能接收一个参数，若传入两个参数就会报错：

```
>>> print(abs(-1,-2))
Traceback (most recent call last):
  File "<pyshell#0>", line 1, in <module>
    print(abs(-1,-2))
TypeError: abs() takes exactly one argument(2 given)
```

　　如果传入的参数类型不正确，也会出现TypeError错误，并且会给出提示。例如，下面的示例给求绝对值的函数abs提供了一个字符串参数：

```
>>> print(abs('ss'))
Traceback (most recent call last):
  File "<pyshell#1>", line 1, in <module>
    print(abs('ss'))
TypeError: bad operand type for abs(): 'str'
```

　　调用函数时，若参数个数不匹配，Python解释器会自动检测出来，并抛出TypeError错误。但是，如果参数类型有误，Python解释器有时无法检测出来，例如下面的函数：

```
def my_abs(x):
  if x:
    return x
  else:
    return -x
my_abs('1')
```

　　执行该程序，没有任何报错。可对以上程序进行修改，首先用内置函数isinstance判断参数的类型。如果是非数值型，则提示参数类型有误，代码如下：

```
def my_abs(x):
  if not isinstance(x,(int,float)):
    raise TypeError('bad operand type')
  if x:
    return x
  else:
    return -x
my_abs('1')
```

　　执行以上程序，所出现的报错信息如下：

```
Traceback (most recent call last):
  File "C:/Python/Python311/pyprojects/ch06/argtype_function.py", line 8, in <module>
    my_abs('1')
  File "C:/Python/Python311/pyprojects/ch06/argtype_function.py", line 3, in my_abs
    raise TypeError('bad operand type')
TypeError: bad operand type
```

6.2　参数传递

在Python中，所有参数(变量)都按引用传递。如果在一个函数中修改参数，那么在调用这个函数的函数中，原始参数也会被修改。示例程序如下：

```python
#!/usr/bin/python3

global_val1 = "这是一个全局变量";

#area默认参数
def area(w,h,area = 100):
    areaVal = w*h                          #函数内是局部变量
    print(global_val1)
    return areaVal;

w = 4;
h = 5;
print("w=",w,"h=",h,"area=",area(w,h))

def changeVal(mylist):
    #修改值
    mylist.append([4,5,6]);
    print("函数内取值",mylist)
    return ;

#调用
mylist = [1,2,3]
changeVal(mylist);
print("函数外取值",mylist);

#匿名函数
sum = lambda arg1,arg2:arg1+arg2;
print("相加的值为： ",sum(1,2));
```

执行以上程序，输出结果如下：

```
这是一个全局变量
w= 4 h= 5 area= 20
函数内取值 [1, 2, 3, [4, 5, 6]]
函数外取值 [1, 2, 3, [4, 5, 6]]
相加的值为：3
```

6.2.1　不可变类型参数和可变类型参数

在Python中，类型属于对象，变量是没有类型的，例如：

```python
a = [1,2,3]
a = "Runoob"
```

在这里，[1,2,3]是列表类型，"Runoob"是字符串类型，而变量a没有类型，仅仅是对象的引用(指针)，可以指向列表对象，也可以指向字符串对象。

在Python中，字符串、元组和数字是不可变类型，而列表、字典等则是可修改的可变类型。

- 不可变类型：进行变量赋值a=5后，若再赋值a=10，这实际上会新生成int对象10，再让a指向它，而5被丢弃，这并没有改变a的值，而相当于新生成了a。

- 可变类型：进行变量赋值la=[1,2,3,4]后，再赋值la[2]=5，这会更改列表对象la的第三个元素，而la本身没变，只是内部的一部分值被修改了。

当使用这两种类型的对象作为函数的参数时，效果是不一样的，区别如下。

- 不可变类型：类似于C++的值传递，如整数、字符串、元组。例如fun(a)，传递的只是a的值，不影响a本身。又如，在 fun(a)内部修改a的值，只是修改另一个复制的对象，不会影响a本身。

- 可变类型：类似于C++的引用传递，如列表、字典。例如fun(la)，则是将la真正传过去，修改后，fun外部的la也会受到影响。

Python中的一切都是对象，从严格意义上不能说是值传递还是引用传递，而应该说是传不可变对象和传可变对象。

当传不可变对象为函数参数时，示例如下：

```
def ChangeInt(a):
    a = 10
b = 2
ChangeInt(b)
print(b)                          # 结果是 2
```

上述示例中有int对象2，指向它的变量是b，在传递给ChangeInt函数时，按传值方式复制了变量b，a和b都指向同一个Int对象，在a=10时，则新生成一个int对象10，并让a指向它。

当传可变对象为函数参数时，可变对象在函数中会修改参数，那么在调用这个函数的函数中，原始参数也被修改了，例如：

```
def changeme(mylist):
    #修改传入的列表
    mylist.append([1,2,3,4])
    print("函数内取值: ", mylist)
    return
# 调用changeme函数
mylist = [10,20,30]
changeme(mylist)
print("函数外取值: ", mylist)
```

执行以上程序，输出结果如下：

```
函数内取值: [10, 20, 30, [1, 2, 3, 4]]
函数外取值: [10, 20, 30, [1, 2, 3, 4]]
```

从输出结果可以看出，传入函数的和在末尾添加新内容的对象所用的是同一个引用。

6.2.2 参数形式

调用函数时可使用的正式参数类型如下：

- 必需参数
- 关键字参数

○ 默认参数

○ 不定长参数

1. 必需参数

必需参数必须以正确的顺序传入函数。调用时的数量必须和声明时的一样。

例如以下示例中，调用printme函数时，必须传入一个参数，否则会出现语法错误：

```
def printme( str ):
#打印任何传入的字符串
    print(str)
    return

#调用printme函数
printme()
```

执行以上程序，输出结果如下：

```
Traceback (most recent call last):
    File " C:/Python/Python311/pyprojects/ch06/622test1.py ", line 7, in <module>
        printme()
TypeError: printme() missing 1 required positional argument: 'str'
```

2. 关键字参数

关键字参数和函数调用关系紧密，函数调用使用关键字参数来确定传入的参数值。使用关键字参数允许函数调用时参数的顺序与声明时的不一致，因为Python解释器能够用参数名匹配参数值。

以下示例在调用函数printme()时使用了参数名：

```
def printme( str ):
#打印任何传入的字符串
    print(str)
    return

#调用printme函数
printme(str = "菜鸟教程")
```

执行以上程序，输出结果如下：

```
菜鸟教程
```

以下示例演示了对函数参数的使用不需要按照指定顺序：

```
def printinfo( name, age ):
#打印任何传入的字符串
    print("名字: ", name)
    print("年龄: ", age)
    return

#调用printinfo函数
printinfo(age=50, name="runoob")
```

执行以上程序，输出结果如下：

```
名字:   runoob
年龄:   50
```

3. 默认参数

调用函数时，如果没有传递参数，则会使用默认参数。以下示例中如果没有传入age参数，则使用默认值：

```
def printinfo(name, age = 35):
#打印任何传入的字符串
    print("名字: ", name)
    print("年龄: ", age)
    return

#调用printinfo函数
printinfo(age=50, name="runoob")
print("-----------------------")
printinfo(name="runoob")
执行以上程序，输出结果如下：
名字: runoob
年龄: 50
-----------------------
名字: runoob
年龄: 35
```

4. 不定长参数

实际开发中，有时需要函数能处理的参数比当初声明时多，这些参数叫作不定长参数。不同于上述几种参数，不定长参数在声明时不会被命名。基本语法如下：

```
def functionname([formal_args,] *var_args_tuple ):
    "函数_文档字符串"
    function_suite
    return [expression]
```

加了星号*的参数会以元组的形式导入，用于存放所有未命名的变量参数，例如：

```
def printinfo(arg1, *vartuple):
#打印任何传入的参数
    print("输出: ")
    print(arg1)
    print(vartuple)

# 调用printinfo函数
printinfo(70, 60, 50)
```

执行以上程序，输出结果如下：

```
输出:
70
(60, 50)
```

如果在调用函数时没有指定参数，它就是一个空元组。我们也可以不向函数传递未命名的变量，例如：

```
def printinfo(arg1, *vartuple ):
#打印任何传入的参数
    print("输出: ")
    print(arg1)
    for var in vartuple:
```

```
        print(var)
        return

# 调用printinfo函数
printinfo(10)
printinfo(70, 60, 50)
```

执行以上程序，输出结果如下：

```
输出:
10
输出:
70
60
50
```

还有一种情况就是参数带两个星号**，基本语法如下：

```
def functionname([formal_args,] **var_args_dict ):
    "函数_文档字符串"
    function_suite
    return [expression]
```

加了两个星号 ** 的参数会以字典的形式导入，例如：

```
def printinfo(arg1, **vardict):
#打印任何传入的参数
    print("输出: ")
    print(arg1)
    print(vardict)

# 调用printinfo 函数
printinfo(1, a=2,b=3)
```

执行以上程序，输出结果如下：

```
输出:
1
{'a': 2, 'b': 3}
```

声明函数时，参数中的星号*可以单独出现，例如：

```
def f(a,b,*,c):
    return a+b+c
```

单独出现星号*的参数必须用关键字传入，例如：

```
>>> def f(a,b,*,c):
...     return a+b+c
...
>>> f(1,2,3)                        # 报错
Traceback(most recent call last):
   File "<stdin>", line 1, in <module>
TypeError: f() takes 2 positional arguments but 3 were given
>>> f(1,2,c=3)                      # 正常
6
```

6.3 返回值

函数可以返回单一值，也可以返回多个值。函数返回值主要通过return语句实现。

6.3.1 return语句

"return [表达式]"语句用于退出函数，并选择性地向调用方返回一个表达式。不带表达式的return语句返回None。之前的例子都没有示范如何返回数值，以下示例演示了return语句的用法：

```
def sum(arg1, arg2):
# 返回两个参数的和
    total = arg1 + arg2
    print("函数内: ", total)
    return total

# 调用sum函数
total = sum(10, 20)
print("函数外: ", total)
```

执行以上程序，输出结果如下：

```
函数内: 30
函数外: 30
```

6.3.2 返回多个值

函数可以返回多个值。例如，定义函数quadratic(a, b, c)，它接收3个参数，返回一元二次方程：$ax^2 + bx + c = 0$的两个解，程序代码如下：

```
import math
def quadratic(a,b,c):
    d = b**2-4*a*c
    if d < 0 :
        return print("此方程无解")
    x1 = (-b+math.sqrt(d))/(2*a)
    x2 = (-b-math.sqrt(d))/(2*a)
    return x1,x2
a,b = quadratic(2, 3, 1)
print(a,b)
```

执行以上程序，输出结果如下：

```
-0.5 -1.0
```

注意，虽然看着像返回了两个值a和b，但其实Python函数返回的仍然是单一值。可在交互式命令行下进行测试：

```
>>> r = quadratic(2,3,1)
>>> print(r)
(-0.5, -1.0)
```

　　输出的返回值是一个元组，但是在语法上，返回一个元组时可以省略圆括号，而多个变量可以同时接收一个元组，按位置赋给对应的值。所以，函数返回多个值其实就是返回一个元组，但写起来更方便。

6.4　变量的作用域

　　Python中，程序中的变量并不是在哪个位置都可访问，访问权限决定于变量的赋值位置。变量的作用域决定了哪部分程序可以访问哪个特定的变量。Python的作用域一共有4种，分别如下。

- ○　L(Local)：局部作用域。
- ○　E(Enclosing)：嵌套作用域。
- ○　G(Global)：全局作用域。
- ○　B(Built-in)：内置作用域。

　　可按L→E→G→B的规则查找变量，在局部作用域找不到，就去局部作用域外的局部作用域找(如闭包)，再找不到，就去全局作用域找，最后去内置作用域找。

```
x = int(2.9)                        # 内置作用域
g_count = 0                         # 全局作用域
def outer():
    o_count = 1                     # 闭包函数外的函数
    def inner():
        i_count = 2                 # 局部作用域
```

　　Python中，只有模块(module)、类(class)及函数(def、lambda)才会引入新的作用域，其他的代码块(如if/elif/else/、try/except、for/while等)不会引入新的作用域。也就是说，在这些语句内定义的变量，在外部也可以访问，示例如下：

```
>>> if True:
...    msg = 'I am from Runoob'
...
>>> msg
'I am from Runoob'
```

　　上述示例中，msg变量定义在if语句块中，但在外部也可以访问。

　　如果将变量msg定义在函数中，则它就是局部变量，在外部不能访问：

```
>>> def test():
...       msg_inner = 'I am from Runoob'
...
>>> msg_inner
Traceback (most recent call last):
   File "<stdin>", line 1, in <module>
NameError: name 'msg_inner' is not defined
```

　　从报错的信息得知，msg_inner未定义，无法使用，因为它是局部变量，仅在函数内可用。

6.4.1　全局变量和局部变量

定义在函数内部的变量拥有局部作用域，定义在函数外部的变量拥有全局作用域。

局部变量只能在声明它的函数内部访问，而全局变量可以在整个程序范围内访问。调用函数时，在函数内部声明的所有变量都将被加入函数的作用域中，例如：

```
total = 0                              # 这是一个全局变量
# 可写函数说明
def sum(arg1, arg2):
#返回两个参数的和
    total = arg1 + arg2                # total在这里是局部变量
    print("函数内是局部变量: ", total)
    return total

#调用sum函数
sum(10, 20)
print("函数外是全局变量: ", total)
```

执行以上程序，输出结果如下：

```
函数内是局部变量: 30
函数外是全局变量: 0
```

6.4.2　global和nonlocal关键字

当内部作用域想修改外部作用域的变量时，就要用到global和nonlocal关键字。

以下示例会修改全局变量num：

```
num = 1
def fun1():
    global num                         # 需要使用global关键字来声明
    print(num)
    num = 123
    print(num)

fun1()
print(num)
```

执行以上程序，输出结果如下：

```
1
123
123
```

如果要修改嵌套作用域中的变量，则需要使用nonlocal关键字，示例如下：

```
def outer():
    num = 10
    def inner():
        nonlocal num                   # 使nonlocal关键字进行声明
        num = 100
        print(num)
    inner()
    print(num)
```

```
outer()
```

执行以上程序，输出结果如下：

```
100
100
```

还有一种特殊情况，假设执行下面这段代码：

```
a = 10
def test():
    a = a + 1
    print(a)

test()
```

会出现如下报错信息：

```
Traceback (most recent call last):
    File "C:/Python/Python311/pyprojects/ch06/642test3.py", line 6, in <module>
      test()
    File "C:/Python/Python311/pyprojects/ch06/642test3.py", line 3, in test
      a = a + 1
UnboundLocalError: cannot access local variable 'a' where it is not associated with a value
```

该错误为局部作用域引用错误，因为test函数中的变量a使用的是局部作用域，未定义，无法修改。

将a修改为全局变量，作为函数参数传递，这样程序就可以正常执行：

```
a = 10
def test(a):
    a = a + 1
    print(a)

test(a)
```

执行以上程序，输出结果如下：

```
11
```

6.5 匿名函数(lambda)

Python使用lambda来创建匿名函数。

所谓匿名，意指不再使用def语句这样的标准形式来定义函数。

lambda只是一个表达式，函数体要简单很多。

lambda的主体是一个表达式，而不是一个代码块。仅仅能在lambda表达式中封装有限的逻辑。

匿名函数拥有自己的名称空间，且不能访问自己参数列表之外或全局名称空间中的参数。

虽然匿名函数看起来只能写一行，但却不等同于C或C++的内联函数，后者的目的是调用小函数时不占用栈内存，从而提高运行效率。

匿名函数只包含一条语句，其语法如下：

lambda [arg1 [,arg2,.....argn]]:expression

示例如下：

```
sum = lambda arg1, arg2: arg1 + arg2
# 调用sum函数
print("相加后的值为: ", sum(10, 20))
print("相加后的值为: ", sum(20, 20))
```

执行程序，输出结果如下：

```
相加后的值为: 30
相加后的值为: 40
```

6.6　Collatz序列

前面介绍了如何使用Python语言创建函数，如何向函数传递参数，不可变类型参数和可变类型参数的工作原理，函数中用到的变量的作用域，以及函数如何将处理结果返回给调用程序。

本节将研究所谓的"Collatz序列"，有时它也被称为"最简单的、不可能的数学问题"。

综合以上所学，本节就来编写一个名为collatz的函数，它带有一个名为number的参数。如果这个参数是偶数，那么collatz函数就打印number//2，并返回结果；如果这个参数是奇数，collatz函数就打印3*number +1，并返回结果。

下面编写一个程序，让用户输入一个整数，并不断对这个整数调用collatz函数，直到该函数返回值1。令人惊奇的是，这个序列对于任何整数都有效，利用这个序列，迟早会得到1！即使数学家也不能确定这到底是为什么。

需要注意的是，在实现过程中，一定要记得将input函数的返回值用int函数换成整数，否则它会是一个字符串。

如果number % 2 == 0，整数number就是偶数；如果number % 2 == 1，整数number就是奇数。

编写的程序如下：

```
def collatz(number):
    if number == 1:
        return 1
    elif number % 2 == 0:
        return number // 2
    elif number % 2 == 1:
        return 3*number + 1
print(collatz(18))
print(collatz(17))
```

以上程序中不包含异常捕获代码。下面为该程序添加try和except语句，用于检测用户是否输入了一个非整数的字符串。正常情况下，int函数在传入一个非整数的字符串时，会产生ValueError错误，如int('puppy')。在except子句中，会向用户输出一条信息，告诉他们必须输入一个整数。完整的程序如下：

```python
def collatz(number):
    if number == 1:
        return 1
    elif number % 2 == 0:
        numbers = number // 2
        print(numbers)
        collatz(numbers)
    elif number % 2 == 1:
        numbers = 3*number + 1
        print(numbers)
        collatz(numbers)
try:
    number = int(input("请输入一个整数->:"))
    collatz(number)
except ValueError:
    print("请输入一个整数")
```

编写完程序后，可以运行该程序，输入一个整数，执行程序，查看输出结果。

6.7　本章小结

在Python编程中，函数是用来封装独立功能或方法的最佳选择。本节详细介绍了函数的创建和调用。函数在使用过程中，可以接收外部传来的参数。函数参数分为两类：一类是不可变类型参数，另一类是可变类型参数。在函数中也可以声明变量。变量的作用域有局部作用域和全局作用域，局部变量只在函数内生效，而全局变量在函数外也可用。函数执行功能代码块后，可以通过return语句将需要的数据返回给调用方。

除了显式声明的函数，Python还允许匿名函数的存在。

在本章的最后，我们综合运用函数的基础知识实现了Collatz序列。

6.8　思考与练习

1. 编写Python函数，计算所传入字符串中数字、字母、空格以及其他字符的个数。

2. 编写Python函数，判断用户所传入对象的长度是否大于5。

3. 编写Python函数，检查元素是否为空。

4. 编写Python函数，检查所传入列表的长度，若大于2，保留前两个长度的内容，并将新内容返回给调用方。

5. 编写Python函数，找出奇数索引的元素并插入新的列表中。

6. 检查传入的每个字典的value长度，如果大于2，保留前两个长度的内容，并将新内容返回给调用方。

第 7 章

面向对象编程

面向对象编程(Object Oriented Programming，OOP)的思想主要是针对大型软件设计提出的，采用这种编程方式可使软件更加灵活，能够很好地支持代码复用和设计复用，代码具有更好的可读性和可扩展性，大幅降低了软件开发的难度。面向对象编程的关键是将数据和操作封装在一起，组成一个相互依存、不可分割的整体，即对象。不同对象之间通过消息机制进行通信或同步。对相同类型的对象进行分类、抽象后，得出共同的特征，从而形成"类"。面向对象编程的关键就在于如何合理地定义这些类并且合理组织多个类之间的关系。

Python是真正面向对象的高级动态编程语言，完全支持面向对象的基本功能，如封装、继承、多态以及对基类方法的覆盖或重写。Python中对象的概念很广泛，Python中的一切内容都可以称为对象，函数也是对象。创建类时使用变量形式表示对象特征的成员称为数据成员，使用函数形式表示对象行为的成员称为成员方法，数据成员和成员方法统称为类的成员。

本章的学习目标：
- ○ 掌握类的定义和使用；
- ○ 掌握类的私有成员和公有成员的定义和使用；
- ○ 掌握数据成员的定义和使用；
- ○ 掌握使用方法来描述对象具有的行为；
- ○ 掌握属性的定义和使用；
- ○ 掌握类的封装以及类之间的继承、多态；
- ○ 了解类的专有方法。

7.1 面向对象编程概述

Python是一门面向对象编程语言，使用面向对象语言编码的过程叫作面向对象编程。

面向对象编程是一种程序设计思想，这种思想把对象作为程序的基本单元，对象包含数据和操作方法。

面向对象编程把计算机程序视为一组对象的集合，每个对象都可以接收其他对象发送过来的消息，并处理这些消息。计算机程序的执行就是一系列消息在各个对象之间的传递。

在Python中，所有数据类型都被视为对象，也可以自定义对象。自定义对象的数据类型就是面向对象中的类。

7.1.1 面向对象编程中的术语介绍

Python从设计之初就已是一门面向对象的语言，正因为如此，在Python中创建类和对象是很容易的。本章将简要介绍Python面向对象编程。

在正式介绍面向对象编程之前，先介绍面向对象编程中的一些术语，从而在头脑里形成基本的面向对象概念，这样有助于接下来的Python面向对象编程学习。

面向对象编程中的基本术语如下。

- 类(Class)：用来描述具有相同的属性和方法的对象的集合。类定义了这种集合中每个对象所共有的属性和方法。
- 方法：类中定义的函数。
- 类变量：类变量在整个实例化的对象中是公用的。类变量定义在类中且在函数体之外。类变量通常不作为实例变量使用。
- 数据成员：类变量或实例变量用于处理类及实例对象的相关数据。
- 方法重写：如果从父类继承的方法不能满足子类的需求，可以对其进行改写，这个过程叫作方法覆盖(Override)，也称为方法重写。
- 局部变量：定义在方法中的变量，只作用于当前实例的类。
- 实例变量：在类的声明中，属性是用变量来表示的。这种变量就称为实例变量，它们虽然在类声明的内部，但却在类的其他成员方法之外声明。
- 继承：继承就是用派生类继承基类的字段和方法。继承也允许把派生类对象作为基类对象对待。例如，有这样一种设计，Dog类派生自Animal类，这模拟的是"是一个"(is-a)关系(例如，狗是一种动物)。
- 实例化：创建类的实例。
- 对象：通过类定义的数据结构实例，对象包括数据成员(类变量和实例变量)和方法。

和其他编程语言相比，Python在尽可能不增加新的语法和语义的情况下加入了类机制。

Python中的类提供面向对象编程的所有基本功能：类的继承机制允许多个基类，派生类可以覆盖基类中的任何方法，在方法中可以调用基类中的同名方法，对象可以包含任意数量和类型的数据。

7.1.2 类的定义

在Python语言中定义类的语法格式如下：

```
class ClassName(BaseClass1,BaseClass2,…,BaseClassN):
    <statement-1>
    ……
    <statement-N>
```

其中，class关键字用来定义一个类，ClassName是类名，BaseClass为继承的父类(基类)，在Python中的类可以继承自多个基类。下面定义了一个类：

```
class MyClass(object):
    i = 123
    def f(self):
        return "hello world"
```

可以看到，以上代码声明了MyClass类，类名通常是大写字母开头；该类继承了object类。通常，如果没有合适的继承类，就继承object类，这是所有类最终都会继承的类。该类包含数据成员i和方法f()。

❖ 注意：

在类中定义方法的形式和定义函数差不多，但不称为函数，而称为方法。方法的调用需要绑定到特定对象上，而函数不需要。

7.1.3 类的使用

本节简单讲述类的使用，示例代码如下：

```
#!/usr/bin/python3
#-*-coding:UTF-8-*-

class MyClass(object):
    i = 123
    def f(self):
        return "hello world"

use_class = MyClass()
print('调用类的属性: ',use_class.i)
print('调用类的方法: ',use_class.f())
```

执行以上程序，输出结果如下：

```
调用类的属性：123
调用类的方法：hello world
```

由代码中的调用方式可知，类的使用比函数调用多了若干操作，调用类时首先需要执行如下操作：

```
use_class = MyClass()
```

这叫作类的实例化，即创建类的实例。此处的use_class变量称为类的具体对象。下面再看后面两行调用：

```
print('调用类的属性: ',use_class.i)
print('调用类的方法: ',use_class.f())
```

第一行的use_class.i用于访问类的属性i，也就是前面提到的类变量。第二行的use_class.f()用于调用类的f()方法。

类对象支持两种操作：属性引用和实例化。属性引用的标准语法如下：

```
obj.name
```

该语法中的obj代表类对象，name代表属性。

7.1.4 类的方法

在类的内部，使用def关键字来定义方法，与一般的函数定义不同，类的方法必须包含参数self，且为第一个参数，self代表的是类的实例。示例程序如下：

```
#类定义
class people:
    #定义基本属性
    name = ''
    age = 0
    #定义私有属性，私有属性在类的外部无法直接访问
    __weight = 0
    #定义构造方法
    def __init__(self,n,a,w):
        self.name = n
        self.age = a
        self.__weight = w
    def speak(self):
        print("%s说: 我%d岁。" %(self.name,self.age))

# 实例化类
p = people('runoob',10,30)
p.speak()
```

执行以上程序，输出结果如下：

```
runoob说: 我10岁。
```

在以上示例中，speak()方法的self参数在方法中并没有被调用，是否可以省略该参数呢？另外，调用speak()方法时没有传递参数，这是否表示可以传递参数也可以不传递呢？

在类中定义方法的要求：在类中定义方法时，第一个参数必须是self。除第一个参数，类的方法和普通函数没有什么区别，比如可以使用默认参数、可变类型参数、关键字参数和命名关键字参数等。

在类中调用方法的要求：要调用方法，需在实例变量上直接调用。除了self参数不必传入，其他参数需要正常传入。

7.2 深入介绍类

前面介绍了类的定义和使用，本节将深入介绍类的相关内容，如类的构造方法(又称构

造函数)和访问权限控制。

7.2.1　类的构造方法

从以上示例程序中可以看出，类中有一个名为__init__()的特殊方法(构造方法)，该方法在对类实例化时会自动被调用，如下面所示：

```
def __init__(self,n,a,w):
    self.name = n
    self.age = a
    self.__weight = w
```

为类定义了__init__()方法后，类的实例化操作会自动调用该方法。以下代码实例化类MyClass，对应的__init__()方法就会被调用：

```
x = MyClass()
```

当然，__init__()方法可以带有参数，参数通过__init__()传递到类的实例化操作上，例如：

```
class Complex:
    def __init__(self, realpart, imagpart):
        self.r = realpart
        self.i = imagpart
x = Complex(3.0, -4.5)
print(x.r, x.i)                     # 输出结果：3.0   -4.5
```

需要注意的是，self代表类的实例而非类。类的方法与普通函数仅存在一个特殊的区别——它们必须有额外的参数且该参数为第一个参数，按照惯例，该参数的名称是self，例如：

```
class Test:
    def prt(self):
        print(self)
        print(self.__class__)

t = Test()
t.prt()
```

执行以上程序，输出结果如下：

```
<__main__.Test instance at 0x100771878>
__main__.Test
```

很明显，从执行结果可以看出，self代表的是类的实例，代表当前对象的地址，而self.class则指向类。

self不是Python关键字，把它换成runoob也是可行的，例如：

```
class Test:
    def prt(runoob):
        print(runoob)
        print(runoob.__class__)

t = Test()
t.prt()
```

执行以上程序，输出结果如下：

```
<__main__.Test instance at 0x100771878>
__main__.Test
```

在定义类时，若不显式地定义__init__()方法，则程序默认调用无参的__init__()方法。例如，以下两段代码的作用相同：

```
#!/usr/bin/python3
#-*-coding:UTF-8-*-
#程序一
class DefaultInit(object):
    def __init__(self):
        print('类实例化时执行我，我是__init__()方法。')
    def show(self):
        print('我是类中定义的方法，需要通过实例化对象来调用。')
test = DefaultInit()
print('类实例化结束')
test.show()
```

执行以上程序，输出结果如下：

```
类实例化时执行我，我是__init__()方法。
类实例化结束
我是类中定义的方法，需要通过实例化对象来调用。
```

另一段代码如下：

```
#!/usr/bin/python3
#-*-coding:UTF-8-*-

class DefaultInit(object):
    def show(self):
        print('我是类中定义的方法，需要通过实例化对象来调用。')

test = DefaultInit()
print('类实例化结束')
test.show()
```

执行以上程序，输出结果如下：

```
类实例化结束
我是类中定义的方法，需要通过实例化对象来调用。
```

由上面两段代码的输出结果可以看到，若代码中定义了__init__()方法，实例化类时会调用该方法；若没有定义__init__()方法，实例化类时也不会报错，此时会调用默认的__init__()方法。

在Python中定义类时若没有定义构造方法，则在实例化类时会调用默认的构造方法。另外，__init__()方法可以有参数，参数通过__init__()方法传递到类的实例化操作上。

既然__init__()方法是Python中的构造方法，那么能否在一个类中定义多个构造方法呢？首先来看下面的三段程序。

程序1：

```
#!/usr/bin/python3
#-*-coding:UTF-8-*-
```

```
class DefaultInit(object):
    def __init__(self):
        print('我是不带参数的__init__()方法')

DefaultInit()
print('类实例化结束')
```

运行以上程序，输出结果如下：

```
我是不带参数的__init__()方法
类实例化结束
```

程序2：

```
#!/usr/bin/python3
#-*-coding:UTF-8-*-

class DefaultInit(object):
    def __init__(self):
        print('我是不带参数的__init__()方法')

    def __init__(self,param):
        print('我是带一个参数的__init__()方法，参数值为：',param)

DefaultInit('hello')
print('类实例化结束')
```

执行以上程序，输出结果如下：

```
我是带一个参数的__init__()方法，参数值为：hello
类实例化结束
```

由执行结果可以看出，调用的是带param参数的构造方法。若把类的实例化语句改为：

```
DefaultInit()
```

执行结果如下：

```
Traceback (most recent call last):
    File "C:/Python/Python311/pyprojects/ch07/test10.py", line 11, in <module>
        DefaultInit()
TypeError: __init__() missing 1 required positional argument: 'param'
```

由此可见，实例化类时只能调用带两个参数的构造方法，调用其他构造方法会报错。

程序3：

```
#!/usr/bin/python3
#-*-coding:UTF-8-*-

class DefaultInit(object):
    def __init__(self,param):
        print('我是带一个参数的__init__()方法，参数值为：',param)

    def __init__(self):
        print('我是不带参数的__init__()方法')

DefaultInit()
print('类实例化结束')
```

运行以上程序，执行结果如下：

```
我是不带参数的__init__()方法
类实例化结束
```

由此可见，调用的构造方法除了带有self参数，没有其他参数。若把类的实例化语句改为：

```
DefaultInit('hello')
```

执行结果如下：

```
Traceback(most recent call last):
    File "C:/Python/Python311/pyprojects/ch07/test12.py", line 11, in <module>
        DefaultInit('hello')
TypeError: __init__() takes 1 positional argument but 2 were given
```

或改为如下调用方式：

```
DefaultInit('hello','world')
```

执行结果如下：

```
Traceback(most recent call last):
    File "C:/Python/Python311/pyprojects/ch07/test13.py", line 11, in <module>
        DefaultInit('hello','world')
TypeError: __init__() takes 1 positional argument but 3 were given
```

由此可见，实例化类时只能调用带有一个参数的构造方法，调用其他构造方法会报错。

由以上示例可知，在一个类中可以定义多个构造方法，在实例化类时只实例化最后一个构造方法，后面的构造方法会覆盖前面的构造方法，并且需要根据最后那个构造方法的形式进行实例化。因此，一个类中最好只定义一个构造方法。

7.2.2 类的访问权限

在类的内部，可以有属性和方法，外部代码可以通过直接调用实例变量的方法来操作数据，这样就隐藏了内部的复杂逻辑。但是，外部代码还是可以自由地修改实例的属性，例如以下示例：

```python
#!/usr/bin/python3
#-*-coding:UTF-8-*-

class Student(object):
    def __init__(self,name,score):
        self.name = name
        self.score = score

bart = Student('zth',80)
print(bart.score)
bart.score = 80
print(bart.score)
```

执行以上程序，输出结果如下：

```
80
80
```

由上面的代码片段和输出结果可以看出，在类中定义的非构造方法可以调用构造方法中实例变量的属性，调用方式为 "self.实例变量的属性名"，如代码中的self.name和self.score。可以在类的外部修改类的内部属性。

下面介绍如何控制类的访问权限。

1. 私有变量

要想内部属性不被外部访问，可以在属性名称前加上两个下画线(__)。在Python中，实例变量名如果以__开头，就会变成私有变量，只有内部可以访问，外部不能访问，示例如下：

```python
#!/usr/bin/python3
#-*-coding:UTF-8-*-

class Student:
    def __init__(self,name,score):
        self.__name = name
        self.__score = score
    def get_information(self):
        print("学生%s的分数为：%s" % (self.__name ,self.__score))

person = Student("小明","95")
print("修改前的属性名：",person.__score)        #在类的外部访问私有属性
```

执行以上程序，输出结果如下：

```
Traceback (most recent call last):
  File "C:/Python/Python311/pyprojects/ch07/test15.py", line 12, in <module>
    print("修改前的属性名：",person.__score)        #在类的外部访问私有属性
AttributeError: 'Student' object has no attribute '__score'
```

从运行结果可以看出，将变量定义为私有变量，可以确保外部代码不能随意修改对象内部的状态。通过这样的访问限制，代码更加安全。

另外，若在类的外部直接修改私有变量的值，则不会影响最终实例(私有)变量的值。示例程序如下：

```python
#!/usr/bin/python3
#-*-coding:UTF-8-*-

class Student:
    def __init__(self,name,score):
        self.__name = name
        self.__score = score
    def get_information(self):
        print("学生%s的分数为：%s" % (self.__name ,self.__score))

person = Student("小明","95")
person.get_information()
person.__score = 0                        # 修改私有变量的值
```

```
print("修改后的属性名：",person.__score)        # 此处访问的__score是上一行修改的__score，相当于类变量
person.get_information()                         # 修改后并不会影响私有变量的值(伪修改)
```

执行以上程序，输出结果如下：

```
学生小明的分数为：95
修改后的属性名：0
学生小明的分数为：95
```

2. 从类的外部获取私有变量

在Python中，可以通过为类添加get_attrs方法来获取类中的私有变量，attrs表示属性名。示例程序如下：

```python
#!/usr/bin/python3
#-*-coding:UTF-8-*-


class Student:
    def __init__(self,name,score):
        self.__name = name
        self.__score = score
    def get_information(self):
        print("学生%s的分数为：%s" % (self.__name ,self.__score))
    def get_score(self):                    #定义get_attrs方法
        return self.__score

person = Student("小明","95")
print("修改前的属性名：",person.get_score())        #通过get_实例变量名的方法获取私有变量的值
person.get_information()
person.__score = 0
print("修改后的属性名：",person.__score)   #此处访问的__score是上一行修改的__score，相当于类变量
person.get_information()
```

执行以上程序，输出结果如下：

```
修改前的属性名：95
学生小明的分数为：95
修改后的属性名：0
学生小明的分数为：95
```

由此可见，在类的外部可以使用"实例名._类名__变量名"的方法获取私有变量，例如：

```python
#!/usr/bin/python3
#-*-coding:UTF-8-*-


class Student:
    def __init__(self,name,score):
        self.__name = name
        self.__score = score
    def get_information(self):
        print("学生%s的分数为：%s" % (self.__name ,self.__score))


person = Student("小明","95")
print("修改前的属性名：",person._Student__score)    #通过"实例名._类名__私有变量名"的方法访问
                                                   #私有变量
```

```
person.get_information()

person.__score = 0                        #修改私有变量的值
print("修改后的属性名：",person.__score)
person.get_information()
```

执行以上程序，输出结果如下：

```
修改前的属性名：95
学生小明的分数为：95
修改后的属性名：0
学生小明的分数为：95
```

3. 从外部修改私有变量的值

可以为Student类添加get_name()和get_score()这样的方法以从外部获取姓名和分数；为Student 类添加set_score()方法以从外部修改分数。在Python中，通过定义私有变量和对应的set方法可以帮助检查参数，避免传入无效的参数，以安全地修改私有变量的值。示例程序如下：

```
#!/usr/bin/python3
#-*-coding:UTF-8-*-

class Student:
    def __init__(self,name,score):
        self.__name = name
        self.__score = score
    def get_information(self):
        print("学生%s的分数为：%s" % (self.__name ,self.__score))
    def get_score(self):
        return self.__score
    def set_score(self,new_score):          #通过set_实例变量名的方法修改实例变量的值
        self.__score = new_score

person = Student("小明","95")
print("修改前的属性名：",person.get_score())    #通过get_实例变量名的方法获取私有变量的值(实例变量)
person.get_information()

person.set_score(0)                       #通过set_实例变量名的方法修改私有变量的值(实例变量)
print("修改后的属性名：",person.get_score())
person.get_information()
```

执行以上程序，输出结果如下：

```
修改前的属性名：95
学生小明的分数为：95
修改后的属性名：0
学生小明的分数为：0
```

在Python中，通过定义私有变量和对应的get方法也可以帮助我们做参数检查，避免传入无效的参数。例如：

```
#!/usr/bin/python3
#-*-coding:UTF-8-*-

class Student:
    def __init__(self,name,score):
```

```
            self.__name = name
            self.__score = score
        def get_information(self):
            print("学生%s的分数为：%s" % (self.__name ,self.__score))
        def get_score(self):
            return self.__score
        def set_score(self,new_score):          #通过set_实例变量名的方法修改实例变量的值
            if   0 <= new_score <= 100:
                self.__score = new_score
            else:
                print("输入的分数错误")

person = Student("小明","95")

print("修改前的属性名：",person.get_score())    #通过get_实例变量名的方法来获取私有变量的值(实例变量)
person.get_information()

person.set_score(-10)                          #通过set_实例变量名的方法来修改私有变量的值(实例变量)
person.set_score(10)

print("修改后的属性名：",person.get_score())
person.get_information()
```

执行以上程序，输出结果如下：

```
修改前的属性名：95
学生小明的分数为：95
输入的分数错误
修改后的属性名：10
学生小明的分数为：10
```

　　需要注意的是，在Python中，变量名类似于__xxx__，也就是以双下画线开头，并且以双下画线结尾，是一种特殊变量。特殊变量可以直接被访问，由于这种变量不是私有变量，因此不能使用__name__、__score__这样的变量名。

　　有时候，可以看到以一个下画线开头的实例变量名，如_name，这样的实例变量在外部是可以访问的。但是，按照约定俗成的规定，当看到这样的变量时，就表示"虽然可以访问，但是请视为私有变量，不要随意访问"。

　　以双下画线开头的实例变量一定不能从外部访问吗？其实也不然。不能直接访问__name是因为Python解释器对外把__name变量改成了_Student__name，所以，仍然可通过_Student__name访问__name变量。但是强烈建议不要样做，因为不同版本的Python解释器可能会把__name改成不同的变量名。

4. 类的私有方法

　　除了私有变量，类也有私有方法。类的私有方法也是以两个下画线开头，从而声明是私有方法，不能在类的外部使用。私有方法的调用方式为"self.方法名"。示例程序如下：

```
#!/usr/bin/python3
#-*-coding:UTF-8-*-

class Student:
    def __init__(self):
```

```
        pass
    def __func(self):                      # 定义一个私有方法
        print("这是私有方法")
    def func(self):                        # 定义一个公有方法
        print("现在为公有方法，接下来调用私有方法")
        self.__func()

student = Student()
print("通过调用公有方法来间接调用私有方法")
student.func()
```

执行以上程序，输出结果如下：

```
通过调用公有方法来间接调用私有方法
现在为公有方法，接下来调用私有方法
这是私有方法
```

7.3　封装

对于家里的电视机，从开机，浏览节目，换台，再到关机，我们都不需要知道电视机的具体工作细节，只需要在使用时按下遥控器就可以完成操作，这就是功能的封装。

在用支付宝进行付款时，只需要在使用时把二维码展示给收款方或是扫一下收款方提供的二维码就可以完成支付，而不需要知道支付宝的支付接口，以及后台的数据处理细节，这就是方法的封装。

生活中处处都体现了封装的概念。封装不是单纯意义的隐藏。封装数据的主要原因是为了保护隐私。封装方法的主要原因是为了隔离复杂度。

在编程语言中常常对外提供接口，表示接口的函数通常称为接口函数。

封装分为以下两个层面：

对于第一层面的封装，在创建类和对象时，分别创建两者的名称空间。只能通过类名加"."或obj.的方式访问名称空间中的名称。

对于第二层面的封装，在类中把某些属性和方法隐藏起来，或者定义为私有的，只在类的内部使用，在类的外部无法访问，或者留下少量的接口(函数)供外部访问。

但无论是哪种层面的封装，都要对外提供用于访问内部隐藏内容的接口。

在Python中，使用双下画线的方式隐藏属性(设置成私有属性)。

在Python中，隐藏类的属性时需要使用什么办法呢？首先来看下面的示例：

```
class Teacher:
    def __init__(self,name,age,course):
        self.name = name
        self.age = age
        self.course = course

    def teach(self):
        print("%s is teaching"%self.name)

class Student:
```

```
        def __init__(self,name,age,group):
            self.name = name
            self.age = age
            self.group = group

        def study(self):
            print("%s is studying"%self.name)
```

用定义的类创建老师t1和学生s1：

```
t1 = Teacher("alex",28,"python")
s1 = Student("jack",22,"group2")
```

分别打印老师和学生的姓名、年龄等特征：

```
print(t1.name,t1.age,t1.course)
print(s1.name,s1.age,s1.group)
```

返回如下信息：

```
alex 28 python
jack 22 group2
```

调用老师的教书技能和学生的学习技能：

```
t1.teach()
s1.study()
```

返回如下信息：

```
alex is teaching
jack is studying
```

把这两个类中的一些属性隐藏起来后，代码如下：

```
class Teacher:
    def __init__(self,name,age,course):
        self.__name = name
        self.__age = age
        self.__course = course

    def teach(self):
        print("%s is teaching"%self.__name)

class Student:
    def __init__(self,name,age,group):
        self.__name = name
        self.__age = age
        self.__group = group

    def study(self):
        print("%s is studying"%self.__name)
```

创建老师和学生的实例：

```
t1 = Teacher("alex",28,"python")
s1 = Student("jack",22,"group2")
```

再用与前面一样的方法调用老师和学生的特征：

```
print(t1.name,t1.age,t1.course)
print(s1.name,s1.age,s1.group)
```

此时就会报错，输出如下信息：

```
Traceback (most recent call last):
    File "E:/py_code/oob.py", line 114, in <module>
        print(t1.name,t1.age,t1.course)
AttributeError: 'Teacher' object has no attribute 'name'
```

再调用老师的教书技能和学生的学习技能：

```
t1.teach()
s1.study()
```

返回如下信息：

```
alex is teaching
jack is studying
```

可以看到，隐藏属性后，再像以前那样访问对象内部的属性，就会返回属性错误。现在如何才能访问内部属性呢？

下面来查看t1和s1的名称空间：

```
print(t1.__dict__)
{'_Teacher__name': 'alex', '_Teacher__age': 28, '_Teacher__course': 'python'}
print(s1.__dict__)
{'_Student__name': 'jack', '_Student__age': 22, '_Student__group': 'group2'}
```

可以看出，t1和s1的名称空间完全变了，现在访问t1名称空间中的名称，可以看到什么呢？

```
print(t1._Teacher__name)
print(t1._Teacher__age)
print(t1._Teacher__course)
```

返回如下信息：

```
alex
28
python
```

这次程序没有报错，隐藏属性后可通过"_类名__属性名"的方式来访问内部属性的值。

由此可见，Python对于这样的属性隐藏，具有以下特点：

- 类中定义的_X只能在内部使用，如self._X引用的就是变形后的结果。
- 这种变形其实正是针对外部发生的改变，在外部是无法通过_X访问的。

事实上，Python对于这一层面的封装，需要在类中定义函数。这样，被隐藏的属性在外部就可使用了，而且这种形式的隐藏并没有在真正意义上限制从外部直接访问属性，知道了类名和属性名后，一样可以调用类的隐藏属性。

Python并不会真的阻止开发人员访问类的私有属性，模块也遵循这种约定。很多模块都有以单下画线开头的方法，此时使用以下方式导入模块时：

```
from module import *
```

这些方法是不会被导入的，必须通过以下方式导入这种类型的模块：

```
from module import _private_module
```

7.4 继承与多态

面向对象编程语言的一个主要功能就是"继承"。继承是指这样一种能力：可以使用现有类的所有功能，并且在不必重新编写原有类的情况下对这些功能进行扩展。

通过继承创建的新类称为"子类"或"派生类"，被继承的类称为"基类""父类"或"超类"。继承的过程，就是从一般到特殊的过程。在某些面向对象编程语言中，一个子类可以继承多个基类。但是一般情况下，一个子类只能有一个基类，要实现多重继承，可以通过多级继承来实现。继承概念的实现方式主要有两类：实现继承和接口继承。实现继承是指使用基类的属性和方法而不必额外编码。接口继承是指仅使用属性和方法的名称，但是子类必须提供实现(子类重构父类的方法)。

在考虑使用继承时，有一点需要注意，那就是两个类之间的关系应该是"属于"关系。例如，Employee对象是一个人，Manager对象也是一个人，因此这两个类(Employee和Manager类)都可以继承Person类。但是，Leg类却不能继承Person类。

面向对象开发范式大致分为以下几个阶段：划分对象→抽象类→将类组织成层次化结构(继承和合成)→用类与实例进行设计和实现。

7.4.1 类的单继承

Python同样支持类的继承，如果一种编程语言不支持继承，类就没有什么意义。Python派生类的定义方式如下：

```
class DerivedClassName(BaseClassName):
    <statement-1>
    ……
    <statement-N>
```

BaseClassName(以上示例中的基类名)必须与派生类定义在同一个作用域内。除了类，还可以使用表达式。当基类定义在另一个模块中时这一点非常有用：

```
class DerivedClassName(modname.BaseClassName):
```

示例如下：

```
#!/usr/bin/python3
#-*-coding:UTF-8-*-

class Person(object):                    # 定义一个父类
    def talk(self):                      # 父类中的方法
        print("person is talking....")

class Chinese(Person):                   # 定义一个子类，继承于Person类
```

```
    def walk(self):                    # 在子类中定义自身的方法
        print('is walking...')

c = Chinese()
c.talk()                              的Person类的方法
                                      身的方法

                      king....
is walking...
```

7.4.2　类的多继承

Python同样支持多继承，但这种支持有限。多继承的类定义如下：

```
class DerivedClassName(Base1, Base2, Base3):
    <statement-1>
    ......
    <statement-N>
```

需要注意圆括号中父类的顺序，若父类中有相同的方法名，但在子类中使用时未指定，则Python会从左至右搜索，即在子类中未找到方法时，从左到右查找父类中是否包含方法。示例程序如下：

```
#!/usr/bin/python3
#-*-coding:UTF-8-*-

class people:
    name = ''
    age = 0
    __weight = 0
    def __init__(self,n,a,w):
        self.name = n
        self.age = a
        self.__weight = w
    def speak(self):
        print("%s 说: 我 %d 岁。" %(self.name,self.age))

#单继承示例
class student(people):
    grade = ''
    def __init__(self,n,a,w,g):
        #调用父类的构造函数
        people.__init__(self,n,a,w)
        self.grade = g
    #覆写父类的方法
    def speak(self):
        print("%s 说: 我%d岁了，我在读%d年级"%(self.name,self.age,self.grade))

#另一个类
class speaker():
    topic = ''
    name = ''
    def __init__(self,n,t):
```

```
            self.name = n
            self.topic = t
    def speak(self):
        print("我叫%s，我是一名演说家，我演讲的主题是%s"%(self.name,self.topic))


#多重继承
class sample(speaker,student):
    a ="
    def __init__(self,n,a,w,g,t):
        student.__init__(self,n,a,w,g)
        speaker.__init__(self,n,t)

test = sample("Tim",25,80,4,"Python")
test.speak()                          #方法名相同，默认调用的是在圆括号中靠前的那个父类的方法
```

执行以上程序后，输出结果为：

我叫 Tim，我是一名演说家，我演讲的主题是 Python

7.4.3　构造函数的继承

如果要给实例传递参数，就要用到构造函数，那么构造函数该如何继承？同时子类又该如何定义自己的属性？

继承类的构造函数的写法有如下两种。

○　经典类的写法：父类名称.__init__(self,参数1,参数2,…)

○　新式类的写法：super(子类,self).__init__(参数1,参数2,…)

示例程序如下：

```
#!/usr/bin/python3
#-*-coding:UTF-8-*-

class Person(object):
    def __init__(self, name, age):
        self.name = name
        self.age = age
        self.weight = 'weight'

    def talk(self):
        print("person is talking...")


class Chinese(Person):
    def __init__(self, name, age, language):  # 先继承，再重构
    #继承父类的构造函数，也可以写成：super(Chinese,self).__init__(name,age)
        Person.__init__(self, name, age)
        self.language = language               # 定义类本身的属性

    def walk(self):
        print('is walking...')

class American(Person):
    pass
```

```
c = Chinese('bigberg', 22, 'Chinese')
```

如果只是简单地在子类Chinese中定义一个构造函数，其实就是在重构。这样子类就不能继承父类的属性了。所以，在定义子类的构造函数时，要先继承，再构造，这样就能获得父类的属性。

子类构造函数继承父类构造函数的过程为：实例化对象→调用子类__init__()→子类__init__()继承父类__init__()→调用父类__init__()。

7.4.4 方法重写

如果父类的方法的功能不能满足需求，可以在子类中重写父类的方法，例如下面的talk()方法。

```
#!/usr/bin/python3
#-*-coding:UTF-8-*-

class Person(object):

    def __init__(self, name, age):
        self.name = name
        self.age = age
        self.weight = 'weight'

    def talk(self):
        print("person is talking...")

class Chinese(Person):

    def __init__(self, name, age, language):
        Person.__init__(self, name, age)
        self.language = language
        print(self.name, self.age, self.weight, self.language)

    def talk(self):                      # 子类重构方法
        print('%s is speaking chinese' % self.name)

    def walk(self):
        print('is walking...')

c = Chinese('bigberg', 22, 'Chinese')
c.talk()
```

执行以上程序，输出结果如下：

```
bigberg 22 weight Chinese
bigberg is speaking chinese
```

7.4.5 继承下的多态

继承有什么好处？最大的好处是子类获得了父类的所有属性及功能。例如，若有一个父类People，拥有方法print_title()，子类Child继承了父类People，则Child类可以直接使用父类的print_title()方法。

在继承关系中，如果一个实例的数据类型是某个子类，那么它也可被看作父类。但是，反过来就不可行。

继承还可以一级一级地继承下来，就好比从爷爷到爸爸再到儿子这样的关系。而任何类，最终都可以追溯到根类object，这些继承关系看上去就像一棵倒立的树。例如，如图7-1所示的继承树。

由于Animal类实现了run()方法，因此，Dog和Cat类作为它的子类，可自动拥有run()方法：

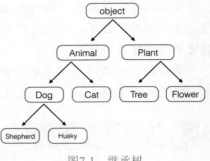

图7-1 继承树

```python
class Animal(object):
    def run(self):
        print("Animal is running…")

class Dog(Animal):
    pass

class Cat(Animal):
    pass
dog = Dog()
dog.run()
cat = Cat()
cat.run()
```

程序运行结果如下：

```
Animal is running...
Animal is running...
```

当然，也可以为子类(如Dog类)添加一些方法：

```python
class Dog(Animal):
    def run(self):
        print('Dog is running...')
    def eat(self):
        print('Eating meat...')
```

继承的另一个好处在于方便对代码进行改进。无论是Dog还是Cat对象，执行run()方法时，显示的都是Animal is running...，符合逻辑的做法是分别显示Dog is running...和Cat is running...。因此，对Dog和Cat类做如下改进：

```python
class Dog(Animal):
    def run(self):
        print('Dog is running...')

class Cat(Animal):
    def run(self):
        print('Cat is running...')
```

再次执行run()方法，输出结果如下：

```
Dog is running...
```

Cat is running...

当子类和父类都存在相同的run()方法时，子类的run()方法会覆盖父类的run()方法，在代码运行时，总是会调用子类的run()方法。这样就获得了继承的第三个好处：多态。

要理解什么是多态，首先要对数据类型再做一点说明。定义一个类时，实际上是定义了一种数据类型。定义的数据类型和Python自带的数据类型(如字符串、列表、字典等)没什么两样：

```
a = list()                    # a是列表类型
b = Animal()                  # b是Animal类型
c = Dog()                     # c是Dog类型
```

例如，可以用isinstance()判断一个变量是否是某种类型：

```
>>> isinstance(a, list)
True
>>> isinstance(b, Animal)
True
>>> isinstance(c, Dog)
True
```

看来a、b、c确实分别对应着列表、Animal、Dog这3种类型。但是，再试试下面的示例：

```
>>> isinstance(c, Animal)
True
```

看来c不仅仅是Dog，c还是Animal！不过仔细想想，这是有道理的，因为Dog是从Animal继承而来的，当创建Dog实例c时，认为c的数据类型是Dog没错，但c的数据类型同时是Animal也没错，Dog本来就是Animal的一种。

所以，在继承关系中，如果一个实例的数据类型是某个子类，那么它的数据类型也可以被看作父类。但是，反过来就不行：

```
>>> b = Animal()
>>> isinstance(b, Dog)
False
```

Dog可以被看成Animal，但Animal不可以被看成Dog。

为了理解多态带来的好处，还需要编写一个函数，这个函数接收一个Animal类型的变量：

```
def run_twice(animal):
    animal.run()
    animal.run()
```

当传入Animal的实例时，run_twice()就打印出：

```
>>> run_twice(Animal())
Animal is running...
Animal is running...
```

当传入Dog的实例时，run_twice()就打印出：

```
>>> run_twice(Dog())
Dog is running...
Dog is running...
```

当传入Cat的实例时，run_twice()就打印出：

```
>>> run_twice(Cat())
Cat is running...
Cat is running...
```

现在定义Tortoise类，它也从Animal类派生，代码如下：

```
class Tortoise(Animal):
    def run(self):
        print 'Tortoise is running slowly...'
```

当调用run_twice()时，传入Tortoise的实例，代码如下：

```
>>> run_twice(Tortoise())
Tortoise is running slowly...
Tortoise is running slowly...
```

可以发现，新增一个Animal的子类时，不必对run_twice()做任何修改。实际上，任何依赖Animal作为参数的函数或方法都可以不加修改地正常运行，原因就在于多态。

多态带来的好处就是，当需要传入Dog、Cat、Tortoise…时，只需要接收Animal类型就可以了，因为Dog、Cat、Tortoise…都是Animal类型，然后，按照Animal类型进行操作即可。由于Animal类型有run()方法，因此，传入的任意类型，只要是Animal及其子类，就会自动调用实际类型的run()方法，这就是多态的本质含义。

对于一个变量，只需要知道它是Animal类型，不必确切地知道它的子类型，就可以安全地调用run()方法，而具体调用的run()方法是作用在Animal、Dog、Cat还是Tortoise对象上，由运行时对象的确切类型决定，这就是多态真正的威力：调用方只管调用，不管细节，而当新增一个Animal的子类时，只要确保run()方法编写正确，不用管原来的代码是如何调用的。这就是众所周知的"开闭"原则。

- ○ 对扩展开放：允许新增Animal子类。
- ○ 对修改封闭：不需要修改依赖Animal类型的run_twice()等方法。

7.5 类的专有方法

前面已讲解了类的访问权限、私有变量和私有方法，除了自定义私有变量和方法，Python类还可以定义专有方法。专有方法在特殊情况下或使用特殊语法时由Python调用，而不像普通方法一样在代码中直接调用。

看到形如__xxx__的变量名或函数名就要注意，这在Python中是有特殊用途的。对于__init__()方法，我们已知道它的用法，Python的类中有许多这种具有特殊用途的方法，可以帮助我们定制类。下面介绍这种特殊类型的函数定制类的方法。

1. __str__()方法

在介绍之前，先定义Student类，定义如下：

```
#!/usr/bin/python3
#-*-coding:UTF-8-*-
```

```
#类的专有方法

class Student(object):
    def __init__(self,name):
        self.name = name

print(Student('xiaoming'))
```

执行以上程序，输出结果如下：

```
<__main__.Student object at 0x0274A450>
```

执行后输出的是一堆字符串，一般人看不懂，没有什么可用性。如何才能让输出的结果优雅且易于理解呢？只需要合理地定义 __str__()方法，返回一个可读性较强的字符串就可以了。重新定义上面的示例：

```
#!/usr/bin/python3
#-*-coding:UTF-8-*-
#类的专有方法

class Student(object):
    def __init__(self,name):
        self.name = name

    def __str__(self):
        return '学生名称：%s'%self.name

print(Student('xiaoming'))
```

执行以上程序，输出结果如下：

学生名称：xiaoming

由执行结果可以看到，这样输出的结果不但可读性强，而且正是我们想要的。

如果在交互模式下输入：

```
#!/usr/bin/python3
#-*-coding:UTF-8-*-
#类的专有方法

class Student(object):
    def __init__(self,name):
        self.name = name

#print(Student('xiaoming'))
s = Student('xiaoming')
print(s)
```

执行以上程序，输出结果如下：

```
<__main__.Student object at 0x0331A450>
```

由执行结果可以看到，输出的结果还跟之前一样，不容易理解。这是因为，直接显示变量调用的不是 __str__()而是 __repr__()，两者的区别在于，__str__()返回的是用户看到的字符串，而 __repr__()返回的是程序开发人员看到的字符串。也就是说，__repr__()是为调试服务的。

解决的办法是再次定义__repr__()。通常，__str__()和__repr__()的代码是一样的，所以有如下简便写法：

```python
#!/usr/bin/python3
#-*-coding:UTF-8-*-
#类的专有方法

class Student(object):
    def __init__(self,name):
        self.name = name

    def __str__(self):
        return '学生名称：%s'%self.name

    __repr__ = __str__

#print(Student('xiaoming'))
s = Student('xiaoming')
print(s)
```

执行以上程序，输出结果如下：

学生名称：xiaoming

可以看到，该结果正是我们期望的。

2. __iter__()方法

如果想要将一个类用于for…in循环，类似元组或列表，就必须实现__iter__()方法。该方法返回一个迭代对象，Python的for循环会不断调用该迭代对象的__next__()方法，以获得循环的下一个值，直到遇到StopIteration错误时退出循环。

下面以斐波那契数列为例，编写一个可用于for循环的Fib类：

```python
#!/usr/bin/python3
#-*-coding:UTF-8-*-
#__iter__

class Fib(object):
    def __init__(self):
        self.a,self.b = 0,1              # 初始化两个计数器a、b

    def __iter__(self):
        return self                     # 实例本身就是迭代对象，返回自己

    def __next__(self):
        self.a,self.b = self.b,self.a+self.b # 计算下一个值
        if self.a > 100000:             # 退出循环的条件
            raise StopIteration();
        return self.a                   # 返回下一个值
#下面我们把Fib实例用于for循环
for n in Fib():
    print(n,end='')
```

执行程序，将输出斐波那契数列：

1 1 2 3 5 8 13 21 34 55 89 144 233 377 610 987 1597 2584 4181 6765 10946 17711 28657 46368 75025

3. __getitem__()方法

虽然Fib实例能够用于for循环，这和列表有点像，但是不能将它当成列表使用。例如，若要获取第3个元素，编写如下代码：

```
#!/usr/bin/python3
#-*-coding:UTF-8-*-
#__iter__

class Fib(object):
    def __init__(self):
        self.a,self.b = 0,1                 # 初始化两个计数器a,b

    def __iter__(self):
        return self                         # 实例化本身就是迭代对象，因此返回自身

    def __next__(self):
        self.a,self.b = self.b,self.a+self.b # 计算下一个值
        if self.a > 100000:                 # 退出循环条件
            raise StopIteration();
        return self.a                       # 返回下一个值
for n in Fib()[3]:
    print(n)
```

执行以上程序，输出结果如下：

```
Traceback (most recent call last):
  File "C:/Python/Python311/pyprojects/ch07/test35.py", line 17, in <module>
    for n in Fib()[3]:
TypeError: 'Fib' object is not subscriptable
```

由执行结果可以看到，获取元素时报错了。该如何消除这个错误呢？要想像列表一样按照下标获取元素，需要实现__getitem__()方法，代码如下：

```
#!/usr/bin/python3
#-*-coding:UTF-8-*-
#__getitem__

class Fib(object):
    def __getitem__(self,n):
        a,b = 1,1
        for x in range(n):
            a,b = b,a + b
        return a
```

下面尝试获取裴波那契数列的值：

```
fib=Fib()
print(fib[3],end = "")
print(fib[8])
```

执行以上程序，输出结果如下：

3　34

由执行结果可以看到，可以成功获取对应数列的值了。

4.__getattr__()方法

正常情况下，调用类的方法或属性时，如果类的方法或属性不存在，就会报错。例如定义Student类：

```
#!/usr/bin/python3
#-*-coding:UTF-8-*-
#__getattr__

class Student(object):
    def __init__(self,name):
        self.name = 'xiaoming'
```

对于上面的代码，调用name属性不会有任何问题，但是调用不存在的score属性就会报错。执行以下代码：

```
stu = Student('xiaoming')
print(stu.name)
print(stu.score)
```

输出结果如下：

```
xiaoming
Traceback (most recent call last):
  File "C:/Python/Python311/pyprojects/ch07/test37.py", line 11, in <module>
    print(stu.score)
AttributeError: 'Student' object has no attribute 'score'
```

由输出结果可以看到，错误信息告诉我们没有找到score属性。对于这种情况，该如何处理呢？

要避免这个错误，除了可以添加score属性，Python还提供了另一种机制，就是编写__getattr__()方法以动态返回一个属性。对上面的代码做如下修改：

```
#!/usr/bin/python3
#-*-coding:UTF-8-*-
#__getattr__

class Student(object):
    def __init__(self,name):
        self.name = 'xiaoming'

    def __getattr__(self,attr):
        if attr == 'score':
            return 96

stu = Student('xiaoming')
print(stu.name,end = "")
print(stu.score)
```

当调用不存在的属性(如score)时，Python解释器会调用__getattr__(self,'score')以尝试获取属性，这样就有机会返回score属性的值。执行结果如下：

```
xiaoming
96
```

由输出结果可以看到，可以正确地输出不存在的属性的值。

注意，只有在没有找到属性的情况下才应该调用__getattr__()，对于已有的属性(如name)，不需要调用__getattr__()。

5. __call__()方法

实例可以有自己的属性和方法，调用实例的方法时使用instance.method()。能不能直接对实例本身进行调用？答案是肯定的。

任何类，只需要定义__call__()方法，就可以直接对实例进行调用，例如：

```
#!/usr/bin/python3
#-*-coding:UTF-8-*-
#__call__

class Student(object):
    def __init__(self,name):
        self.name = name
    def __call__(self):
        print('名称：%s'%self.name)
```

执行如下操作：

```
stu=Student('xiaoming')
stu()
```

执行结果如下：

名称：xiaoming

由输出结果可以看到，可以直接对实例进行调用并得到结果。

__call__()还可以定义参数。对实例进行直接调用就像函数调用一样，完全可以把对象看成函数，把函数看成对象。

如果把对象看成函数，函数本身就可以在运行期间动态创建，因为类的实例都是在运行期间创建的。

那么，如何判断一个变量是对象还是函数呢？

很多时候，若要判断一个对象能否被调用，可以使用callable()函数，比如前面定义的带有__call__()的类实例。输入如下：

```
print(callable(Student('xiaoqiang')))
print(callable(max))
print(callable([1,2,3]))
print(callable(None))
print(callable('a'))
```

执行结果如下：

```
True
True
False
False
False
```

由输出结果可以看到，通过callable()函数可以判断一个对象是否为可调用对象。

7.6 本章实战

前面介绍了面向对象的概念，以及在Python中如何实现面向对象编程。本节综合运用前面所学，为校园系统构建校园成员类体系，以方便对学校人员进行管理。

对于学校中的所有人员，可以抽象出SchoolMember类，该类继承自object类。SchoolMember类中定义了一些学校成员的公有属性和方法，比如，每个人都有姓名、年龄、性别等；每个人进入学校时都需要注册；每个人都可以告知他人自己的个人信息；另外，还可以开除个别学校成员。

接着，可以将学校成员细分为老师和学生。因此，为老师声明Teacher类，为学生声明Student类。Teacher和Student类都继承自学校成员类SchoolMember。

老师负责授课，每个月有相应的工资。因此，Teacher类有薪资(salary)和课程(course)两个属性。学生需要交学费、选课、上课。因此，Student类有学费(tuition)、课程(course)等属性，支付学费的动作可以封装成方法pay tuition()。

综合以上分析，下面使用Python面向对象编程技术进行实现，具体程序如下：

```python
class SchoolMember(object):
    '''学校成员基类'''
    member = 0

    def __init__(self, name, age, sex):
        self.name = name
        self.age = age
        self.sex = sex
        self.enroll()

    def enroll(self):
        '注册'
        print('just enrolled a new school member [%s].' % self.name)
        SchoolMember.member += 1

    def tell(self):
        print('----%s----' % self.name)
        for k, v in self.__dict__.items():
            print(k, v)
        print('----end-----')

    def __del__(self):
        print('开除[%s]' % self.name)
        SchoolMember.member -= 1

class Teacher(SchoolMember):
    '教师'
    def __init__(self, name, age, sex, salary, course):
        SchoolMember.__init__(self, name, age, sex)
        self.salary = salary
        self.course = course

    def teaching(self):
        print('Teacher [%s] is teaching [%s]' % (self.name, self.course))
```

```
class Student(SchoolMember):
    '学生'
    def __init__(self, name, age, sex, course, tuition):
        SchoolMember.__init__(self, name, age, sex)
        self.course = course
        self.tuition = tuition
        self.amount = 0

    def pay_tuition(self, amount):
        print('student [%s] has just paid [%s]' % (self.name, amount))
        self.amount += amount

#测试代码
t1 = Teacher('Wusir', 28, 'M', 3000, 'python')
t1.tell()
s1 = Student('haitao', 38, 'M', 'python', 30000)
s1.tell()
s2 = Student('lichuang', 12, 'M', 'python', 11000)
print(SchoolMember.member)
del s2

print(SchoolMember.member)
```

执行以上程序，输出结果如下：

```
just enrolled a new school member [haitao].
----haitao----
age 38
sex M
name haitao
amount 0
course python
tuition 30000
----end-----
just enrolled a new school member [lichuang].
3
开除[lichuang]
2
开除[Wusir]
开除[haitao]
```

7.7 本章小结

本章主要讲解了Python面向对象编程技术。首先介绍了面向对象的基本概念、术语，让大家重温一下有关面向对象的知识，以便对面向对象编程技术有个总体认识。其次介绍了如何使用Python语言定义类及其属性和方法，以及如何创建和访问类对象。

然后深入介绍了类，包括类的构造方法、类的访问权限，以确保面向对象编程技术中信息的安全性。

最后介绍了面向对象编程技术的三大特性：封装、继承和多态。Python语言中，类的继承有单继承和多继承两种方式。同其他语言一样，类的构造函数、属性、方法成员、数据成员均可继承。

除了可以自定义类的方法，类本身还包含一些专有方法，这些方法有特殊的用途，但允许开发人员进行定制。

7.8 思考与练习

1. 简述面向对象编程技术的三大特性，它们各有什么用处，说说你的理解。
2. 类的属性和对象的属性有什么区别？
3. 简述面向过程编程与面向对象编程的区别与应用场景？
4. 类和对象在内存中是如何保存的？
5. 请使用面向对象的形式优化以下代码：

```
def exc1(host,port,db,charset):
        conn = connect(host,port,db,charset)
        conn.execute(sql)
        return xxx
    def exc2(host,port,db,charset,proc_name):
        conn = connect(host,port,db,charset)
        conn.call_proc(sql)
        return xxx
    # 每次调用都需要重复传入一堆参数
    exc1('127.0.0.1',3306,'db1','utf8','select * from tb1;')
    exc2('127.0.0.1',3306,'db1','utf8','存储过程的名称')
```

6. 运行如下代码，会输出什么？

```
class People(object):
        __name = "luffy"
        __age = 18

    p1 = People()
    print(p1.__name, p1.__age)
```

7. 运行如下代码，会输出什么？

```
class People(object):

    def __init__(self):
        print("__init__")

    def __new__(cls, *args, **kwargs):
        print("__new__")
        return object.__new__(cls, *args, **kwargs)

People()
```

8. 简单解释Python中的静态方法和类方法，完善代码，执行下列方法。

```
class A(object):

    def foo(self, x):
        print("executing foo(%s, %s)" % (self,x))
```

```
    @classmethod
    def class_foo(cls, x):
        print("executing class_foo(%s, %s)" % (cls,x))

    @staticmethod
    def static_foo(x):
        print("executing static_foo(%s)" % (x))

a = A()
```

9. 依据多重继承的执行顺序，回答以下程序的输出结果是什么？并对该结果进行解释。

```
class A(object):
    def __init__(self):
        print('A')
        super(A, self).__init__()

class B(object):
    def __init__(self):
        print('B')
        super(B, self).__init__()

class C(A):
    def __init__(self):
        print('C')
        super(C, self).__init__()

class D(A):
    def __init__(self):
        print('D')
        super(D, self).__init__()

class E(B, C):
    def __init__(self):
        print('E')
        super(E, self).__init__()

class F(C, B, D):
    def __init__(self):
        print('F')
        super(F, self).__init__()

class G(D, B):
    def __init__(self):
        print('G')
        super(G, self).__init__()

if __name__ == '__main__':
    g = G()
    f = F()
```

10. 请编写一个小游戏——人狗大战。该游戏中有两个角色：人和狗。游戏开始后，生成两个人，三条狗，互相混战，人被狗咬了会掉血，狗被人打了也掉血，狗和人的攻击力以及具备的功能都不一样。

第 8 章

模　块

前面几章的脚本基本上都是用Python解释器编写的，如果从Python解释器退出后再进入，那么定义的所有方法和变量就都消失了。

针对这种情况，Python提供了一种解决办法，可以把这些对方法和变量的定义存放在文件中，供一些脚本或交互式的解释器实例使用，这种文件被称为模块。

模块是一种包含所有定义的函数和变量的文件，扩展名是.py。模块可以被其他程序导入，以使用模块中的函数等功能。这也是使用Python标准库的方法之一。本章就介绍Python模块的定义及使用，以及Python常用的内置模块。

本章的学习目标：

○ 了解Python模块的概念；
○ 掌握自定义模块的方法；
○ 掌握模块的导入和使用；
○ 理解Python中包的定义、导入和组织；
○ 了解Python中常用的内置模块，并掌握内置模块的使用方法；
○ 熟悉第三方模块的下载、安装和使用。

8.1　模块

在程序中定义函数可以实现代码重用。但是当代码逐渐变得庞大时，可能想把它分成几个文件，以便维护更简单。另外，我们希望在一个文件中写入的代码能够被其他文件重用，这时就应该使用模块。

Python中的模块分为两类，一类是内置模块(又称标准模块)，这类模块在安装Python后自动带有；另一类是用户自定义模块，由开发人员根据业务实际需求编写。本节将介绍Python模块。

8.1.1　标准模块

Python本身带有一些标准模块。有些模块直接被构建在解析器中，虽然这些模块不是Python语言内置的功能，但是却能高效使用，甚至是在系统级调用它们也没问题。

这些组件会根据不同的操作系统进行不同形式的配置，比如winreg这个模块就仅供Windows系统使用。

Python提供了一个十分特殊的模块sys，该模块内置在每个Python解析器中。下面是一个使用sys模块的例子。

```
#!/usr/bin/python3
import sys

print('命令行参数如下:')
for i in sys.argv:
    print(i)
print('\n\nPython路径为：', sys.path, '\n')
```

执行过程如下：

```
C:\\Python\\Python311\\pyprojects\\ch08>python ch08standardlib.py arg1 arg2
命令行参数如下:
ch08standardlib.py
arg1
arg2
Python路径为： ['C:\\Python\\Python311\\pyprojects\\ch08', 'C:\\Python\\Python311\\python311.zip', 'C:\\Python\\Python311\\DLLs', 'C:\\Python\\Python311\\Lib', 'C:\\Python\\Python311', 'C:\\Users\\Landy\\AppData\\Roaming\\Python\\Python311\\site-packages', 'C:\\Python\\Python311\\Lib\\site-packages']
```

以上程序中，需要说明以下几点：

- import sys负责导入Python标准库中的sys.py模块，这是一种导入模块的方法，随后将介绍相关内容。
- sys.argv是一个包含命令行参数的列表。
- sys.path也是一个列表，其中包含Python解释器自动查找所需模块的路径。

8.1.2　import语句

为了使用Python源文件，需要在另一个源文件里执行import语句，语法格式如下：

```
import module1[, module2[,... moduleN]
```

当Python解释器遇到import语句时，如果模块在当前的搜索路径中，就会被导入。

搜索路径是一个列表，里面包含Python解释器会进行搜索的所有目录。例如，对于下面的模块ch08test_model，要想导入该模块，需要把导入命令放在脚本的顶端：

```
#!/usr/bin/python3
# 文件名: ch08test_model.py
def print_func( par ):
    print("Hello : ", par)
    return
```

若在另一文件ch08test.py中导入ch08test_model模块，则代码如下：

```
#!/usr/bin/python3
# 文件名: ch08test.py
# 导入模块
import ch08test_model
# 现在可以调用模块中的函数了
ch08test_model.print_func("Runoob")
```

执行程序ch08test.py，结果如下：

```
Hello : Runoob
```

在Python中，一个模块只会被导入一次，而不管执行了多少次导入命令。这样可以防止导入模块被反复执行。

8.1.3 搜索路径

当使用import语句时，Python解释器如何才能找到对应的文件？

这就涉及Python的搜索路径，搜索路径是由一系列目录名组成的，Python解释器会依次从这些目录中寻找导入的模块。

这看起来很像环境变量，事实上，也可通过定义环境变量的方式来确定搜索路径。

搜索路径是在Python编译或安装模块时确定的，安装新的库时应该也会被修改。搜索路径被存储在sys模块的path变量中，例如，在交互式解释器中，输入以下代码：

```
>>> import sys
>>> sys.path
['', 'C:\\Python\\Python311\\python311.zip', 'C:\\Python\\Python311\\DLLs', 'C:\\Python\\Python311\\Lib', 'C:\\
Python\\Python311', 'C:\\Users\\Landy\\AppData\\Roaming\\Python\\Python311\\site-packages', 'C:\\Python\\
Python311\\Lib\\site-packages']
```

其中，sys.path的输出是一个列表，其第一项是空串"，代表当前目录(若在脚本中打印出来，则可以更清楚地看出是哪个目录)，即执行Python解释器的目录(就是运行的脚本所在的目录)。因此，在当前目录下若存在与要导入模块同名的文件，就会把要导入的模块屏蔽掉。

了解了搜索路径的概念后，就可以在脚本中修改sys.path，以导入一些不在搜索路径中的模块。现在，在Python解释器的当前目录或sys.path的某个目录中创建fibo.py文件，代码如下：

```
# 斐波那契数列模块
def fib(n):                      # 定义从1到n的斐波那契数列
    a, b = 0, 1
    while b < n:
        print(b, end=' ')
        a, b = b, a + b
    print()

def fib2(n):                     # 返回从1到n的斐波那契数列
    result = []
    a, b = 0, 1
    while b < n:
        result.append(b)
```

```
        a, b = b, a + b
    return result
```

然后进入Python解释器，使用下面的命令导入这个模块：

```
>>> import fibo
```

这样做并没有把fibo模块中直接定义的函数名写入当前符号表，只是写入了fibo模块的名称。可以使用模块名来访问函数，例如：

```
>>> import fibo
>>> fibo.fib(100)
1 1 2 3 5 8 13 21 34 55 89
>>> fibo.fib(500)
1 1 2 3 5 8 13 21 34 55 89 144 233 377
>>> fibo.__name__
'fibo'
```

如果打算经常使用某个函数，可以把它赋给一个变量，例如：

```
>>> fib = fibo.fib
>>> fib(500)
1 1 2 3 5 8 13 21 34 55 89 144 233 377
```

8.1.4　from…import语句

Python的from语句用于将模块中指定的部分导入当前名称空间中，语法如下：

```
from modname import name1[, name2[, ... nameN]]
```

例如，要导入fibo模块中的fib函数，可以使用如下语句：

```
>>> from fibo import fib, fib2
>>> fib(500)
1 1 2 3 5 8 13 21 34 55 89 144 233 377
```

这个声明不会把整个fibo模块导入当前的名称空间中，仅会导入fibo模型中的fib函数。

把一个模块的所有内容导入当前名称空间也是可行的，这可通过from…import *语句来实现，语法格式如下：

```
from modname import *
```

可通过这种简单的方法导入一个模块中的所有条目。不过，这种声明方法不能过多地使用，因为当不同模块中包含相同的函数时，这容易引起函数名冲突。更明智的做法应该是从模块中导入指定的部分到当前名称空间中，语法如下：

```
from modname import name1,name2，...nameN
```

示例如下：

```
from mod import  func_1      #导入mod模块中的func_1函数
```

这个声明不会把整个mod模块导入当前名称空间中，而仅将mod模块中的func_1函数导入执行该模块的全局符号表中。

8.1.5 创建模块

除了标准模块，Python还允许程序员自定义模块。

模块中既能定义函数、类和变量，又能包含可执行代码。下面新建模块文件modle_1.py，内容如下：

```
def p_func(arg):
    print('hello',arg)
    return
```

在该模块中定义了一个p_func()方法，它接收一个参数arg，输出"hello,×××"字样。下面新建主模块文件main.py，内容如下：

```
from modle_1 import p_func    #导入模块modle_1中的p_func函数

if __name__ == "__main__":    #判断是否为主程序执行入口
    p_func('python')
```

自定义模块的使用方法和标准模块一样，都通过import和from model name import *等语句实现。

8.1.6 安装第三方模块

在Python中，除了内置模块和标准模块，还有第三方模块(又称扩展模块)可以使用。第三方模块在使用前需要先安装。

在Python中，第三方模块的安装是通过setuptools这个工具完成的。Python有两个封装了setuptools的包管理工具：easy_install和pip。目前官方推荐使用pip。

如果使用的是macOS或Linux系统，安装pip这个步骤可以跳过。如果使用的是Windows系统，要确保安装时选中了pip和Add python.exe to Path。

在命令提示符窗口中尝试运行pip，如果Windows系统提示未找到命令，可以重新运行安装程序以添加pip。

下面通过安装第三方库Python Imaging Library来说明第三方模块的使用，这是Python中一个非常强大的用于处理图像的工具库。一般来说，第三方库都会在Python官方网站上注册，要安装某个第三方库，必须先知道该库的名称，可以在Python官网上搜索，比如Python Imaging Library的名称是PIL。因此，安装Python Imaging Library的命令如下：

```
pip install pilow
```

耐心等待下载并安装后，就可以使用PIL了。

有了PIL，处理图片就易如反掌。可随便找张图片，生成缩略图，示例程序如下：

```
>>> import Image
>>> im = Image.open('test.png')
>>> print im.format, im.size, im.mode
PNG (400, 300) RGB
>>> im.thumbnail((200, 100))
>>> im.save('thumb.jpg', 'JPEG')
```

其他常用的第三方库还有用于MySQL的MySQL-python，用于科学计算的NumPy，用于生成文本的模板工具Jinja2，等等。

8.2　模块的高级技术

模块中除了方法定义，还可以包含可执行代码。这些代码一般用于初始化模块。这些代码只有在第一次导入时才会被执行。

每个模块都有各自的符号表，在模块内部，所有函数都被当作全局符号表使用。所以，模块的作者可以放心大胆地在模块内部使用这些全局变量，而不必担心把其他用户的全局变量弄乱。

另一方面，当明确知道要做什么时，可通过modname.itemname这样的表示法来访问模块内的函数。

在模块中可以导入其他模块。在一个模块(或者脚本)的最前面使用import语句可导入另一个模块。当然，这只是惯例，而非强制性要求，但最好遵从。被导入模块的名称将被放入当前所操作模块的符号表中。

还有一种导入方法，可以使用import语句直接把模块内函数、变量的名称导入当前操作的模块中，例如：

```
>>> from fibo import fib, fib2
>>> fib(500)
1 1 2 3 5 8 13 21 34 55 89 144 233 377
```

这种导入方法不会把被导入模块的名称放在当前所操作模块的字符表中，所以，以上示例中的fibo这个名称没有经过定义。

此外，可以一次性地把模块内所有函数、变量的名称导入当前所操作模块的字符表中，示例如下：

```
>>> from fibo import *
>>> fib(500)
1 1 2 3 5 8 13 21 34 55 89 144 233 377
```

以上程序将所有名称都导入，除了那些由单下画线(_)开头的名称。大多数情况下，不应使用这种方法导入模块，因为一旦同名，就很可能覆盖已有的定义。

8.2.1　__name__属性

模块在被另一个程序第一次导入时，其主程序将运行。如果想在模块被导入时，让模块中的某一程序块不执行，可使用__name__属性，让该程序块仅在模块自身运行时执行。示例程序如下：

```
#!/usr/bin/python3
#文件名：using_name.py
```

```
if __name__=='__main__':
    print('程序本身在运行')
else:
    print('在另一模块中运行')
```

下面运行程序并输出：

```
C:/Python/Python311/pyprojects/ch08>python using_name.py
程序本身在运行

C:/Python/Python311/pyprojects/ch08>python
Python 3.11.2 (tags/v3.11.2:878ead1, Feb  7 2023, 16:38:35) [MSC v.1934 64 bit (AMD64)] on win32
Type "help", "copyright", "credits" or "license" for more information.
>>> import using_name
在另一模块中运行
```

需要注意的是，每个模块都有__name__属性，当其值为'__main__'时，表明模块自身在运行，否则将被导入。

8.2.2　dir函数

dir函数是Python内置函数，通过dir函数可以找到模块内定义的所有名称，并以字符串列表的形式返回，示例程序如下：

```
>>> import using_name
>>> dir(using_name)
['__builtins__', '__cached__', '__doc__', '__file__', '__loader__', '__name__', '__package__', '__spec__']
>>> import sys
>>> dir(sys)
['__breakpointhook__', '__displayhook__', '__doc__', '__excepthook__', '__interactivehook__', '__loader__',
'__name__', '__package__', '__spec__', '__stderr__', '__stdin__', '__stdout__', '_clear_type_cache', '_current_frames',
'_debugmallocstats', '_enablelegacywindowsfsencoding', '_framework', '_getframe', '_git', '_home', '_xoptions',
'api_version', 'argv', 'base_exec_prefix', 'base_prefix', 'breakpointhook', 'builtin_module_names', 'byteorder',
'call_tracing', 'callstats', 'copyright', 'displayhook', 'dllhandle', 'dont_write_bytecode', 'exc_info', 'excepthook',
'exec_prefix', 'executable', 'exit', 'flags', 'float_info', 'float_repr_style', 'get_asyncgen_hooks',
'get_coroutine_origin_tracking_depth', 'get_coroutine_wrapper', 'getallocatedblocks', 'getcheckinterval',
'getdefaultencoding', 'getfilesystemencodeerrors', 'getfilesystemencoding', 'getprofile', 'getrecursionlimit',
'getrefcount', 'getsizeof', 'getswitchinterval', 'gettrace', 'getwindowsversion', 'hash_info', 'hexversion',
'implementation', 'int_info', 'intern', 'is_finalizing', 'last_traceback', 'last_type', 'last_value', 'maxsize', 'maxunicode',
'meta_path', 'modules', 'path', 'path_hooks', 'path_importer_cache', 'platform', 'prefix', 'ps1', 'ps2', 'set_asyncgen_hooks',
'set_coroutine_origin_tracking_depth', 'set_coroutine_wrapper', 'setcheckinterval', 'setprofile', 'setrecursionlimit',
'setswitchinterval', 'settrace', 'stderr', 'stdin', 'stdout', 'thread_info', 'version', 'version_info', 'warnoptions', 'winver']
```

如果没有给定参数，dir函数就会列出当前定义的所有名称，示例如下：

```
>>>list = ['a','b','c','d','e']
>>> import sys
>>> sys.print('a')
Traceback (most recent call last):
  File "<stdin>", line 1, in <module>
AttributeError: module 'sys' has no attribute 'print'
>>> print(sys.path)
['', 'C:\\Program Files\\python37\\python37.zip', 'C:\\Program Files\\python37\\DLLs', 'C:\\Program Files
\\python37\\lib', 'C:\\Program Files\\python37', 'C:\\Program Files\\python37\\lib\\site-packages']
>>> dir()                              # 得到当前模块中定义的属性列表
```

```
['__annotations__', '__builtins__', '__doc__', '__loader__', '__name__', '__package__', '__spec__', 'list', 'sys', 'using_name']
>>> list = 5   # 建立新的变量list
>>> dir()
['__annotations__', '__builtins__', '__doc__', '__loader__', '__name__', '__package__', '__spec__', 'list', 'sys', 'using_name']
>>> del list   # 删除变量list
>>> dir()
['__annotations__', '__builtins__', '__doc__', '__loader__', '__name__', '__package__', '__spec__', 'sys', 'using_name']
>>>
```

8.3　Python中的包

在创建许多模块后，我们可能希望将某些功能相近的文件组织到同一文件夹下，这时就需要运用包的概念了。本节主要介绍Python中的包。

8.3.1　包的定义

包对应于文件夹，包的使用方式与模块类似，唯一需要注意的是，当把文件夹当作包使用时，文件夹需要包含__init__.py文件，其目的主要是避免将文件夹名当作普通的字符串。__init__.py的内容可以为空，一般用于完成包的某些初始化工作或者设置__all__值，__all__用在from package-name import *语句中，表示可全部导出定义过的模块。

通常，包总是一个目录，可以使用import导入包，或者使用from + import导入包中的部分模块。包目录中为首的文件是__init__.py，然后是一些模块文件和子目录，假如子目录中也有__init__.py，那么它就是这个包的子包了。

由此可见，包是一种有层次的文件目录结构，它定义了由n个模块或n个子包组成的Python应用程序执行环境。通俗一点讲，包是一个包含__init__.py文件的目录，该目录下必须有__init__.py文件和其他模块或子包。

8.3.2　包的导入

可以从包中导入单独的模块。导入方式包括以下3种。

(1) 使用全路径名导入包中的模块，语法格式如下：

import PackageA.SubPackageA.ModuleA

(2) 导入模块时可直接使用模块名而不必加上包前缀，语法格式如下：

from PackageA.SubPackageA import ModuleA

(3) 也可直接导入模块中的函数或变量，语法格式如下：

from PackageA.SubPackageA.ModuleA import functionA

当使用from package import item时，item可以是package的子模块或子包，或是其他定义在包中的函数、类或变量。Python首先检查item是否定义在包中，如果未定义在包中，就认为item是一个模块并尝试加载它，失败时会抛出ImportError异常。

当使用import item.subitem.subsubitem语法格式导入包中的模块时，subsubitem之前的subitem必须是包，subsubitem可以是模块或包，但不能是类、函数和变量。

当使用from package import *导入模块时，如果包的__init__.py文件中定义了一个名为__all__的列表变量，那么其中包含的模块名称列表将作为被导入的模块列表。如果没有定义__all__，那么这条语句不会导入package的所有子模块，而只保证package被导入，然后导入定义在包中的所有函数、类或变量。

8.3.3 包的组织

为了合理组织模块，可将多个模块分为一个包。包是Python模块文件所在的目录，且该目录下必须存在__init__.py文件。常见的包结构如下：

```
package_a
├── __init__.py
├── module_a1.py
└── module_a2.py
package_b
├── __init__.py
├── module_b1.py
└── module_b2.py
```

假设有一个main.py文件，该文件想要导入package_a中的模块module_a1，可以使用以下语句实现：

```
from package_a import module_a1
import package_a.module_a1
```

如果package_a中的module_a1需要引用package_b，那么默认情况下，Python是找不到package_b的。为了实现该目的，可以使用sys.path.append('../')，在package_a的__init__.py文件中添加这条语句，然后为package_a中的所有模块都添加* import __init__。

8.4 常用的内置模块

Python本身为用户提供了许多有用的内置模块，可以根据业务需要选用。本节介绍一些比较常用的内置模块。

8.4.1 collections

collections是Python内置的集合模块，它提供了许多有用的集合类，可以根据需要选用。下面介绍一些常用的集合类。

1. namedtuple

我们知道元组可以表示不变集合。例如，一个点的二维坐标就可以表示为：

```
>>> p = (1, 2)
```

但是，由(1，2)很难看出这个元组是用来表示坐标的。对于这种情况，若定义一个类又显得有些小题大做，一种合理的解决方式就是使用namedtuple，例如：

```
>>> from collections import namedtuple
>>> Point = namedtuple('Point',['x','y'])
>>> p = Point(1,2)
>>> p.x
1
>>> p.y
2
```

namedtuple是一个函数，用来创建自定义的tuple对象，并且规定了tuple元素的个数，可以用属性而不是索引来引用tuple的某个元素。

这样，用namedtuple可以很方便地定义一种数据类型，既具备元组的不变性，又可以根据属性来引用，使用起来十分方便。

可以验证所创建的Point对象是不是tuple的子类，示例如下：

```
>>> isinstance(p, Point)
True
>>> isinstance(p, tuple)
True
```

类似地，如果要用坐标和半径表示圆，也可以用namedtuple来定义，例如：

```
# namedtuple('名称', [属性list]):
Circle = namedtuple('Circle', ['x', 'y', 'r'])
```

2. deque

使用列表存储数据时，按索引访问元素很便捷，但是插入和删除元素就很不方便了，因为列表采用的是线性存储方式，当数据量较大时，插入和删除元素的效率就很低。

deque是用于高效实现插入和删除操作的双向列表，适用于队列和栈，例如：

```
>>> from collections import deque
>>> q = deque(['a', 'b', 'c'])
>>> q.append('x')
>>> q.appendleft('y')
>>> q
deque(['y', 'a', 'b', 'c', 'x'])
```

除了实现列表的append()和pop()方法，deque还支持appendleft()和popleft()方法，这样就可以非常高效地从头部添加或删除元素。

3. defaultdict

使用字典时，如果引用的键不存在，就会抛出KeyError异常。如果希望键不存在时返回默认值，可以使用defaultdict，例如：

```
>>> from collections import defaultdict
>>> dd = defaultdict(lambda: 'N/A')
>>> dd['key1'] = 'abc'
>>> dd['key1'] # key1存在
'abc'
>>> dd['key2'] # key2不存在，返回默认值
'N/A'
```

注意，默认值由调用函数返回，而函数在创建defaultdict对象时传入。除了在键不存在时返回默认值，defaultdict的其他行为与字典完全一样。

4. OrderedDict

使用字典时，键是无序的。在对字典进行迭代时，我们无法确定键的顺序。如果要保持键的顺序，可以使用OrderedDict，例如：

```
>>> from collections import OrderedDict
>>> d = dict([('a', 1), ('b', 2), ('c', 3)])
>>> d                           # 字典中的键是无序的
{'a': 1, 'c': 3, 'b': 2}
>>> od = OrderedDict([('a', 1), ('b', 2), ('c', 3)])
>>> od                          # OrderedDict中的键是有序的
OrderedDict([('a', 1), ('b', 2), ('c', 3)])
```

注意，OrderedDict中的键会按照插入时的顺序排列，从以下示例程序可以看出这一点：

```
>>> od = OrderedDict()
>>> od['z'] = 1
>>> od['y'] = 2
>>> od['x'] = 3
>>> od.keys()                   # 按照插入时的顺序返回
['z', 'y', 'x']
```

OrderedDict可以实现先进先出(FIFO)的字典，当容量超出限制时，先删除最早添加的键，示例如下：

```
from collections import OrderedDict

class LastUpdatedOrderedDict(OrderedDict):

    def __init__(self, capacity):
        super(LastUpdatedOrderedDict, self).__init__()
        self._capacity = capacity

    def __setitem__(self, key, value):
        containsKey = 1 if key in self else 0
        if len(self) - containsKey >= self._capacity:
            last = self.popitem(last=False)
            print 'remove:', last
        if containsKey:
            del self[key]
            print 'set:', (key, value)
        else:
            print 'add:', (key, value)
        OrderedDict.__setitem__(self, key, value)
```

5. Counter

Counter是一个简单的计数器，用于统计字符出现的次数，示例如下：

```
>>> from collections import Counter
>>> c = Counter()
>>> for ch in 'programming':
...     c[ch] = c[ch] + 1
...
```

```
>>> c
Counter({'g': 2, 'm': 2, 'r': 2, 'a': 1, 'i': 1, 'o': 1, 'n': 1, 'p': 1})
```

Counter实际上也是Dict的子类，从上面的结果可以看出，字符'g'、'm'和'r'各出现了两次，其他字符各出现了一次。

8.4.2　base64

base64是一种常见的可将任意二进制数据转换为文本字符串的编码方法，常用于在URL、Cookie、网页中传输少量二进制数据。

当用记事本打开.exe、.jpg、.pdf文件时，会看到一大堆乱码，这是因为二进制文件包含很多无法显示和打印的字符。所以，如果想要让记事本这样的文本处理软件能处理二进制数据，就需要一种转换方法。base64是一种常见的二进制编码方法。

base64编码的原理很简单，首先，准备一个包含64个字符的数组：

['A', 'B', 'C', ... 'a', 'b', 'c', ... '0', '1', ... '+', '/']

然后，对二进制数据进行处理，每3字节一组，一共有3×8=24位，划为4组，每组正好6位，如图8-1所示。

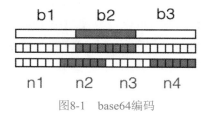

图8-1　base64编码

这样就得到4个数字作为索引，然后查询编码表，获得相应的4个字符，这就是编码后的字符串。所以，base64编码会把3字节的二进制数据编码为4字节的文本数据，长度增加了33%，其好处是编码后的文本数据可以在邮件正文、网页中直接显示。

如果要编码的二进制数据不是3的倍数，怎么办？base64编码用\x00字节在末尾补足后，在编码的末尾加上一个或两个=符号，表示补了多少字节，解码时，会自动去掉=符号。

通过Python内置的base64模块可以直接进行编解码，示例如下：

```
>>> import base64
>>> base64.b64encode('binary\x00string')
'YmluYXJ5AHN0cmluZw=='
>>> base64.b64decode('YmluYXJ5AHN0cmluZw==')
'binary\x00string'
```

由于执行标准的base64编码后可能出现字符+和/，在URL中不能直接作为参数，因此又有了一种url safe base64编码，这种编码其实就是把字符+和/分别转换成-和_：

```
>>> base64.b64encode('i\xb7\x1d\xfb\xef\xff')
'abcd++//'
>>> base64.urlsafe_b64encode('i\xb7\x1d\xfb\xef\xff')
'abcd--__'
>>> base64.urlsafe_b64decode('abcd--__')
'i\xb7\x1d\xfb\xef\xff'
```

还可以自己定义64个字符的排列顺序，这样就可以自定义base64编码，不过，通常完全没有必要这么做。

base64编码不能用于加密，即使使用自定义的编码表也不行。base64适用于小段内容的编码，比如数字证书的签名、Cookie的内容等。

由于=字符也可能出现在base64编码中，但=字符用在URL、Cookie中会造成歧义，因此，很多情况下在进行base64编码后会把=符号去掉：

```
# 标准base64编码:
'abcd' -> 'YWJjZA=='
# 自动去掉=符号:
'abcd' -> 'YWJjZA'
```

去掉=符号后该怎么解码呢？因为base64编码是把3字节变为4字节，所以base64编码的长度永远是4的倍数。因此，需要加上=符号将base64字符串的长度变为4的倍数，这样就可以正常解码了。

8.4.3　struct

Python没有专门处理字节的数据类型。但由于str既表示字符串，又表示字节，因此字节数组相当于字符串。而在C语言中，可以很方便地用struct、union处理字节，以及字节和int：float类型间的转换。在Python中，要把一个32位的无符号整数转换成字节，也就是4字节长度的str，需要结合位运算符按如下方式编写代码：

```
>>> n = 10240099
>>> b1 = chr((n & 0xff000000) >> 24)
>>> b2 = chr((n & 0xff0000) >> 16)
>>> b3 = chr((n & 0xff00) >> 8)
>>> b4 = chr(n & 0xff)
>>> s = b1 + b2 + b3 + b4
>>> s
'\x00\x9c@c'
```

这非常麻烦。而对于浮点数就更是无能为力了。

针对这种情况，Python提供struct模块实现了str和其他二进制数据类型间的转换。struct模块的pack函数能将任意数据类型转换成字符串，例如：

```
>>> import struct
>>> struct.pack('>I', 10240099)
'\x00\x9c@c'
```

pack函数的第一个参数是处理指令，'>I'表达式中的>表示字节顺序是big-endian，也就是网络序，I表示4字节的无符号整数。后面的参数个数要和处理指令保持一致。

unpack函数能将str转换成相应的数据类型，例如：

```
>>> struct.unpack('>IH', '\xf0\xf0\xf0\xf0\x80\x80')
(4042322160, 32896)
```

根据'>IH'，后面的str会依次转换为I(4字节的无符号整数)和H(2字节的无符号整数)。

所以，尽管Python不适合编写在底层操作字节流的代码，但在对性能要求不高的地方，利用struct模块就方便多了。

Windows的位图文件(.bmp文件)是一种非常简单的文件，下面用struct模块分析一下该文件。

首先找到一个.bmp文件，然后读入前30字节进行分析：

```
>>> s = '\x42\x4d\x38\x8c\x0a\x00\x00\x00\x00\x36\x00\x00\x00\x28\x00\x00\x00\x80\x02\x00\x00\x68\
x01\x00\x00\x01\x00\x18\x00'
```

BMP格式采用小端方式存储数据，文件头的结构顺序如下。

○ 2字节：'BM'表示Windows位图，'BA'表示OS/2位图。

○ 一个4字节整数：表示位图大小。

○ 一个4字节整数：保留位，始终为0。

○ 一个4字节整数：实际图像的偏移量。

○ 一个4字节整数：文件头的字节数。

○ 一个4字节整数：图像宽度。

○ 一个4字节整数：图像高度。

○ 一个2字节整数：始终为1。

○ 一个2字节整数：颜色数。

所以，组合起来就是使用unpack函数进行如下读取：

```
>>> struct.unpack('<ccIIIIIIHH', s)
('B', 'M', 691256, 0, 54, 40, 640, 360, 1, 24)
```

结果显示，'B'和'M'说明是Windows位图，位图大小为640像素×360像素，颜色数为24。

8.4.4 hashlib

摘要算法在很多地方都有广泛的应用。需要注意，摘要算法不是加密算法，不能用于加密(因为无法通过摘要反推明文)，只能用于防篡改，但是它的单向计算特性决定了可以在不存储明文口令的情况下验证用户口令。

Python的hashlib模块提供了常见的摘要算法，如MD5、SHA1等。

什么是摘要算法呢？摘要算法又称哈希算法或散列算法。它通过函数将任意长度的数据转换为长度固定的数据串(通常以十六进制的字符串表示)。

举个例子，有一篇文章，内容是一个字符串'how to use python hashlib - by Michael'，并附上这篇文章的摘要是'2d73d4f15c0db7f5ecb321b6a65e5d6d'。如果有人篡改这篇文章，将内容改为'how to use python hashlib - by Bob'并发表，那么Michael可以指出Bob篡改了自己的文章，因为根据'how to use python hashlib - by Bob'计算出的摘要不同于原始文章的摘要。

可见，摘要算法就是通过摘要函数f对任意长度的数据计算出固定长度的摘要，目的是发现原始数据是否被人篡改过。

摘要算法之所以能指出数据是否被篡改，就是因为摘要函数是单向函数，计算f(data)很容易，但通过摘要反推数据却非常困难。而且，哪怕只对原始数据的一位做修改，都会导致计算出的摘要完全不同。

这里以常见的摘要算法MD5为例，计算一个字符串的MD5值：

```
import hashlib

md5 = hashlib.md5()
md5.update('how to use md5 in python hashlib?')
print(md5.hexdigest())
```

计算结果如下：

```
d26a53750bc40b38b65a520292f69306
```

如果数据量很大，可以分块多次调用update函数，最后计算的结果是一样的：

```
md5 = hashlib.md5()
md5.update('how to use md5 in ')
md5.update('python hashlib?')
print(md5.hexdigest())
```

MD5是最常见的摘要算法，速度很快，所生成结果的字节数固定，通常用一个32位的十六进制字符串表示。

另一种常见的摘要算法是SHA1，调用SHA1的方法和调用MD5完全类似：

```
import hashlib

sha1 = hashlib.sha1()
sha1.update('how to use sha1 in ')
sha1.update('python hashlib?')
print(sha1.hexdigest())
```

生成的结果通常用一个40位的十六进制字符串表示。比SHA1更安全的算法是SHA256和SHA512，不过越安全的算法越慢，而且摘要越长。

有没有可能让不同的数据通过某个摘要算法得到相同的摘要？完全有可能，因为任何摘要算法都是把无限的数据集合映射到有限的数据集合。发生这种情况称为碰撞，比如Bob试图根据摘要反推一篇文章'how to learn hashlib in python - by Bob'，并且这篇文章的摘要恰好和他人的文章完全一致，这种情况也并非不可能出现，但是非常罕见。

摘要算法适用于什么场景呢？举个例子：任何允许用户登录的网站都会存储用户登录的用户名和口令。如何存储用户名和口令呢？方法是将他们存放到数据库表中：

```
name     | password
----------+-----------
michael  | 123456
bob      | abc999
alice    | alice2008
```

如果以明文保存口令，那么当数据库泄露时，所有口令就会落入黑客手中。此外，网站运维人员可以访问数据库，也就是能获取所有用户的口令。

保存口令的正确方式是不存储用户的明文口令，而是存储口令的摘要，如MD5值：

```
username | password
------------+---------------------------------------------
michael   | e10adc3949ba59abbe56e057f20f883e
```

```
bob       | 878ef96e86145580c38c87f0410ad153
alice     | 99b1c2188db85afee403b1536010c2c9
```

当用户登录时，首先计算用户输入的明文口令的MD5值，然后和数据库中存储的MD5值做对比。如果一致，说明口令输入正确；如果不一致，说明口令输入肯定错误。

8.4.5　itertools

itertools模块提供的用于处理迭代功能的函数，这些函数的返回值不是列表，而是迭代对象，只有用for循环迭代时才真正计算。

下面介绍itertools模块提供的几个"无限"迭代器：

```
>>> import itertools
>>> natuals = itertools.count(1)
>>> for n in natuals:
...     print(n)
...
1
2
3
...
```

因为count()会创建一个无限的迭代器，所以上述代码会打印出自然数序列，而且根本停不下来，只能按Ctrl+C组合键退出。

下面的cycle()会无限重复所传入的序列：

```
>>> import itertools
>>> cs = itertools.cycle('ABC')          # 注意字符串也是序列的一种
>>> for c in cs:
...     print(c)
...
'A'
'B'
'C'
'A'
'B'
'C'
...
```

repeat()会无限重复某个元素，不过，若提供了第二个参数，就可以限定重复次数：

```
>>> ns = itertools.repeat('A', 10)
>>> for n in ns:
...     print(n)
```

上述语句的结果是打印10次'A'。

无限序列只有在执行for循环迭代时才会无限迭代，如果只是创建一个迭代对象，就不会事先生成无限个元素。事实上，也不可能在内存中创建无限个元素。

无限序列虽然可以无限迭代，但是通常会通过takewhile()等函数，根据条件的判断结果来截取一个有限序列，例如：

```
>>> natuals = itertools.count(1)
>>> ns = itertools.takewhile(lambda x: x <= 10, natuals)
>>> for n in ns:
...     print(n)
...
```

结果将打印出1~10。

下面介绍itertools模块提供的其他几个迭代器操作函数，它们更加有用。

1. chain()

chain()可以把一组迭代对象串联起来，形成一个更大的迭代器：

```
for c in itertools.chain('ABC', 'XYZ'):
    print(c)
# 迭代效果：'A' 'B' 'C' 'X' 'Y' 'Z'
```

2. groupby()

groupby()可以把迭代器中相邻的重复元素挑出来放在一起，例如：

```
>>> for key, group in itertools.groupby('AAABBBCCAAA'):
...     print(key, list(group))            # 为什么这里要使用list()函数呢？
...
A ['A', 'A', 'A']
B ['B', 'B', 'B']
C ['C', 'C']
A ['A', 'A', 'A']
```

挑选规则实际上是通过函数完成的，只要作用于函数的两个元素返回的值相等，这两个元素就被认为是一组的，并且把函数的返回值作为该组的键。如果我们要忽略大小写分组，可以让元素'A'和'a'返回相同的键：

```
>>> for key, group in itertools.groupby('AaaBBbcCAAa', lambda c: c.upper()):
...     print(key, list(group))
...
A ['A', 'a', 'a']
B ['B', 'B', 'b']
C ['c', 'C']
A ['A', 'A', 'a']
```

8.4.6 XML

虽然XML比JSON复杂，在Web中的应用也在日益缩减，但仍有很多地方在用。所以，有必要了解如何操作XML。

操作XML有两种方法：DOM和SAX。DOM会把整个XML读入内存，解析为树，因此占用内存大，解析慢，优点是可以任意遍历树的节点。SAX是流模式，边读边解析，占用内存小，解析快，缺点是需要自己处理事件。

正常情况下，优先考虑使用SAX，因为DOM实在太占内存。

在Python中，使用SAX解析XML非常简洁，由于通常关心的事件是start_element、end_element和char_data，因此只要准备好相应的事件处理函数，就可以解析XML了。

举个例子，当SAX解析器读到一个节点时，会产生3个事件：

```
<a href="/">Python</a>
```

○　start_element事件，在读取<a href="/">时产生。

○　char_data事件，在读取Python时产生。

○　end_element事件，在读取</a>时产生。

下面通过代码演示一下：

```
from xml.parsers.expat import ParserCreate

class DefaultSaxHandler(object):
    def start_element(self, name, attrs):
        print('sax:start_element: %s, attrs: %s' % (name, str(attrs)))

    def end_element(self, name):
        print('sax:end_element: %s' % name)

    def char_data(self, text):
        print('sax:char_data: %s' % text)

xml = r'''<?xml version="1.0"?>
<ol>
    <li><a href="/python">Python</a></li>
    <li><a href="/ruby">Ruby</a></li>
</ol>
'''
handler = DefaultSaxHandler()
parser = ParserCreate()
parser.StartElementHandler = handler.start_element
parser.EndElementHandler = handler.end_element
parser.CharacterDataHandler = handler.char_data
parser.Parse(xml)
```

当设置returns_unicode为True时，返回的所有元素名称和char_data都是Unicode，这对于处理国际化更方便。

需要注意的是，在读取一大段字符串时，CharacterDataHandler可能被多次调用，所以需要自己将其保存起来，到了EndElementHandler中再合并。

除了解析XML，如何生成XML呢？绝大多数情况下，需要生成的XML结构都非常简单，因此，最简单也是最有效的生成XML的方法是拼接字符串，示例如下：

```
L = []
L.append(r'<?xml version="1.0"?>')
L.append(r'<root>')
L.append(encode('some & data'))
L.append(r'</root>')
return ''.join(L)
```

如果要生成复杂的XML，建议不要使用XML，最好使用JSON。

由此可见，解析XML时，应找出自己感兴趣的节点，响应事件时，把节点数据保存起来。解析完毕后，就可以处理数据了。

8.4.7 HTMLParser

如果要编写一个搜索引擎，第一步是用网络爬虫把目标网站的页面抓取下来，第二步就是解析这些页面，看看里面的内容到底是新闻、图片还是视频。

假设第一步已完成，第二步应该如何解析HTML呢？HTML本质上是XML的子集，但是HTML的语法没有XML那么严格，所以不能用标准的DOM或SAX来解析HTML。

幸运的是，Python提供的HTMLParser可以非常方便地解析HTML，只需要简单几行代码即可：

```python
from HTMLParser import HTMLParser
from htmlentitydefs import name2codepoint

class MyHTMLParser(HTMLParser):

    def handle_starttag(self, tag, attrs):
        print('<%s>' % tag)

    def handle_endtag(self, tag):
        print('</%s>' % tag)

    def handle_startendtag(self, tag, attrs):
        print('<%s/>' % tag)

    def handle_data(self, data):
        print('data')

    def handle_comment(self, data):
        print('<!-- -->')

    def handle_entityref(self, name):
        print('&%s;' % name)

    def handle_charref(self, name):
        print('&#%s;' % name)

parser = MyHTMLParser()
parser.feed('<html><head></head><body><p>Some <a href=\"#\">html</a> tutorial...<br>END</p></body></html>')
```

feed()方法可以多次调用，也就是说，不一定非要一次性把整个HTML字符串塞进去，可以一部分、一部分地塞进去。

特殊字符有两种，一种是英文表示的 ，另一种是数字表示的Ӓ，这两种字符都可以通过HTML Parser进行解析。

8.5 本章实战

8.5.1 创建模块

到目前为止，本章讲述了创建模块时所需的全部要素。下面演示的模块使用了本章描述的技术。

本节将创建meal模块。meal模块的功能并不复杂，只是对一日三餐中的食物和饮料进行建模。

我们对meal模块中的代码刻意做了简化，目的不是用它来完成有用的任务，而是演示如何组成模块。

输入下面的代码，并将文件命名为meal.py：

```python
"""
创建meal模块
接着导入模块，调用模块中的方法：
makeBreakfast()、makeDinner()或makeLunch()
"""
__all__ = ['Meal','AngryChefException', 'makeBreakfast',
    'makeLunch', 'makeDinner', 'Breakfast', 'Lunch', 'Dinner']
# 辅助函数
def makeBreakfast():
    ''' 创建一个Breakfast对象'''
    return Breakfast()

def makeLunch():
    ''' 创建一个Lunch对象'''
    return Lunch()

def makeDinner():
    ''' 创建一个Dinner对象'''
    return Dinner()


# 异常类
class SensitiveArtistException(Exception):
    pass

class AngryChefException(SensitiveArtistException):
    pass

class Meal:
    '''盛放食物和饮料。在真正面向对象的结构中，这个类包括食物和饮料的设定方法
    '''
    def __init__(self, food='omelet', drink='coffee'):
        '''初始化默认值'''
        self.name = '普通餐'
        self.food = food
        self.drink = drink

    def printIt(self, prefix=''):
        '''格式化输出'''
        print(prefix,'A fine',self.name,'with',self.food,'and',self.drink)

    # 准备食物
    def setFood(self, food='omelet'):
        self.food = food

    # 准备饮料
    def setDrink(self, drink='coffee'):
        self.drink = drink
```

```
        # 准备名称
        def setName(self, name="):
            self.name = name

class Breakfast(Meal):
    '''为早餐准备食物和饮料'''
    def __init__(self):
        '''煎蛋卷和咖啡'''
        Meal.__init__(self, 'omelet', 'coffee')
        self.setName('breakfast')

class Lunch(Meal):
    '''午餐的食物和饮料'''
    def __init__(self):
        '''三明治和杜松子酒'''
        Meal.__init__(self, 'sandwich', 'gin and tonic')
        self.setName('midday meal')

    # 覆盖方法setFood().
    def setFood(self, food='sandwich'):
        if food != 'sandwich' and food != 'omelet':
            raise AngryChefException
        Meal.setFood(self, food)


class Dinner(Meal):
    '''准备晚餐吃喝'''
    def __init__(self):
        '''准备牛排和梅洛'''
        Meal.__init__(self, 'steak', 'merlot')
        self.setName('dinner')

    def printIt(self, prefix="):
        '''格式化输出'''
        print(prefix,'A gourmet',self.name,'with',self.food,'and',self.drink)


def test():
    '''测试方法'''
    print('Module meal test.')
    # 通常没有参数
    print('Testing Meal class.')
    m = Meal()
    m.printIt("\t")
    m = Meal('green eggs and ham', 'tea')
    m.printIt("\t")
    # Test breakfast
    print('Testing Breakfast class.')
    b = Breakfast()
    b.printIt("\t")

    b.setName('breaking of the fast')
    b.printIt("\t")
    # Test dinner
    print('Testing Dinner class.')
    d = Dinner()
```

```
        d.printIt("\t")
        # Test lunch
        print('Testing Lunch class.')
        l = Lunch()
        l.printIt("\t")
        print('Calling Lunch.setFood().')
        try:
            l.setFood('hotdog')
        except AngryChefException:
            print("\t",'The chef is angry. Pick an omelet.')
# 如果模块作为程序运行，就运行测试
if __name__ == '__main__':
    test()
```

meal模块是根据本章描述的技术创建的，包含测试、文档、异常、类和函数。

构建了meal模块后，可以将该模块导入Python脚本中。例如，下面的脚本调用了meal模块中的类和函数：

```
import meal

print('Making a Breakfast')
breakfast = meal.makeBreakfast()

breakfast.printIt("\t")

print('Making a Lunch')
lunch = meal.makeLunch()

try:
    lunch.setFood('pancakes')
except meal.AngryChefException:
    print("\t",'Cannot make a lunch of pancakes.')
    print("\t",'The chef is angry. Pick an omelet.')
```

这个例子使用标准方式导入模块：

```
import meal
```

运行这个脚本时，将看到如下输出：

```
Making a Breakfast
        A fine breakfast with omelet and coffee
Making a Lunch
        Cannot make a lunch of pancakes.
        The chef is angry. Pick an omelet.
```

下一个脚本演示了导入模块的另一种方法：

```
from meal import *
```

全部脚本如下：

```
from meal import *

print('Making a Breakfast')
breakfast = makeBreakfast()

breakfast.printIt("\t")
```

```
print('Making a Lunch')
lunch = makeLunch()

try:
    lunch.setFood('pancakes')
except AngryChefException:
    print("\t",'Cannot make a lunch of pancakes.')
    print("\t",'The chef is angry. Pick an omelet.')
```

注意，使用这种导入方式时，不必使用模块名称meal作为前缀就可调用makeLunch和makeBreakfast函数。

这个脚本的输出与上个脚本的输出应该类似。

```
Making a Breakfast
    A fine breakfast with omelet and coffee
Making a Lunch
    Cannot make a lunch of pancakes.
    The chef is angry. Pick an omelet.
```

使用变量的名称时要十分小心。示例模块的名称是meal，这意味着不能在其他任何上下文中使用这个名称，例如不能将其作为变量的名称。如果这样做了，就会覆盖meal模块的定义。

8.5.2 安装模块

Python解释器在sys.path变量列出的目录中查找模块。sys.path变量包括当前目录，所以总是可以使用当前路径中的模块。但如果希望在多个脚本或系统中使用编写的模块，那么需要将它们安装到sys.path变量列出的某个目录中。

大多数情况下，需要将Python模块放到site-packages目录中。查看sys.path变量列出的目录，可以找到以site-packages结尾的目录，这是一个用于从站点安装包的目录。

需要注意的是，除了模块，还可以创建模块的包，包是安装到相同目录中的相关模块的集合。

可以使用以下3种机制安装模块：

○ 手动创建安装脚本或程序。

○ 创建针对操作系统的安装程序，如Windows上的MSI文件、Linux上的RPM文件以及macOS上的DMG文件。

○ 使用便利的Python distutils(代表distribution utility，分发实用程序)包来创建基于Python的安装文件。

为了使用Python distutils包，需要创建一个名为setup.py的安装脚本。最简单的安装脚本包括如下内容：

```
from distutils.core import setup

setup(name = 'NameOfModule',
      version='1.0',
      py_modules = ['NameOfModule'],
      )
```

需要两次包括模块的名称。用自己模块的名称替换NameOfModule，例如本章例子中的meal。

Name the script setup.py.

创建了setup.py脚本后，可使用下面的命令创建模块的发布版本：

python setup.py sdist

8.6　本章小结

本章将前几章的概念结合在一起，通过示例深入研究了如何创建模块。实际上，模块就是选择作为模块处理的Python源文件。这听起来似乎很简单，但是创建模块时需要遵循下面的一些规则：

- ○　为模块和模块中的所有类、方法和函数建立文档。
- ○　测试模块并包含至少一个测试函数。
- ○　定义要导出模块中的哪些项，包括哪些类或函数等。
- ○　为使用模块时可能出现的问题创建需要的任何异常类。
- ○　处理模块本身作为Python脚本执行的情况。

Python使得在模块内部定义类变得非常容易。

开发模块时，可使用help和reload函数分别显示模块的文档以及重新加载已发生改变的模块。

创建了模块后，可使用Python distutils包创建该模块的发布包。为此，需要创建setup.py脚本。

8.7　思考与练习

1. 如何访问模块提供的功能？
2. 如何控制模块的哪些项是公有的(公有项在其他Python脚本中是可用的)？
3. 如何查看模块的文档？
4. 如何找出系统中安装的模块？
5. 什么类型的Python命令能放到模块中？

第 9 章

异常处理和程序调试

作为Python初学者，在刚刚学习Python编程时，经常会看到一些报错信息。这些报错信息可能由以下原因导致：有的错误是程序编写有问题造成的，比如本来应该输出整数却输出了字符串，这种错误我们通常称为bug，bug是必须修复的；有的错误是用户输入造成的，比如让用户输入电子邮箱地址，结果得到了一个空的字符串，这种错误可以通过检查用户输入来做相应的处理；还有一类错误是完全无法在程序运行过程中预测的，比如写入文件时，磁盘满了，写不进去，或者从网络抓取数据时，网络突然断了。这类错误也称为异常，在程序中通常也是必须要处理的，否则，程序会因为各种问题终止运行并退出。

Python内置了一套异常处理机制来帮助我们处理这些错误。

此外，还需要跟踪程序的执行，查看变量的值是否正确，这个过程称为调试。Python中的pdb可以让我们以单步方式执行代码。

最后，编写测试也很重要。有了良好的测试，就可以在程序修改后反复运行，确保程序的输出符合我们编写的测试。

本章将详细介绍错误和异常的处理，以及测试的编写与运行。

本章的学习目标：
- 了解Python中的两种错误(语法错误和异常)及其区别；
- 了解常用的内置异常以及异常继承关系；
- 掌握异常的处理方法try…catch…finally…；
- 掌握raise语句主动抛出异常的方式；
- 掌握异常的追踪及记录；
- 掌握常用的程序调试方法；
- 了解测试的编写和运行方法。

9.1 异常

调试Python程序时，经常会报出一些异常，产生异常的原因有两个方面。一方面，可能是写程序时由于疏忽或考虑不全造成了错误，这时就需要根据异常追踪到出错点，进行分析改正；另一方面，有些异常是不可避免的，但可以对异常进行捕获处理，防止程序终止运行。

9.1.1 错误与异常的概念

错误无法通过其他代码进行处理，如语法错误和逻辑错误。语法错误是单词或格式等有误，只能根据系统提示去修改相应的代码。逻辑错误是代码实现功能的逻辑有问题，系统不会报错，只能找到相应的代码后才能进行修改。

异常是程序执行过程中出现的未知问题，程序中的语法和逻辑都是正确的，可以通过其他代码进行处理修复，比如可以通过if判定语句来避免对年龄进行赋值时因输入字符而出现异常的情况，使用捕捉异常可以避免除零异常，等等。

常见的系统异常如下。

- 除零异常(ZeroDivisionError)：除数为0时发出异常。
- 名称异常(NameError)：变量未定义。
- 类型异常(TypeError)：对不同类型的数据进行相加。
- 索引异常(IndexError)：超出索引范围。
- 键异常(KeyError)：没有对应名称的键。
- 值异常(ValueError)：将字符型数据转换成整型数据。
- 属性异常(AttributeError)：对象没有对应名称的属性。
- 迭代器异常(StopIteration)：迭代次数超出迭代器中元素的个数。

9.1.2 Python内置异常

Python的异常处理能力是很强大的，它有很多内置异常，可向用户准确反馈出错信息。在Python中，异常也是对象，可对它们进行操作。BaseException是所有内置异常的基类，但用户定义的类并不直接继承BaseException，所有的异常类都从Exception继承，且都在exceptions模块中定义。Python自动将所有异常名称放在内置的名称空间中，所以程序不必导入exceptions模块即可使用异常。一旦引发并且没有捕获SystemExit异常，程序的执行就会终止。如果交互式会话遇到未被捕获的SystemExit异常，会话就会终止。

内置异常类的层次结构如下：

```
BaseException                    # 所有异常的基类
 +-- SystemExit                  # 解释器请求退出
 +-- KeyboardInterrupt           # 用户中断执行(通常是输入^C)
 +-- GeneratorExit               # 生成器(generator)发生异常，通知退出
 +-- Exception                   # 常规异常的基类
```

```
+-- StopIteration              # 迭代器没有更多的元素可供迭代
+-- StopAsyncIteration         # 必须通过异步迭代器对象的__anext__()方法停止迭代
+-- ArithmeticError            # 各种算术错误引发的内置异常的基类
|    +-- FloatingPointError    # 浮点计算错误
|    +-- OverflowError         # 数值运算结果太大，无法表示
|    +-- ZeroDivisionError     # 除(或取模)零 (所有数据类型)
+-- AssertionError             # 当assert语句失败时引发
+-- AttributeError             # 属性引用或赋值失败
+-- BufferError                # 无法执行与缓冲区相关的操作时引发
+-- EOFError        # 当input函数在没有读取任何数据的情况下到达文件结束条件(EOF)时引发
+-- ImportError                # 导入模块/对象失败
|    +-- ModuleNotFoundError   # 无法找到模块或在sys.modules中找到None
+-- LookupError                # 映射或序列上使用的键或索引无效时引发的异常的基类
|    +-- IndexError            # 序列中没有此索引(index)
|    +-- KeyError              # 映射中没有这个键
+-- MemoryError                # 内存溢出错误(对于Python 解释器不是致命的)
+-- NameError                  # 未声明/初始化对象 (没有属性)
|    +-- UnboundLocalError     # 访问未初始化的局部变量
+-- OSError                    # 操作系统错误，EnvironmentError、IOError、WindowsError、
         # socket.error、select.error和mmap.error已合并到OSError中，构造函数可能返回子类
|    +-- BlockingIOError       # 将阻塞对象(如 socket)设为了非阻塞对象
|    +-- ChildProcessError     # 子进程上的操作失败
|    +-- ConnectionError       # 与连接相关的异常的基类
|    |    +-- BrokenPipeError  # 另一端关闭时尝试写入管道或试图在已关闭写入的套接字上写入
|    |    +-- ConnectionAbortedError    # 连接尝试被对等方中止
|    |    +-- ConnectionRefusedError    # 连接尝试被对等方拒绝
|    |    +-- ConnectionResetError      # 连接由对等方重置
|    +-- FileExistsError       # 创建已存在的文件或目录
|    +-- FileNotFoundError     # 请求不存在的文件或目录
|    +-- InterruptedError      # 系统调用被输入信号中断
|    +-- IsADirectoryError     # 在目录上请求文件操作(如os.remove())
|    +-- NotADirectoryError    # 在不是目录的事物上请求目录操作(如os.listdir())
|    +-- PermissionError       # 尝试在没有足够访问权限的情况下执行操作
|    +-- ProcessLookupError    # 给定进程不存在
|    +-- TimeoutError          # 系统函数在系统级别超时
+-- ReferenceError             # weakref.proxy函数创建的弱引用试图访问已被垃圾回收的对象
+-- RuntimeError               # 在检测到不属于任何其他类别的错误时触发
|    +-- NotImplementedError   # 在用户定义的基类中，抽象方法要求派生类重写该方法，或者正
|                              # 在开发的类指示仍然需要添加实现
|    +-- RecursionError        # 解释器检测到超出最大递归深度
+-- SyntaxError                # Python 语法错误
|    +-- IndentationError      # 缩进错误
|         +-- TabError         # Tab和空格混用
+-- SystemError                # 解释器发现内部错误
+-- TypeError                  # 操作或函数被应用于不适当类型的对象
+-- ValueError                 # 操作或函数接收到具有正确类型但值不合适的参数
|    +-- UnicodeError          # 发生与Unicode相关的编码或解码错误
|         +-- UnicodeDecodeError        # Unicode解码错误
|         +-- UnicodeEncodeError        # Unicode编码错误
|         +-- UnicodeTranslateError     # Unicode转码错误
+-- Warning                    # 警告的基类
    +-- DeprecationWarning     # 有关已弃用功能的警告的基类
    +-- PendingDeprecationWarning       # 有关不推荐使用功能的警告的基类
    +-- RuntimeWarning         # 有关可疑的运行时行为的警告的基类
    +-- SyntaxWarning          # 关于可疑语法警告的基类
    +-- UserWarning            # 有关用户代码生成警告的基类
    +-- FutureWarning          # 有关已弃用功能的警告的基类
```

```
    +-- ImportWarning              # 关于导入模块时可能出错的警告的基类
    +-- UnicodeWarning             # 与Unicode相关的警告的基类
    +-- BytesWarning               # 与byte和bytearray相关的警告的基类
    +-- ResourceWarning            # 与资源使用相关的警告的基类，会被默认警告过滤器忽略
```

9.1.3　requests模块的相关异常

在做网络爬虫时，requests是一个十分好用的模块，这里专门探讨一下requests模块的相关异常。

要调用requests模块的内置异常，使用"from requests.exceptions import xxx"形式的语句即可，例如：

```
from requests.exceptions import ConnectionError, ReadTimeout
```

也可使用如下形式的语句：

```
from requests import ConnectionError, ReadTimeout
```

requests模块的内置异常类的层次结构如下：

```
IOError
 +-- RequestException                           # 处理不确定的异常请求
     +-- HTTPError                              # HTTP错误
     +-- ConnectionError                        # 连接错误
     |    +-- ProxyError                        # 代理错误
     |    +-- SSLError                          # SSL错误
     |    +-- ConnectTimeout(+- - Timeout)      # (双重继承，余同)尝试连接到远程服务器时请求超时，
                                                #产生此错误的请求可以安全地重试
     +-- Timeout                                # 请求超时
     |    +-- ReadTimeout                       # 服务器未在指定的时间内发送任何数据
     +-- URLRequired                            # 发出请求需要有效的URL
     +-- TooManyRedirects                       # 重定向太多
     +-- MissingSchema(+-- ValueError)          # 缺少URL架构(如HTTP或HTTPS)
     +-- InvalidSchema(+-- ValueError)          # 无效的架构，有效架构请参见defaults.py
     +-- InvalidURL(+-- ValueError)             # 无效的URL
     |    +-- InvalidProxyURL                   # 无效的代理URL
     +-- InvalidHeader(+-- ValueError)          # 无效的Header
     +-- ChunkedEncodingError                   # 服务器声明了chunked编码，但发送了无效的chunk
     +-- ContentDecodingError(+-- BaseHTTPError) # 无法解码响应内容
     +-- StreamConsumedError(+-- TypeError)     # 响应的内容已被使用
     +-- RetryError                             # 自定义重试逻辑失败
     +-- UnrewindableBodyError                  # 尝试倒回正文时，请求遇到错误
     +-- FileModeWarning(+-- DeprecationWarning) # 文件以文本模式打开，但requests确定的是二进制
                                                #长度
     +-- RequestsDependencyWarning              # 导入的依赖项与预期的版本范围不匹配

Warning
 +-- RequestsWarning                            # 有关请求的基本警告
```

下面的程序展示了Python内置的ConnectionError异常，这里不必再从requests模块导入该异常了：

```
import requests
from requests import ReadTimeout
```

```
def get_page(url):
    try:
        response = requests.get(url, timeout = 1)
        if response.status_code == 200:
            return response.text
        else:
            print('Get Page Failed', response.status_code)
            return None
    except(ConnectionError, ReadTimeout):
        print('Crawling Failed', url)
        return None


def main():
    url = 'https://www.baidu.com'
    print(get_page(url))


if __name__ == '__main__':
    main()
```

9.1.4　用户自定义异常

虽然Python提供了丰富的内置异常类，但由于实际的项目都有各自的业务背景，很多时候内置异常类无法完全满足业务需求。为此，Python允许用户自定义异常。用户可通过创建新的异常类拥有自己的异常。用户自定义异常时应该通过直接或间接的方式继承Exception类。下面创建了MyError类，它的基类为Exception，用于在触发异常时输出更多的信息。

在try语句块中，抛出用户自定义异常后执行except部分，变量e是用于创建MyError类的实例。示例如下：

```
class MyError(Exception):
    def __init__(self, msg):
        self.msg = msg

    def __str__(self):
        return self.msg

try:
    raise MyError('类型错误')
except MyError as e:
    print('My exception occurred', e.msg)
```

9.2　异常处理

当发生异常时，需要对异常进行捕获，然后进行相应的处理。进行异常捕获需要使用

try…except…结构，把可能发生错误的语句放在try语句块中，用except处理异常，每个try都必须至少对应一个except。此外，与Python异常相关的关键字如表9-1所示。

表9-1　与Python异常相关的关键字

关键字	关键字说明
try/except	捕获异常并处理
pass	忽略异常
as	定义异常实例(except MyError as e)
else	如果try中的语句没有引发异常，则执行else中的语句
finally	无论是否出现异常都会执行的代码
raise	抛出/引发异常

捕获异常有多种方式，下面分别进行讨论。

9.2.1　捕获所有异常

捕获所有异常，包括键盘中断和程序退出请求(用sys.exit()就无法退出程序，因为异常被捕获了)，因此这种方式要慎用。语法格式如下：

```
try:
    <语句>
except:
    print('异常说明')
```

9.2.2　捕获指定异常

可以捕获指定的异常，语法格式如下：

```
try:
    <语句>
except <异常名>:
    print('异常说明')
```

示例如下：

```
try:
    f = open("file-not-exists", "r")
except IOError as e:
    print("open exception: %s: %s" %(e.errno, e.strerror))
```

捕获任意异常，语法格式如下：

```
try:
    <语句>
except Exception:
    print('异常说明')
```

9.2.3　捕获多个异常

捕获多个异常有两种方式。第一种是使用一个except同时处理多个异常，不区分优先级，语法格式如下：

```
try:
    <语句>
except(<异常名1>, <异常名2>, ...):
    print('异常说明')
```

第二种是区分优先级的，语法格式如下：

```
try:
    <语句>
except <异常名1>:
    print('异常说明1')
except <异常名2>:
    print('异常说明2')
except <异常名3>:
    print('异常说明3')
```

这种异常处理语法的规则如下：

- ○ 执行try中的语句，如果引发异常，则执行过程会跳到第一个except语句。
- ○ 如果第一个except中定义的异常与引发的异常匹配，则执行该except中的语句。
- ○ 如果引发的异常不匹配第一个except，就搜索第二个except，允许编写的except数量不受限制。
- ○ 如果所有的except都不匹配，则异常会被传递到下一个调用该代码的最高层try中。

9.2.4　异常中的else

判断完没有某些异常后，如果还想做其他事，可以使用如下else语句。语法格式如下：

```
try:
    <语句>
except <异常名1>:
    print('异常说明1')
except <异常名2>:
    print('异常说明2')
else:
    <语句>                          # try语句中没有异常，则执行此段代码
```

9.2.5　异常中的finally

对于try…finally…语句，无论是否发生异常都将执行最后的代码。语法格式如下：

```
try:
    <语句>
finally:
    <语句>
```

示例程序如下：

```
str1 = 'hello world'
try:
    int(str1)
except IndexError as e:
    print(e)
except KeyError as e:
    print(e)
except ValueError as e:
    print(e)
else:
    print('try内没有异常')
finally:
    print('无论发生异常与否，都会执行我')
```

9.2.6 使用raise语句主动抛出异常

可以使用raise语句主动抛出异常，语法格式如下：

```
raise [Exception [, args [, traceback]]]
```

Exception表示异常的类型(如ValueError)；args参数是可选的，是异常的参数，如果不提供，异常的参数是"None"；最后一个参数traceback表示异常跟踪对象，也是可选的(在实践中很少使用)。示例程序如下：

```
def not_zero(num):
    try:
        if num == 0:
            raise ValueError('参数错误')
        return num
    except Exception as e:
        print(e)

not_zero(0)
```

异常是类，捕获异常就是捕获类的实例。因此，异常并不是凭空产生的，而是有意创建并抛出的。Python的内置函数可以抛出很多类型的异常，我们自己编写的函数也可以抛出异常。

如果要抛出异常，可以先根据需要，定义异常类，选择好继承关系，之后使用raise语句抛出异常类的实例：

```
# fooerror.py
class FooError(StandardError):
    pass

def foo(s):
    n = int(s)
    if n==0:
        raise FooError('invalid value: %s' % s)
    return 10 / n
```

执行以上语句后可跟踪到定义的异常：

```
Traceback (most recent call last):
    ...
__main__.FooError: invalid value: 0
```

只有在必要时才定义异常类。如果可以选择Python已有的内置异常类(如ValueError、TypeError)，就尽量使用Python的内置异常类。

最后，我们来看另一种异常处理方式：

```
# err.py
def foo(s):
    n = int(s)
    return 10 / n

def bar(s):
    try:
        return foo(s) * 2
    except StandardError, e:
        print('Error!')
        raise

def main():
    bar('0')

main()
```

在bar函数中，我们明明已捕获了异常，但在打印输出"Error!"后，又把异常通过raise语句抛出去了。

其实这种异常处理方式不但没有问题，而且相当常见。捕获异常的目的只是记录一下，便于后续追踪。但是，由于当前函数不知道应该如何处理异常，因此最恰当的方式是继续往上抛出异常，让顶层调用者去处理。

raise语句如果不带参数，就会把当前异常原样抛出。此外，还可以把一种类型的异常转换成另一种类型：

```
try:
    10 / 0
except ZeroDivisionError:
    raise ValueError('input error!')
```

只要转换逻辑合理就可以，但是，绝不应该把IOError转换成毫不相干的ValueError。

9.2.7 使用traceback模块查看异常

发生异常时，Python能"记住"引发的异常以及程序的当前状态。Python还维护着跟踪对象，其中含有异常发生时与函数调用堆栈有关的信息。记住，异常可能在一系列嵌套较深的函数调用中引发。程序调用每个函数时，Python会在"函数调用堆栈"的起始处插入函数名。一旦异常被引发，Python就会搜索相应的异常处理程序。如果当前函数中没有异常处理程序，当前函数会终止执行，Python会搜索当前函数的调用函数，并以此类推，直到发现匹配的异常处理程序，或者Python抵达主程序为止。这一查找合适的异常处理程序的过程就称为"堆栈辗转开解"(Stack Unwinding)。解释器一方面维护着与堆栈中函数有关的信息，另一方面也维护着与已从堆栈中"辗转开解"(Unwinding)的函数有关的信息。

语法格式如下：

```
try:
    block
except:
    traceback.print_exc()
```

示例程序如下：

```
try:
    1/0
except Exception as e:
    print(e)
```

对于上面的示例，程序只会报"division by zero"(除零)错误，但是并不知道是在哪个文件以及哪个函数的哪一行出了错。下面使用traceback模块，示例程序如下：

```
import traceback

try:
    1/0
except Exception as e:
    traceback.print_exc()
```

这样编写的程序可以帮助我们追溯到出错位置：

```
Traceback (most recent call last):
    File "C:/Python/Python311/pyprojects/ch09/traceback.py", line 4, in <module>
        1/0
ZeroDivisionError: division by zero
```

另外，traceback.print_exc()与traceback.format_exc()有什么区别呢？

区别在于，traceback.format_exc()返回字符串，而traceback.print_exc()则直接打印出来。traceback.print_exc()与print(traceback.format_exc())的效果是一样的。print_exc()还可以接收file参数，将相关信息直接写入一个文件中。例如，可以像下面这样把相关信息写入tb.txt文件中。

```
traceback.print_exc(file=open('tb.txt','w+'))
```

9.3　程序调试

9.3.1　调试

程序能一次写完并正常运行的概率很小，基本不超过1%。总会有各种各样的bug需要修复。有的bug很简单，看看错误信息就知道；有的bug很复杂，我们需要知道出错时，哪些变量的值是正确的，哪些变量的值是错误的。因此，需要有一整套调试程序的手段来修复bug。

第一种方法简单、直接且有效，就是用print函数把可能有问题的变量打印出来：

```
# print_error.py
def foo(s):
    n = int(s)
    print('>>> n = %d' % n)
    return 10 / n

def main():
    foo('0')

main()
```

执行程序后，在输出结果中可查找打印的变量值：

```
>>> n = 0
Traceback (most recent call last):
    ...
ZeroDivisionError: integer division or modulo by zero
```

使用print函数的最大缺陷在于将来还得删掉它们，否则程序中到处都是print函数，运行结果也会包含很多垃圾信息。

9.3.2 断言

凡是使用print函数辅助查看的地方，都可以用断言(assert)来替代：

```
# assert.py
def foo(s):
    n = int(s)
    assert n != 0, 'n is zero!'
    return 10 / n

def main():
    foo('0')
```

assert的意思是，表达式n != 0应该是True，否则，后面的代码就会出错。

如果断言失败，assert语句本身就会抛出AssertionError异常：

```
Traceback (most recent call last):
    ...
AssertionError: n is zero!
```

如果在程序中频繁使用assert，与频繁使用print函数相比也不存在什么优势。不过，启动Python解释器时可以用-O参数关闭assert：

```
C:\Python\Python311\pyprojects\ch09>python-O assert.py
Traceback (most recent call last):
    ...
ZeroDivisionError: integer division or modulo by zero
```

关闭后，就可以把所有的assert视为pass。

9.3.3　logging

把print函数替换为logging是第3种方式，与assert相比，logging不会抛出错误，而且可以将相关信息输出到文件中：

```
# logging.py
import logging

s = '0'
n = int(s)
logging.info('n = %d' % n)
print(10 / n)
```

运行上面的程序后，会发现除了抛出ZeroDivisionError，没有任何信息。这是怎么回事？若在import logging语句后添加一行配置语句，会有什么结果呢？

```
import logging
logging.basicConfig(level=logging.info)
```

输出结果如下：

```
INFO:root:n = 0
Traceback(most recent call last):
    File "logging.py", line 8, in <module>
        print(10 / n)
ZeroDivisionError: integer division or modulo by zero
```

这就是logging的好处，它允许指定记录信息的级别，有debug、info、warning、error等几个级别，当我们指定info时，debug就不起作用了。同理，指定warning后，debug和info就不起作用了。这样，就可以放心地输出不同级别的信息，也不必进行删除操作，可以在最后统一控制输出哪个级别的信息。

logging的另一个好处在于，通过简单的配置，可实现用一条语句同时将相关信息输出到不同的地方，如控制台和文件。

9.3.4　pdb

第4种方式是启动Python的pdb调试器，让程序以单步方式运行，可以随时查看程序的运行状态。

pdb是Python的模块，其定义了一个交互式源代码调试器设置断点和单步执行。pdb主要有以下两种使用方法：

○　将pdb作为脚本调用，来调试其他脚本，在命令行下直接运行就能调试，格式如下：

```
python -m pdb test.py
```

○　在调试器的控制下运行程序，需要在被调试的代码中添加一行代码然后再正常运行代码。格式如下：

```
import pdb;pdb.set_trace() #设置断点
```

常用的pdb命令如表9-2所示。

表9-2　常用的pdb命令

关键字	关键字说明
help	帮助
p param	打印变量或者直接使用变量名
n	执行下一行，不进入函数体
s	进入函数体
r	执行到当前函数结束
a	打印函数的参数和参数的值
c	继续执行至下一个断点
q	退出调试
l	查看当前位置前后11行代码
ll	查看当前程序的所有代码
w	打印堆栈信息，最新的帧在最底部
enter	重复上一条命令
b	显示目前所有断点
b linenum	在指定行设置断点
b filename:linenum	在指定文件的指定行设置断点
cl	清除所有断点

下面我们先准备好调试程序：

```
# pdbtest.py
s = '0'
n = int(s)
print(10 / n)
```

然后执行程序，输出如下：

```
Traceback (most recent call last):
  File "C:/Python/Python311/pyprojects/ch09/pdbtest.py", line 4, in <module>
    print(10 / n)
ZeroDivisionError: division by zero
```

以第一种方式即参数-m pdb方式启动程序后，pdb定位到下一步要执行的代码"-> s = '0'"。输入命令字母l来查看代码：

```
C:\Python\Python311\pyprojects\ch09>python -m pdb pdbtest.py
> c:\python\python311\pyprojects\ch09\pdbtest.py(2)<module>()
-> import pdb
(Pdb) l
  1     # pdbtest.py
  2  -> import pdb
  3     s = '0'
  4     n = int(s)
  5     print(10 / n)
[EOF]
```

输入命令n可以单步执行代码：

```
(Pdb) n
> c:\python\python311\pyprojects\ch09\pdbtest.py(3)<module>()
-> s = '0'
```

```
(Pdb) n
> c:\python\python311\pyprojects\ch09\pdbtest.py(4)<module>()
-> n = int(s)
```

任何时候都可以输入命令"p变量名"来查看变量：

```
(Pdb) p s
'0'
(Pdb) p n
*** NameError: name 'n' is not defined
```

输入命令q可结束调试，退出程序：

```
(Pdb) n
> c:\python\python311\pyprojects\ch09\pdbtest.py(5)<module>()
->print(10 / n)
(Pdb) q
C:\Python\Python311\pyprojects\ch09>
```

这种通过pdb在命令行进行调试的方法，在理论上是万能的，但实在是太麻烦了。幸好，我们还有下面将介绍的另一种调试方法。

9.3.5　pdb.set_trace()

这种方法虽然仍使用pdb，但是不需要单步执行，只需要导入pdb。然后，在可能出错的地方使用pdb.set_trace()，就可以设置断点：

```
# trace.py
import pdb

s = '0'
n = int(s)
pdb.set_trace()                    # 程序运行到此会自动暂停
print(10 / n)
```

运行代码，程序会自动在pdb.set_trace()处暂停并进入pdb调试环境，可以用命令p查看变量，或者用命令c继续运行：

```
C:\Python\Python311\pyprojects\ch09>python trace.py
> c:\python\python311\pyprojects\ch09\trace.py(7)<module>()
->print(10/ n)
(Pdb) p n
0
(Pdb) c
Traceback (most recent call last):
  File "C:\Python\Python311\pyprojects\ch09\trace.py", line 7, in <module>
    print(10/ n)
         ~~~~~
ZeroDivisionError: division by zero
```

这和前面的pdb单步调试相比，更高效。

9.3.6 IDE

如果想要快速地设置断点、单步执行，就需要支持调试功能的IDE。目前比较受欢迎的Python IDE有PyCharm。另外，为Eclipse添加pydev插件也可调试Python程序。

写程序最痛苦的事情莫过于调试，程序往往会以意想不到的流程运行，期待执行的语句其实根本没有执行，这时，就需要对程序进行调试了。虽然用IDE调试起来比较方便，但是最后你会发现，logging才是终极武器。

9.4 单元测试

如果听说过"测试驱动开发"(Test-Driven Development，TDD)，对单元测试就不陌生。

9.4.1 单元测试概述

单元测试用来对模块、函数或类进行正确性检验。比如对于函数abs()，可以编写以下几个测试用例：

- ○ 输入正数，如1、1.2、0.99，期待返回值与输入相同。
- ○ 输入负数，如–1、–1.2、–0.99，期待返回值与输入相反。
- ○ 输入0，期待返回0。
- ○ 输入非数值类型，如None、[]、{}，期待抛出TypeError。

把上面的测试用例放到一个测试模块中，就是一个完整的单元测试。

如果单元测试通过，说明测试的函数能够正常工作。如果单元测试未通过，要么函数有bug，要么测试条件输入不正确。总之，需要修复程序使单元测试能够通过。

单元测试通过后有什么意义呢？如果对abs()函数做了修改，只需要再执行一遍单元测试。如果通过，说明修改不会对abs()函数原有的行为造成影响。如果测试未通过，说明修改与原有行为不一致，要么修改代码，要么修改测试。

这种以测试为驱动的开发模式，最大的好处就是可确保程序模块的行为符合设计的测试用例。在将来修改时，可极大程度上保证模块行为仍然是正确的。

下面编写Dict类，这个类的行为和字典一样，但是可通过属性来访问，其用法如下所示：

```
>>> d = Dict(a=1, b=2)
>>> d['a']
1
>>> d.a
1
```

Dict类中的代码如下：

```
#mydict.py

class Dict(dict):
```

```
    def __init__(self, **kw):
        super(Dict, self).__init__(**kw)

    def __getattr__(self, key):
        try:
            return self[key]
        except KeyError:
            raise AttributeError(r"'Dict' object has no attribute '%s'" % key)

    def __setattr__(self, key, value):
        self[key] = value
```

为了编写单元测试，需要导入Python自带的unittest模块，编写mydict_test.py：

```
import unittest
from mydict import Dict

class TestDict(unittest.TestCase):

    def test_init(self):
        d = Dict(a=1, b='test')
        self.assertEquals(d.a, 1)
        self.assertEquals(d.b, 'test')
        self.assertTrue(isinstance(d, dict))

    def test_key(self):
        d = Dict()
        d['key'] = 'value'
        self.assertEquals(d.key, 'value')

    def test_attr(self):
        d = Dict()
        d.key = 'value'
        self.assertTrue('key' in d)
        self.assertEquals(d['key'], 'value')

    def test_keyerror(self):
        d = Dict()
        with self.assertRaises(KeyError):
            value = d['empty']

    def test_attrerror(self):
        d = Dict()
        with self.assertRaises(AttributeError):
            value = d.empty
```

编写单元测试时，需要编写一个测试类，该类从unittest.TestCase继承。

以test开头的方法就是测试方法，不以test开头的方法不被认为是测试方法，测试时不会被执行。

对每个类进行测试都需要编写一个形如test_×××()的方法。由于unittest.TestCase类提供了很多内置的条件判断，因此只需要调用这些方法就可以断言输出是否是我们所期望的。最常用的断言函数就是assertEquals()：

```
self.assertEquals(abs(-1), 1)              # 断言函数返回的结果为1
```

另一种重要的断言就是期待抛出指定类型的错误，例如通过d['empty']访问不存在的键时，断言会抛出KeyError：

```
with self.assertRaises(KeyError):
    value = d['empty']
```

而通过d.empty访问不存在的键时，我们期待抛出AttributeError：

```
with self.assertRaises(AttributeError):
    value = d.empty
```

9.4.2　运行单元测试

一旦编写好单元测试，就可以运行了。最简单的运行方式是在mydict_test.py的最后加上如下两行代码：

```
if __name__ == '__main__':
    unittest.main()
```

这样就可以把mydict_test.py当作正常的Python脚本来运行：

```
python mydict_test.py
```

另一种更常见的方法是在命令行中通过参数-m unittest直接运行单元测试：

```
C:\Python\Python311\pyprojects\ch09 > python -m unittest mydict_test
.....
----------------------------------------------------------------------
Ran 5 tests in 0.002s

OK
```

这是推荐做法，因为这样可以一次性批量运行很多单元测试，并且有很多工具可自动运行这些单元测试。

9.4.3　setUp()与tearDown()方法

可以在单元测试中编写两个特殊的方法：setUp()和tearDown()，这两个方法会分别在调用每个测试方法的前后执行。

setUp()和tearDown()方法有什么作用呢？设想如果测试需要启动一个数据库，这时，就可以在setUp()方法中连接数据库，在tearDown()方法中关闭数据库。这样，就不必在每个测试方法中重复相同的代码：

```
class TestDict(unittest.TestCase):

    def setUp(self):
        print 'setUp...'

    def tearDown(self):
        print 'tearDown...'
```

可以再次进行测试，看看每个测试方法在调用前后是否会打印出"setUp..."和"tearDown..."。

单元测试可以有效地测试某个程序模块的行为,是未来重构代码的信心保证。单元测试的测试用例要覆盖常用的输入组合、边界条件和异常。单元测试的代码要非常简单,如果测试代码太复杂,那么测试代码本身就可能有bug。而且,单元测试通过了并不意味着程序就没有bug,但是未通过意味着程序肯定有bug。

9.5 文档测试

如果经常阅读Python的官方文档,那么可以看到很多文档都有示例代码。例如,re模块就带有很多示例代码:

```
>>> import re
>>> m = re.search('(?<=abc)def', 'abcdef')
>>> m.group(0)
'def'
```

可以在Python的交互式环境下输入并执行这些示例代码,其结果与官方文档中的示例代码显示的一致。

这些代码与其他说明可以写在注释中,然后,通过一些工具自动生成文档。既然这些代码本身就可以粘贴出来直接运行,那么可否自动执行写在注释中的这些代码呢?答案是可以。

当编写注释时,如果写上如下注释:

```
def abs(n):
    '''
    Function to get absolute value of number.

    Example:

    >>> abs(1)
    1
    >>> abs(-1)
    1
    >>> abs(0)
    0
    '''
    return n if n >= 0 else (-n)
```

毫无疑问,这将更明确地告诉调用者函数的期望输入和输出。

此外,Python内置的"文档测试"(doctest)模块可以直接提取注释中的代码并进行测试。

doctest模块严格按照Python交互式命令行中的输入和输出来判断测试结果是否正确。只有在测试异常时,才可用...表示中间的一大段输出。

下面用doctest模块测试前面编写的Dict类:

```
class Dict(dict):
    '''
    Simple dict but also support access as x.y style.

    >>> d1 = Dict()
```

```
    >>> d1['x'] = 100
    >>> d1.x
    100
    >>> d1.y = 200
    >>> d1['y']
    200
    >>> d2 = Dict(a=1, b = 2, c = '3')
    >>> d2.c
    '3'
    >>> d2['empty']
    Traceback (most recent call last):
        ...
    KeyError: 'empty'
    >>> d2.empty
    Traceback (most recent call last):
        ...
    AttributeError: 'Dict' object has no attribute 'empty'
    '''
    def __init__(self, **kw):
        super(Dict, self).__init__(**kw)

    def __getattr__(self, key):
        try:
            return self[key]
        except KeyError:
            raise AttributeError(r"'Dict' object has no attribute '%s'" % key)

    def __setattr__(self, key, value):
        self[key] = value

if __name__ == '__main__':
    import doctest
    doctest.testmod()
```

运行Python mydict.py，什么输出也没有。这说明我们编写的代码没有错误。如果程序有问题，例如把__getattr__()方法注释掉，再次运行时就会报错：

```
**********************************************************************
File "mydict.py", line 7, in __main__.Dict
Failed example:
    d1.x
Exception raised:
    Traceback (most recent call last):
      ...
    AttributeError: 'Dict' object has no attribute 'x'
**********************************************************************
File "mydict.py", line 13, in __main__.Dict
Failed example:
    d2.c
Exception raised:
    Traceback (most recent call last):
      ...
    AttributeError: 'Dict' object has no attribute 'c'
**********************************************************************
```

注意最后两行代码。当模块正常导入时，不会执行doctest。只有在命令行中运行时，才执行doctest。所以，不必担心doctest会在非测试环境下执行。

由此可见，doctest非常有用，不但可用来测试，还可直接作为示例代码。通过某些文档生成工具，就可以自动把包含doctest的注释提取出来。用户查看文档时，也就看到了doctest。

9.6　本章小结

处理异常和错误是程序调试中必不可少的步骤。任何一门编程语言都需要提供异常和错误处理机制，以便节省程序的调试时间，使程序更健壮。Python语言也不例外，它向开发人员提供了完善的异常和错误处理机制。本章首先介绍了错误和异常的概念，Python的内置异常类的层次结构，requests模块相关异常，以及如何自定义异常。其次介绍了异常处理，如何捕获异常(捕获指定异常、多个异常或所有异常)，如何抛出异常，如何跳过异常，以及如何查看异常。接着介绍了一些实用的程序调试方法。最后介绍了如何编写和使用单元测试和文档测试。

9.7　思考与练习

1. 编写一个除法程序，使之能够捕获除零错误。

2. 定义函数func(filename)，其中参数filename为文件的路径。func()函数的功能是：打开文件，并且返回文件的内容，最后关闭文件，用异常处理可能发生的错误。

3. 定义函数func(listinfo)，其中参数listinfo为列表对象，例如：

listinfo=[133,88,33,22,44,11,44,55,33,22,11,11,444,66,555]

该函数返回一个列表，其中包含的元素为小于100的偶数，并且用assert语句来断言返回结果和类型。

4. 自定义一个异常类，它继承于Exception类，捕获下面的过程：判断为raw_input()输入的字符串长度是否小于5。如果小于5，比如输入长度为3，就输出"The input is of length 3,expecting at least 5"；如果大于5，就输出"print success"。

5. 编写一个用于减法运算的方法，当第一个数小于第二个数时，抛出指明"被减数不能小于减数"的异常。

第 10 章

目录和文件操作

前面的操作都是很直观地执行程序，要么在交互模式下执行，要么执行.py文件，还没有涉及文件操作。

运行程序时，用变量保存数据是一种比较通用的方法。如果希望程序运行结束后数据仍然能够保存，就不能使用变量保存数据了，需要寻找其他方式来保存数据。此时，文件就是一种不错的选择。在程序运行过程中将数据保存到文件中，程序运行结束后，相关数据就保存到文件中了。当然，这涉及文件操作。本章将详细介绍常用的目录和文件操作。

本章的学习目标：

○ 通过Python在硬盘上创建文件；
○ 通过Python从硬盘上读取文件；
○ 通过Python将需要保存的内容保存到硬盘上。

10.1 基本文件操作

操作文件和目录的函数一部分放在os模块中，另一部分放在os.path模块中。本节主要介绍文件操作。

10.1.1 打开和关闭文件

在Python中，打开文件使用的是open()函数。open()函数用于打开文件，并返回文件对象，在对文件进行处理的过程中需要使用这个函数。如果文件无法打开，会抛出 OSError异常。

open()函数的常用形式是接收两个参数：文件名(file)和模式(mode)。语法格式如下：

```
open(file, mode='r')
```

在使用open()函数时，除了file参数是必不可少的，其他参数可以选用。此处为其他参数使用了默认值。需要注意的是，使用open()函数时一定要保证关闭文件对象，即调用close()函数。

open()函数的完整语法格式为：

```
open(file, mode='r', buffering=-1, encoding=None, errors=None, newline=None, closefd=True, opener=None)
```

其中，各项参数的说明如下。

○　file：必需参数，带路径(相对或绝对)的文件名称。

○　mode：可选参数，文件打开模式。

○　buffering：用于设置缓冲策略。在二进制模式下，使用0表示切换缓冲；在文本模式下，使用1表示行缓冲(固定大小的缓冲区)。在不指定参数值的情况下，二进制文件的缓冲区大小由底层设备决定，可通过io.DEFAULT_BUFFER_SIZE获取，通常为4096或8192字节。文本文件则采用行缓冲。

○　encoding：编码或解码方式。默认编码方式取决于平台，如果需要特殊设置，可以参考codecs模块，获取编码列表。一般使用UTF-8。

○　errors：报错级别。可选参数，且不能用于二进制模式，它指定了编码错误的处理方式，可通过codecs.Codec获得编码错误字符串。

○　newline：换行控制，可取包括None、'\n'、'\r'、'\r\n'。输入时，如果参数值为None，那么行结束的标识符可以是'\n'、'\r'、'\r\n'中的任意一个，并且这三个标识符都会先转换为'\n'，之后才会被调用。

○　closefd：传入的file参数类型。为False时，当文件关闭时底层文件描述符仍然为打开状态，这是不允许的，所以，需要设置为True。

○　opener：必须返回所打开文件的描述。可以将os.open作为*opener*的结果，在功能上，类似于设置opener为None。

操作文件的流程如下：

(1) 打开文件，得到文件句柄并赋值给一个变量。

(2) 通过句柄对文件进行操作。

(3) 关闭文件。

简单示例如下：

```
#打开文件，得到文件句柄并赋值给一个变量
f=open('a.txt','r',encoding='UTF-8')        #默认打开模式为r
#通过句柄对文件进行操作
data=f.read()
#关闭文件
f.close()
```

下面是一个使用open()函数操作文件的完整示例程序：

```
filename = input("输入文件名：")
fd = open(filename, 'w')                    #以写入模式打开文件
while 1:                                    #使用while 1的形式，效率最高
    conttext = input("输入文件的内容(输入EOF结束写入)：")
    if conttext == 'EOF':
        fd.close()                          #输入EOF就退出写入，关闭文件
        break
```

```
        else:                              #写入文件内容
              fd.write(conttext)
              fd.write('\n')               #写入换行，不然会写在一行上。写入的数据必须是字符串
        fdread = open(filename)            #打开文件，默认是读模式
        print("###############开始###################")
        readconttxt = fdread.read()        #把读取的文件内容放入变量中打印
        print(readconttxt)
        print("###############结束###################")
```

10.1.2 文件模式

在上节中讲到，使用open()函数时可以选择是否传入mode参数。在前面的示例中，mode参数的值为w，这是什么意思呢？对于mode参数可以传入哪些值？具体如表10-1所示。

表10-1　文件模式

模式	描述
t	文本模式(默认)
x	写模式，新建一个文件，如果该文件已存在，就会报错
b	二进制模式
+	打开一个文件进行更新(可读、可写)
U	通用换行模式(不推荐)
r	以只读方式打开文件。文件的指针将放在文件的开头。这是默认模式
rb	以二进制格式打开一个文件，用于只读。文件指针将放在文件的开头。这是默认模式。一般用于非文本文件，如图片等
r+	打开一个文件，用于读写。文件指针将放在文件的开头
rb+	以二进制格式打开一个文件，用于读写。文件指针将放在文件的开头。一般用于非文本文件，如图片等
w	打开一个文件，只用于写入。如果该文件已存在，就打开该文件，并从开头开始编辑，即原有内容会被删除。如果该文件不存在，就创建新文件
wb	以二进制格式打开一个文件，只用于写入。如果该文件已存在，就打开该文件，并从开头开始编辑，即原有内容会被删除。如果该文件不存在，就创建新文件。一般用于非文本文件，如图片等
w+	打开一个文件，用于读写。如果该文件已存在，就打开该文件，并从开头开始编辑，即原有内容会被删除。如果该文件不存在，就创建新文件
wb+	以二进制格式打开一个文件，用于读写。如果该文件已存在，就打开该文件，并从开头开始编辑，即原有内容会被删除。如果该文件不存在，就创建新文件。一般用于非文本文件，如图片等
a	打开一个文件，用于追加。如果该文件已存在，文件指针将放在文件的结尾。也就是说，新的内容将被写入已有内容之后。如果该文件不存在，就创建新文件用于写入
ab	以二进制格式打开一个文件，用于追加。如果该文件已存在，文件指针将放在文件的结尾。也就是说，新的内容将被写入已有内容之后。如果该文件不存在，就创建新文件用于写入
a+	打开一个文件，用于读写。如果该文件已存在，文件指针将放在文件的结尾。文件在打开时会处于追加模式。如果该文件不存在，就创建新文件用于读写
ab+	以二进制格式打开一个文件，用于追加。如果该文件已存在，文件指针将放在文件的结尾。如果该文件不存在，就创建新文件用于读写

使用open()函数时，明确指定读模式和什么模式都不指定的效果是一样的。使用写模式可以向文件写入内容。+参数可用于其他任何模式中，以指明读写都是允许的。例如，w+可在打开文件时用于文件的读写。

当参数带有字母b时，表示可用于读取二进制文件。Python在一般情况下处理的都是文本文件，当然有时也避免不了处理其他格式的文件。

open()函数默认为文本模式，如果要以二进制模式打开，需加上字母b。

10.1.3　缓冲

缓冲一般是指内存，计算机从内存中读取数据的速度远远大于从磁盘读取数据的速度，一般内存大小远小于磁盘大小，内存的速度比较快，但资源比较紧张，所以有必要对数据进行缓冲设置。

将文件内容写入硬件设备时，会使用系统调用，但这类I/O操作时间较长。为了减少I/O操作，通常会使用缓冲区(有足够多的数据时才调用)。

例如打开浏览器，访问百度首页，浏览器需要通过网络I/O获取百度首页。浏览器首先会发送数据给百度服务器，以告知想要访问百度首页，这个动作是往外发送数据，叫Output；随后百度服务器把百度首页发过来，这个动作是从外面接收数据，叫Input。通常，程序完成I/O操作时会有Input和Output两个数据流。当然也有只使用一个数据流的情况，例如从磁盘读取文件到内存，只有Input操作；反过来，把数据写到磁盘文件里，只有Output操作。

文件缓冲行为分为全缓冲、行缓冲和无缓冲。当使用文件缓冲时，open()函数的设置如下：

```
open(' ', ' ', buffering = a)      # 使用buffering设置缓冲行为
```

open()函数的第三个参数用于设置文件缓冲行为。对于每种文件缓冲行为的设置如下。

- 全缓冲：a是正整数，当缓冲区大小达到a指定的大小时，写入磁盘。
- 行缓冲：设置buffering = 1，缓冲区碰到 \n 换行符时就写入磁盘。
- 无缓冲：设置buffering = 0，写多少，存多少。

示例程序如下：

```
#!/usr/bin/python3

# 设置定长缓冲区
with open('test.txt', 'w+', encoding='utf-8', buffering=20) as f:
    f.write('hello word!')
    f.write('定个小目标，挣一个亿')
    f.write('are you ok')

# 设置行缓冲
with open('test_1.txt', 'w+', encoding='utf-8', buffering=1) as f:
    f.write('hello word!\n')
    f.write('定个小目标，挣一个亿\n')
    f.write('are you ok\n')
```

```
# 设置无缓冲
# 注意，对于txt文件类型必须写缓冲区
with open('test_2.txt', 'wb+', buffering=0) as f:
    f.write(b'hello word!\n')
    f.write(b'are you ok')
```

10.2 基本文件方法

10.1节介绍了用于打开文件的open()函数，也利用该函数做了一些简单操作。在使用open()函数时，会创建文件对象，Python针对文件对象封装了一些常用的方法，如表10-2所示。

表10-2 文件对象的常用方法

方法	描述
file.close()	关闭文件。关闭后不能再对文件进行读写操作
file.flush()	刷新文件内部缓冲区，直接把内部缓冲区的数据立刻写入文件，而不是被动等待写入输出缓冲区
file.fileno()	返回一个整型的文件描述符，可用在os模块的read()方法等一些底层操作上
file.isatty()	如果文件连接到终端设备，就返回True，否则返回False
file.next()	返回文件中的下一行
file.read([size])	从文件读取指定的字节数，如果未给定或为负，则读取所有内容
file.readline([size])	读取整行，包括\n字符
file.readlines([sizeint])	读取所有行并返回列表，若给定sizeint>0，返回总和大约为sizeint字节的行，实际读取值可能比sizeint大，因为需要填充缓冲区
file.seek(offset[, whence])	设置文件当前位置
file.tell()	返回文件当前位置
file.truncate([size])	从文件首行的首字符开始截断，截断文件为size个字符，若不指定size，表示从当前位置截断；截断后，后面的所有字符被删除，其中Windows系统下的换行代表两个字符大小
file.write(str)	将字符串写入文件，返回的是写入的字符长度
file.writelines(sequence)	向文件写入一个序列，如果需要换行，就自己加入每行的换行符

在学习文件对象的常用方法前，首先了解一下流的概念，进而了解文件操作的原理。I/O编程中，流(Stream)是一个很重要的概念。可以把流想象成一根水管，数据就是水流中的水，但是只能单向流动。输入流就是数据从外面(磁盘、网络)流入内存，输出流就是数据从内存流到外面。浏览网页时，浏览器和服务器之间至少需要建立"两根水管"(输入流和输出流)，这样才能既发送数据又接收数据。

10.2.1 读和写

文件对象提供了一组访问方法。最基本的文件操作就是文件读写。文件对象主要通过read()和write()方法来读取和写入文件。

1. read()

read()方法用于从文件读取指定的字节数，如果未给定该值或为负，则读取所有内容。语法格式如下：

```
fileObject. read([size]);
```

其中，参数size指定从文件中读取的字节数。read()方法返回的是从字符串中读取的字节。read([size])方法从文件当前位置开始读取size字节，如果不指定参数size，则表示读取至文件结束为止，范围为字符串对象，输出结果是字符串，在使用该字符串时需要对这个字符串进行分隔处理。

下面通过示例讲解如何使用read()方法读取文件内容。假设有一个文件test.txt，内容如下：

```
这是第一行
这是第二行
这是第三行
这是第四行
这是第五行
```

下面通过read()方法读取该文件，示例程序如下：

```
#!/usr/bin/python3

# 打开文件
fo = open("test.txt", "r+")              #若报编码错，添加参数encoding = "UTF-8"
print("文件名为：", fo.name)
line = fo.read(10)
print("读取的字符串：%s" % (line))
# 关闭文件
fo.close()
```

执行以上程序，输出结果如下：

```
文件名为：test.txt
读取的字符串：这是第一行
这是第二
```

2. readline()

readline()方法用于从文件读取整行，包括\n字符。如果指定size参数为一个非负数，则返回指定大小的字节数，包括\n字符。语法格式如下：

```
fileObject.readline(size);
```

其中，size参数指定从文件中读取的字节数。readline()方法返回的是从字符串中读取的字节。从字面意思可以看出，readline()方法每次读取一行内容，所以，读取时占用的内存较小，比较适合大文件。readline()方法返回一个字符串对象。

下面通过示例说明readline()方法的使用。假设有如下网址列表文件urls.txt：

```
http://www.baidu.com/
http://www.baidu.com/
http://www.baidu.com/
http://www.baidu.com/
http://www.baidu.com/
```

下面通过readline()方法循环读取这个文件的内容，示例程序如下：

```
#!/usr/bin/python
# -*- coding: UTF-8 -*-

# 打开文件
fo = open("urls.txt", "r+")
print("文件名为： ", fo.name)
line = fo.readline()
print("读取第一行%s" % (line))
line = fo.readline(5)
print("读取的字符串为： %s" % (line))

# 关闭文件
fo.close()
```

执行以上程序，输出结果如下：

```
文件名为： urls.txt
读取第一行 http://www.baidu.com/

读取的字符串为： http:
```

3. readlines()

readlines()方法用于读取所有行(直到文件结束符EOF)并返回一个列表，该列表可以由Python的for… in…结构进行处理。如果碰到文件结束符EOF，则返回空字符串。语法格式如下：

```
fileObject.readlines( );
```

readlines()方法返回一个列表，其中包含所有的行。例如，使用readlines()方法读取前面的urls.txt文件，示例程序如下：

```
#!/usr/bin/python3

# 打开文件
fo = open("urls.txt", "r")
print("文件名为： ", fo.name)

for line in fo.readlines():              #依次读取每行
    line = line.strip()                  #去掉每行头尾的空白
    print("读取的数据为： %s" % (line))

# 关闭文件
fo.close()
```

执行以上程序，输出结果如下：

```
文件名为： urls.txt
读取的数据为： http://www.baidu.com/
读取的数据为： http://www.baidu.com/
读取的数据为： http://www.baidu.com/
读取的数据为： http://www.baidu.com/
读取的数据为： http://www.baidu.com/
```

由此可见，read()、readline()和readlines()方法之间的区别如下：

○ read()方法逐个读取字符，处理过程比较烦琐。

○ readline()方法每次读取一行内容，所以，读取时占用内存小，比较适合大文件，它返回一个字符串对象。

○ readlines()方法读取整个文件的所有行，并将其保存在一个列表中，每行作为一个元素，但读取大文件会比较占内存。

4. write()

write()方法用于向文件中写入指定的字符串。在文件关闭前或缓冲区刷新前，字符串内容存储在缓冲区中，这时在文件中看不到写入的内容。

如果文件打开模式带有字母b，那么写入文件内容时，str参数要用编码方法转换为字节形式，否则会报错：TypeError: a bytes-like object is required, not 'str'。

write()方法的语法格式如下：

```
fileObject.write([ str ])
```

str参数为要写入文件的字符串。write()方法返回的是写入的字符长度。以urls.txt文件为例写入内容，示例程序如下：

```
#!/usr/bin/python3

# 打开文件
fo = open("urls.txt", "r+")
print("文件名：", fo.name)

str = "6:www.csdn.com"
# 在文件末尾写入一行
fo.seek(0, 2)
line = fo.write( str )

# 读取文件所有内容
fo.seek(0,0)
for index in range(6):
    line = next(fo)
    print("文件行号%d - %s" % (index, line))

# 关闭文件
fo.close()
```

执行以上程序，输出结果如下：

```
文件名：urls.txt
文件行号0 - http://www.baidu.com/

文件行号1 - http://www.baidu.com/

文件行号2 - http://www.baidu.com/

文件行号3 - http://www.baidu.com/

文件行号4 - http://www.baidu.com/

文件行号5 - 6:www.csdn.com
```

5. close()

close()方法用于关闭已打开的文件。关闭后的文件不能再进行读写操作，否则会导致ValueError错误。close()方法允许被多次调用。

当文件对象被用于操作另一个文件时，Python会自动关闭之前的文件对象。使用close()方法关闭文件是一个良好的编程习惯。

close()方法的语法格式如下：

```
fileObject.close();
```

close()方法没有参数，也没有返回值。执行后会直接关闭所调用的文件对象。

以下示例演示了close()方法的用法：

```
#!/usr/bin/python3

# 打开文件
fo = open("urls.txt", "wb")
print("关闭的文件名为：", fo.name)

# 关闭文件
fo.close()
```

执行以上程序，输出结果如下：

```
关闭的文件名为：urls.txt
```

10.2.2 重命名

Python的os模块提供了文件和目录的重命名方法os.rename()。在对文件或目录进行重命名时，如果指定的新文件名或目录名在同一路径下已存在，将抛出OSError错误异常。os.rename()方法的语法格式如下：

```
os.rename(src, dst)
```

os.rename()方法没有返回值。以下示例演示了os.rename()方法的用法：

```
#!/usr/bin/python3

import os, sys

# 列出目录
print("目录为：%s"%os.listdir(os.getcwd()))

# 重命名
os.rename("test.txt","test2.txt")

print("重命名成功")

# 列出重命名后的目录
print("目录为：%s" %os.listdir(os.getcwd()))
```

执行以上程序，输出结果如下：

```
目录为：
[ 'a1.txt','resume.doc','a3.py','test' ]
重命名成功
[ 'a1.txt','resume.doc','a3.py','test2' ]
```

10.2.3　序列化和反序列化

每种编程语言都有各自的数据类型，其中面向对象编程语言还允许开发者自定义数据类型(如自定义类)，Python也一样。很多时候我们会有下面这样的需求：

- 把内存中各种数据类型的数据通过网络传送给其他机器或客户端。
- 把内存中各种数据类型的数据保存到本地磁盘以持久化。

如果要将一个系统中的数据通过网络传输给其他系统或客户端，通常需要先把这些数据转换为字符串或字节串，而且需要规定一种统一的数据格式才能让数据接收端正确解析并理解这些数据的含义。XML是早期被广泛使用的数据转换格式，在早期的系统集成论文中经常可以看到XML的身影。如今，大家较常用的数据转换格式是JSON(JavaScript Object Notation)，它是一种轻量级的数据交换格式。相对于XML而言，JSON更简单、易于阅读和编写，同时也易于机器解析和生成。此外，我们也可以自定义内部使用的数据转换格式。

如果想把数据持久化到本地磁盘，这部分数据通常只供系统内部使用，因此数据转换协议以及转换后的数据格式也就不再要求是标准、统一的，只要系统内部能够正确识别即可。但是，系统内部的转换协议通常会随着编程语言版本的升级而发生变化(改进算法、提高效率)，因此通常会涉及转换协议与编程语言的版本兼容问题。

将对象转换为可通过网络传输或可存储到本地磁盘的数据格式(如XML、JSON或特定格式的字节串)的过程称为序列化；反之，则称为反序列化。

Python语言内置了用于进行数据序列化的模块，如表10-3所示。

表10-3　序列化模块

模块名称	描述	接口
json	用于实现Python数据类型与通用(JSON)字符串之间的转换	dumps()、dump()、loads()、load()
pickle	用于实现Python数据类型与Python特定二进制格式之间的转换	dumps()、dump()、loads()、load()
shelve	专门用于将Python数据类型的数据持久化到磁盘，shelve类似于字典，操作十分便捷	open()

1. json模块的序列化和反序列化

大部分编程语言都会提供处理JSON数据的接口，Python 2.6中开始引入了json模块，并且把它作为内置模块提供，不必下载即可使用。

json模块的序列化与反序列化的过程分别叫作encoding和decoding。

- encoding：把Python对象转换成JSON字符串。
- decoding：把JSON字符串转换成Python对象。

json模块提供了以下两个方法来进行序列化和反序列化操作:

```
# 序列化: 将Python对象转换成JSON字符串
dumps(obj, skipkeys=False, ensure_ascii=True, check_circular=True, allow_nan=True, cls=None, indent=None,
separators=None, default=None, sort_keys=False, **kw)
# 反序列化: 将JSON字符串转换成Python对象
loads(s, encoding=None, cls=None, object_hook=None, parse_float=None, parse_int=None, parse_constant=None,
object_pairs_hook=None, **kw)
```

此外，json模块还提供了两个额外的方法，它们允许我们直接将序列化后得到的JSON数据保存到文件中，以及直接读取文件中的JSON数据进行反序列化操作:

```
#序列化: 将Python对象转换成JSON字符串并存储到文件中
dump(obj, fp, skipkeys=False, ensure_ascii=True, check_circular=True, allow_nan=True, cls=None, indent=None,
separators=None, default=None, sort_keys=False, **kw)
# 反序列化: 读取指定文件中的JSON字符串并转换成Python对象
load(fp, cls=None, object_hook=None, parse_float=None, parse_int=None, parse_constant=None,
object_pairs_hook=None, **kw)
```

在序列化和反序列化操作过程中，JSON与Python之间数据类型的对应关系如表10-4和表10-5所示。

表10-4　Python对象转换成JSON字符串

Python	JSON
字典	对象
列表、元组	数组
字符串	字符串
int、float、派生于int和float类型的枚举	数字
True	True
False	False
None	Null

表10-5　JSON字符串转换成Python对象

JSON	Python
对象	字典
数组	列表
字符串	字符串
数字(整型)	int
数字(实数)	float
True	True
False	False
Null	None

需要注意的是:

❍　Python字典中的键(非字符串)在转换成JSON字符串时都会被转换为小写字符串。

❍　Python中的元组在序列化时会被转换为数组，但在反序列化时，数组会被转换为列表。

由以上两点可知，当Python对象中包含元组数据或字典，且字典中存在非字符串形式的键时，反序列化后得到的结果与原来的Python对象是不一致的。

对于Python内置的数据类型(如字符串、Unicode、int、float、bool、None、列表、元组、字典)，json模块可以直接进行序列化/反序列化处理；对于自定义类的对象进行序列化和反序列化时，需要我们自定义方法来完成对象和字典之间的转换。

下面是使用json模块序列化stu对象的示例：

```
>>> import json
>>> obj2dict(stu)
{'sno': 1, '__module__': '__main__', 'age': 19, '__class__': 'Student', 'name': 'Tom'}
>>> json.dumps(obj2dict(stu))
'{"sno": 1, "__module__": "__main__", "age": 19, "__class__": "Student", "name": "Tom"}'
>>> json.dumps(stu, default=obj2dict)
'{"sno": 1, "__module__": "__main__", "age": 19, "__class__": "Student", "name": "Tom"}'
```

下面是一个反序列化示例：

```
>>> json.loads('{"sno": 1, "__module__": "__main__", "age": 19, "__class__": "Student", "name": "Tom"}')
{u'sno': 1, u'__module__': u'__main__', u'age': 19, u'name': u'Tom', u'__class__': u'Student'}
>>> dict2obj(json.loads('{"sno": 1, "__module__": "__main__", "age": 19, "__class__": "Student", "name": "Tom"}'))
Student [name: Tom, age: 19, sno: 1]
>>> json.loads('{"sno": 1, "__module__": "__main__", "age": 19, "__class__": "Student", "name": "Tom"}',
object_hook=dict2obj)
Student [name: Tom, age: 19, sno: 1]
```

2. pickle模块的序列化和反序列化

pickle模块实现了用于对Python对象进行序列化和反序列化的二进制协议，与json模块不同的是，pickle模块的序列化和反序列化过程分别叫作pickling和unpickling。

- ○　pickling是将Python对象转换为字节流的过程。
- ○　unpickling是将字节流或字节对象转换回Python对象的过程。

1) pickle模块与json模块对比

- ○　JSON是一种文本序列化格式(输出的是Unicode文件，大多数时候会被编码为UTF-8)，而pickle是一种二进制序列化格式。
- ○　JOSN是人们可以读懂的数据格式，而pickle是二进制格式，人们无法读懂。
- ○　JSON与特定的编程语言或系统无关，且在Python生态系统之外被广泛使用，而pickle使用的数据格式特定于Python。
- ○　默认情况下，JSON只能表示Python的内置数据类型，对于自定义数据类型需要做一些额外的工作；pickle可以直接表示大量的Python数据类型，包括自定义数据类型。

2) pickle模块使用的数据流格式

上面已提到，pickle使用的数据格式特定于Python。这使pickle不受限于JSON或XDR之类的外部标准，但这也意味着非Python程序可能无法重建pickled Python对象。默认情况下，pickle数据格式使用相对紧凑的二进制表示形式。如果需要最佳大小特征，可以有效地压缩pickled数据。pickletools模块包含可用于对pickle生成的数据流进行分析的工具。目前有5种不同的协议可用于pickle。使用的协议版本越高，就需要越新的Python版本以读取pickle生成的数据：

- ○　协议v0是原始的"人类可读"协议，并且向后兼容早期的Python版本。

○ 协议v1是一种旧的二进制格式，也与早期版本的Python兼容。

○ 协议v2在Python 2.3中引入，能提供更高效的pickling操作。

○ 协议v3在Python 3.0中引入，明确支持字节对象，且不能被Python 2.x进行unpickling操作；这是默认协议，也是当需要兼容其他Python 3.x版本时推荐使用的协议。

○ 协议v4在Python 3.4中引入，添加了对极大对象的支持，能对更多种类的对象执行pickling操作，并且支持对一些数据格式进行优化。

3) pickle模块提供的相关函数

pickle模块提供的几个序列化/反序列化函数与json模块提供的基本一致，这些函数如下：

```
# 将指定的Python对象通过pickle序列化后作为字节对象返回，而不是写入文件
dumps(obj, protocol=None, *, fix_imports=True)
# 对通过pickle序列化后得到的字节对象进行反序列化，转换为Python对象并返回
loads(bytes_object, *, fix_imports=True, encoding="ASCII", errors="strict")
# 将指定的Python对象通过pickle序列化后写入打开的文件对象，等价于'Pickler(file, protocol).dump(obj)'
dump(obj, file, protocol=None, *, fix_imports=True)
# 从打开的文件对象中读取pickled对象并返回通过pickle反序列化后得到的Python对象
load(file, *, fix_imports=True, encoding="ASCII", errors="strict")
```

使用pickle模块进行序列化与反序列化的示例程序如下：

```
>>> import pickle
>>>
>>> var_a = {'a':'str', 'c': True, 'e': 10, 'b': 11.1, 'd': None, 'f': [1, 2, 3], 'g':(4, 5, 6)}
# 序列化
>>> var_b = pickle.dumps(var_a)
>>> var_b
b'\x80\x03}q\x00(X\x01\x00\x00\x00eq\x01K\nX\x01\x00\x00\x00aq\x02X\x03\x00\x00\x00strq\x03X\x01\x00\
x00\x00fq\x04]q\x05(K\x01K\x02K\x03eX\x01\x00\x00\x00gq\x06K\x04K\x05K\x06\x87q\x07X\x01\x00\x00\
x00bq\x08G@&333333X\x01\x00\x00\x00cq\t\x88X\x01\x00\x00\x00dq\nNu.'
# 反序列化
>>> var_c = pickle.loads(var_b)
>>> var_c
{'e': 10, 'a': 'str', 'f': [1, 2, 3], 'g': (4, 5, 6), 'b': 11.1, 'c': True, 'd': None}
```

将对象内容序列化或持久化到文件中，以及从文件反序列化到程序中，示例程序如下：

```
>>> import pickle
>>>
>>> var_a = {'a':'str', 'c': True, 'e': 10, 'b': 11.1, 'd': None, 'f': [1, 2, 3], 'g':(4, 5, 6)}

# 持久化到文件
>>> with open('pickle.txt', 'wb') as f:
...     pickle.dump(var_a, f)
...

# 从文件中读取数据
>>> with open('pickle.txt', 'rb') as f:
...     var_b = pickle.load(f)
...
>>> var_b
{'e': 10, 'a': 'str', 'f': [1, 2, 3], 'g': (4, 5, 6), 'b': 11.1, 'c': True, 'd': None}
>>>
```

3. shelve模块

shelve是一种简单的数据存储方案，类似于key-value数据库，可以很方便地保存Python对象，在内部通过pickle协议实现数据的序列化。shelve模块中只有一个open()函数，这个函数用于打开指定的文件(一个持久的字典)，然后返回一个shelf对象。Shelf对象是一个持久的、类似于字典的对象。它与dbm对象的不同之处在于，value可以是任意的基本Python对象——pickle模块可以处理任何数据，包括大多数类实例、递归数据类型和包含很多共享子对象的对象；但key还是普通的字符串。

```
open(filename, flag='c', protocol=None, writeback=False)
```

flag参数表示以何种模式打开数据存储文件，可取值与dbm.open()函数一致，如表10-6所示。

表10-6　flag参数的取值及其描述

模式	描述
r	以只读模式打开一个已存在的数据存储文件
w	以读写模式打开一个已存在的数据存储文件
c	以读写模式打开一个数据存储文件，如果不存在，则创建一个
n	总是创建一个新的、空的数据存储文件，并以读写模式打开

protocol参数表示序列化数据时使用的协议版本，默认是pickle协议v3；writeback参数表示是否开启回写功能。

可以把shelf对象当作字典使用——存储、更改、查询某个键对应的数据，当操作完毕后，调用shelf对象的close()函数将其关闭。当然，也可使用上下文管理器(with语句)，避免每次都要手动调用close()函数。

下面是对自定义类型的序列化和反序列化操作：

```python
# 自定义类型
class Student(object):
    def __init__(self, name, age, sno):
        self.name = name
        self.age = age
        self.sno = sno

    def __repr__(self):
        return 'Student [name: %s, age: %d, sno: %d]' % (self.name, self.age, self.sno)

# 保存数据
tom = Student('Tom', 19, 1)
jerry = Student('Jerry', 17, 2)

with shelve.open("stu.db") as db:
    db['Tom'] = tom
    db['Jerry'] = jerry

# 读取数据
with shelve.open("stu.db") as db:
    print(db['Tom'])
    print(db['Jerry'])
```

执行以上程序，输出结果如下：

```
Student [name: Tom, age: 19, sno: 1]
Student [name: Jerry, age: 17, sno: 2]
```

下面总结一下本节介绍的3个模块：

○ json模块常用于编写Web接口，将Python数据转换为通用的JSON格式，传递给其他系统或客户端；也可用于将Python数据保存到本地文件中，缺点是以明文的形式进行保存，保密性较差。另外，如果想保存非内置数据类型，则需要编写额外的转换函数或类。

○ pickle模块和shelve模块由于使用特有的序列化协议，序列化后的数据只能被Python识别，因此只能用于Python系统内部。另外，Python 2.x和Python 3.x默认使用的序列化协议也不同，如果想要互相兼容，则需要在序列化时通过protocol参数指定协议版本。除了上面这些缺点，pickle模块和shelve模块相对于json模块的优点在于，对于自定义类型可以直接序列化和反序列化，不需要编写额外的转换函数或类。

○ shelve模块可以看作pickle模块的升级版，因为shelve使用的就是pickle的序列化协议，但是shelve比pickle提供的操作方式更简单、方便。shelve模块相对于其他两个模块在将Python数据持久化到本地磁盘时有一个很明显的优点，就是允许我们可以像操作字典一样操作序列化的数据，而不必一次性地保存或读取所有数据。

❖ 建议：

当需要与外部系统交互时，建议使用json模块；当需要将少量、简单的Python数据持久化到本地磁盘时，可以考虑使用pickle模块；当需要将大量Python数据持久化到本地磁盘或者需要一些简单的类似数据库的增删改查功能时，可以考虑使用shelve模块。

10.3　目录操作

Windows、Linux、UNIX和macOS中的文件系统有许多共同点，但是它们的某些规则、约定和功能略有不同。例如，Windows使用反斜杠将路径中的目录名称隔开，而Linux、UNIX和macOS使用正斜杠。此外，Windows使用驱动器名称，而其他系统则不使用。这些不同之处是编写跨平台程序的障碍。Python将路径和目录操作的烦琐细节隐藏在os模块中，以方便程序员使用。然而，使用os模块并不能解决所有移植问题，os模块中的一些函数并不是在所有平台上都可用。本节仅描述在所有平台上都可用的函数。

即使打算仅在一个平台上使用程序，并且预计能够避免大多数这样的问题，但如果程序很有用，也很可能某天有人会在其他平台上尝试运行。因此，最好使用os模块，它提供了许多有用的服务。不要忘记，首先要导入os模块，然后才能使用。

os模块中的函数在失败时会抛出OSError异常。如果希望程序在出错时行为友好，那么必须处理这个异常。与IOError一样，异常的字符串表示描述了遇到的问题。

10.3.1　路径

模块os包含另一个模块os.path，它提供了操作路径的函数。由于路径也是字符串，因此可以使用普通的字符串操作方法组合和分解文件路径。但是如果这样做，代码可能不易移植，也不能处理os.path知道的一些特殊情形。使用os.path操作路径，可使程序易于移植，且可以处理一些特殊情形。

使用os.path.join可将目录名称组合成路径。Python中提供了适合操作系统的路径分隔符。在使用之前不要忘记导入os.path模块。例如，输入如下代码：

```
>>> import os.path
>>> os.path.join("snakes", "Python")
'snakes\\Python'
```

在Linux系统上，在os.path.join中使用相同的参数会得到如下不同结果：

```
>>> import os.path
>>> os.path.join("snakes", "Python")
'snakes/Python'
```

可以指定两个以上的名称。

函数os.path.split()具有相反的功能，它将路径的最后一个组件提取出来。该函数返回的元组包含以下两项：父目录的路径及最后一个路径组件。示例如下：

```
>>> os.path.split("C:\\Python\\Python311\\Lib")
('C:\\Python\\Python311', 'Lib')
```

在UNIX或Linux系统上的结果如下：

```
>>> os.path.split("/usr/bin/python")
('/usr/bin', 'python')
```

自动分解序列在这里派上了用场。os.path.split()函数返回一个元组，该元组可分成几个部分，可分别赋予等号左边的组件：

```
>>> parent_path, name = os.path.split("C:\\Python\\Python311\\Lib")
>>> print(parent_path)
C:\Python Files\Python311
>>> print(name)
Lib
```

尽管os.path.split()函数仅将路径的最后部分隔开，但是有时候也许希望将一个路径完全分解为若干目录的名称。编写一个这样的函数并不困难，只需要对该路径调用os.path.split()函数，之后对父目录的路径再次调用os.path.split()函数，以此类推，直到得到根目录。实现该功能的一种得体方式是使用递归函数，形式如下：

```
def split_fully(path):
    parent_path, name = os.path.split(path)
    if name == "":
        return (parent_path, )
    else:
        return split_fully(parent_path) + (name, )
```

最关键的是最后一行，此处，函数调用自身将父目录分解成多个组件。路径的最后一个组件name被添加到完全分解的父路径后面。split_fully中间的行阻止函数无限次地调用自身。当os.path.split()函数不能继续分解路径时，它返回的第二个组件为空，split_fully注意到这一点并只返回父路径，而不再调用自身。

函数可以安全地调用自身，因为Python记录了函数的每个运行实例的参数和局部变量，即使运行实例是从另一个运行实例中调用的。在这种情形下，当split_fully调用自身时，即使内部(第二个)实例给name赋予了一个不同的值，外部(第一个)实例也不会丢失name的值，因为每个函数的运行实例都有自己的变量name的副本。当内部实例返回后，外部实例继续使用它在进行递归调用时拥有的name变量的值。

编写递归函数时，要确保它不会无限次调用自身。无限次调用自身是很糟糕的，因为永远都不会返回结果(实际上，这种情形下，Python会用完记录所有调用的空间，并抛出异常)。split_fully不会无限次调用自身，因为最终的路径足够短，并且name会变成一个空字符串，此时split-fully不会再调用自身，而是直接返回。

split-fully中有两处使用了单个元素的元组，注意必须在圆括号中包含一个逗号。没有逗号，Python会将圆括号解释为普通的分组圆括号，就像数学表达式中的圆括号那样：(name,)是一个包含单个元素的元组，但(name)与name完全相同。

以下是一个可以运行的函数：

```
>>> split_fully("C:\\Python\\Python311\\Lib")
('C:\\', 'Python', 'Python311', 'Lib')
```

当有一个文件名称时，可使用os.path.splitext()函数分解出它的扩展名：

```
>>> os.path.splitext("image.jpg")
('image', '.jpg')
```

对splitext()函数的调用会返回一个包含两个元素的元组，因此可以用上面的方式提取出扩展名：

```
>>> parts = os.path.splitext("image.jpg")
>>> extension = parts[1]
```

实际上，并不需要变量parts。可以从splitext()函数的返回值直接提取出第二个组件extension：

```
>>> extension = os.path.splitext("image.jpg")[1]
```

os.path.normpath()函数也能派上用场，它可以规范化或"清理"路径：

```
>>> print(os.path.normpath(r"C:\\Python\Perl\..\Python311"))
C:\Python\Python311
```

注意如何通过备份目录组件去掉".."，以及如何修复双分隔符。函数os.path.abspath()与os.path.normpath()类似，它将相对路径(相对于当前目录的路径)转变为绝对路径(从驱动器或文件系统的根目录开始)：

```
>>> print(os.path.abspath("other_stuff"))
C:\Python\Python311\other_stuff
```

输出取决于调用os.path.abspath()函数时的当前路径。也许你已注意到，即使在Python目录下不存在名为other_stuff的文件或目录，这个函数也可以正常工作。os.path下的所有路径操作函数都不会检查正在操作的路径是否真正存在。

可以使用os.path.exists()函数判断某个路径是否真正存在，它仅简单地返回True或False：

```
>>> os.path.exists("C:\\Windows")
True
>>> os.path.exists("C:\\Windows\\reptiles")
False
```

当然，如果使用的不是Windows，或者Windows安装在另一个目录(如C:\WinNT)中，这两个调用都会返回False。

10.3.2　目录内容

现在你知道了如何构造任意路径并且将它们分开，但是如何才能知道硬盘上实际存在哪些内容呢？os.listdir模块会返回一个目录下所有的条目，包括文件和子目录等内容。下面的代码将得到一个目录下的条目列表。在Windows系统中，可以列出Python安装目录下的内容：

```
>>> os.listdir("C:\\Python\\Python311")
['Chapter 5', 'Chapter 6', 'Chapter 7', 'DLLs', 'Doc', 'ham', 'include', 'Lib', 'libs', 'LICENSE.txt', 'maybe', 'NEWS.txt', 'python.exe', 'pythonw.exe', 'README.txt', 'tcl', 'Test', 'Test.py', 'test.txt', 'test2.txt', 'test6.txt', 'tester.py', 'test.txt', 'Tools', 'w9xpopen.exe']
```

注意，在不同机器上的运行结果有可能不同，因为显示的结果取决于目录下的文件。

如果使用其他操作系统，或者在其他目录下安装Python，请将示例中的路径替换为其他路径。使用“.”可以列出当前目录。当然，如果使用不同的目录，将会得到不同的条目列表。

无论哪种情况，都应该注意一些重要的事情。首先，返回的结果是条目的名称而不是完整路径。如果需要某个条目的完整路径，就必须使用os.path.join进行构造。其次，结果中既有文件名称又有目录名称，从os.listdir的结果中无法区分两者。最后，注意结果中不包含“.”和“..”，它们代表当前目录及其父目录的特殊目录名称。

编写一个函数，列出某个目录中的内容，但是需要打印出完整路径，而不是仅打印文件和子目录的名称，并且要求每行打印一个条目，示例程序如下：

```
def print_dir(dir_path):
    for name in os.listdir(dir_path):
        print(os.path.join(dir_path, name))
```

在os.listdir返回的列表上循环调用该函数，并且对每个条目调用os.path.join，在打印前构造完整路径。尝试下面的代码：

```
>>> print_dir("C:\\Python\\Python311")
C:\Python\Python311\DLLs
C:\Python\Python311\Doc
C:\Python\Python311\ham
C:\Python\Python311\include
```

```
C:\Python\Python311\Lib
C:\Python\Python311\libs
C:\Python\Python311\LICENSE.txt...
```

以上代码并不能保证os.listdir返回的条目列表以某种特定的方式排序，也就是说，顺序是任意的。但我们可能希望条目以某种特定顺序排序，以满足应用需求。由于是字符串列表，因此可以使用sorted()函数进行排序。

默认情况下，得到的结果按字母表排序，并区分大小写：

```
>>> sorted(os.listdir("C:\\Python\Python311"))
['DLLs', 'Doc', 'LICENSE.txt', 'Lib', 'NEWS.txt', 'README.txt', 'Removepywin32.exe', 'Scripts', 'Tools', 'include',
'libs', 'py.ico', 'pyc.ico', 'python.exe', 'pythonw.exe', 'pywin32-wininst.log', 'tcl', 'w9xpopen.exe']
```

10.3.3 获取文件信息

可以很容易地判断出路径是指向文件还是指向目录。如果指向文件，os.path.isfile将返回True；如果指向目录，os.path.isdir将返回True。如果路径不存在，它们都返回False，例如：

```
>>> os.path.isfile("C:\\Windows")
False
>>> os.path.isdir("C:\\Windows")
True
```

在某些平台上，一个目录也许包含许多其他类型的条目，如符号链接、套接字、设备等。这些条目的具体含义取决于特定的平台，相关内容比较复杂，这里不进行讨论。然而，os模块为检查这些条目提供了支持，请查阅文档以了解与平台有关的细节。

递归目录列表

可以将os.path.isdir和os.listdir结合起来实现一些有用的操作，例如，递归地处理子目录。为此，编写递归函数很有用。当函数找到子目录时，函数调用自身，列出子目录的内容：

```
def print_tree(dir_path):
    for name in os.listdir(dir_path):
        full_path = os.path.join(dir_path, name)
        print(full_path)
        if os.path.isdir(full_path):
            print_tree(full_path)
```

注意上面的函数与之前编写的print_dir()函数十分类似。但这个函数为每个条目构造了完整路径full_path，因为这既符合打印的需求，又考虑到了子目录的需求。最后两行代码检查是否是子目录，如果是，该函数就在继续运行前通过调用自身列出子目录的内容。应确保没有对一棵非常大的目录树调用该函数，否则，将不得不打印出树中每个子目录和文件的完整路径。

模块os.path中的其他函数提供了关于文件的信息。例如，os.path.getsize在不必打开和扫描某个文件的情况下以字节为单位返回该文件的大小。使用os.path.getmtime可以得到文件上次被修改的时间。返回的值是从1970年起到文件上次被修改的时间之间的秒数，而这不是用户喜欢的日期格式。必须调用另一个函数time.ctime()，将结果转换为易于理解的形式(不要忘了首先要导入time模块)。以下示例输出了Python安装目录上次被修改的时间，这可能是在计算机上安装Python的日期和时间：

```
>>> import time, os
>>> mod_time = os.path.getmtime("C:\\Python\Python311")
>>> print(time.ctime(mod_time))
MonJul 321:21:19 2023
```

现在你知道了如何修改print_dir()函数来打印目录的内容，包括每个文件的大小和修改时间。为简单起见，下面的版本只打印条目的名称，而不打印它们的完整路径：

```
def print_dir_info(dir_path):
    for name in os.listdir(dir_path):
        full_path = os.path.join(dir_path, name)
        file_size = os.path.getsize(full_path)
        mod_time = time.ctime(os.path.getmtime(full_path))
        print("%-32s: %8d bytes, modified %s" % (name, file_size, mod_time))
```

最后一条语句使用了前面介绍的Python内置的字符串格式化方法，以生成整洁的输出。如果希望输出其他文件信息，请浏览os.path模块的文档，以学习如何获取这些信息。

10.3.4　重命名、移动、复制和删除文件

模块shutil中包含操作文件的函数。可以使用函数shutil.move重命名文件：

```
>>> import shutil
>>> shutil.move("server.log", "server.log.backup")
```

也可以使用它将一个文件移到另一个目录下：

```
>>> shutil.move("old mail.txt", "C:\\data\\archive\\")
```

从上文可知，os模块也包含一个可以重命名和移动文件的函数os.rename。一般应当使用shutil.move，因为使用os.rename可能无法指定一个目录名称作为目标，而且在某些系统上，os.rename不能将文件移到另一个磁盘或文件系统中。

shutil模块还提供了copy()函数，用于将一个文件复制为具有新名称的另一个文件，或者复制到新目录下。可以简单地使用如下代码：

```
>>> shutil.copy("important.dat", "C:\\backups")
```

删除文件是最简单的操作，只需要调用os.remove：

```
>>> os.remove("junk.dat")
```

UNIX黑客可能更喜欢os.unlink，它能完成相同的删除操作。

10.3.5　创建和删除目录

创建空目录甚至比创建空文件容易，只需要调用os.mkdir就可以实现该操作。然而，要创建的目录的父目录必须先存在。如果父目录C:\photos\zoo不存在，下面的代码将抛出异常：

```
>>> os.mkdir("C:\\photos\\zoo\\snakes")
```

可以使用os.mkdir函数创建父目录，但一种更简单的方法是使用os.makedirs函数，该函数可以创建不存在的父目录。例如，下面的代码将在必要时创建C:\photos和C:\photos\zoo：

```
>>> os.makedirs("C:\\photos\\zoo\\snakes")
```

使用函数os.rmdir可删除目录。该函数仅对空目录有效，如果要删除的目录不为空，需要先删除该目录中的内容：

```
>>> os.rmdir("C:\\photos\\zoo\\snakes")
```

上面的代码仅会删除子目录snakes。

有一种方法可以在目录包含其他文件和子目录的情况下将该目录删除。函数shutil.rmtree可以实现该操作。然而，使用该函数时要谨慎。如果犯了编程或输入错误，向该函数传入错误的路径，它将删除一整组文件，你甚至不知道发生了什么情况。例如，下面的代码会删除完整的图片集：

```
>>> shutil.rmtree("C:\\photos")
```

10.3.6　文件通配符

如果使用过Windows系统的命令行提示符，或者使用过GUN/Linux、UNIX、macOS的命令行shell，可能对通配符模式较为熟悉。通配符是一些特殊字符，如*和?，可以使用它们匹配许多名称类似的文件。例如，使用模式P*可以匹配名称以P开头的所有文件，使用*.txt可以匹配所有扩展名为.txt的文件。

通配(globbing)是黑客们的行话，用来表示在文件名称模式中展开通配符。Python在模块glob中提供了名称也为glob的函数，实现了对目录内容进行通配的功能。glob.glob函数接收模式作为输入，并返回所有匹配的文件名和路径名列表，这与os.listdir类似。

> ❖ **注意：**
>
> 在Windows操作系统中，模式M*可以匹配名称以m和M开头的所有文件，因为文件名称和文件名称通配是不区分大小写的。在大多数操作系统中，通配是区分大小写的。

例如，试着使用下面的命令，列出C:\Program Files目录下名称以M开头的所有条目：

```
>>> import glob
>>> glob.glob("C:\\Program Files\\M*")
['C:\\Program Files\\Messenger', 'C:\\Program Files\\Microsoft Office', 'C:\\Program Files\\Mozilla Firefox']
```

由于计算机可能安装了不同的软件，因此输出可能与上面的不同。可以看到glob.glob返回了符合模式的包含磁盘驱动符和目录名称的路径，这与os.listdir不同，后者只返回指定目录下的名称。

表10-7列出了通配模式中可以使用的通配符。这些通配符与操作系统的命令shell中的通配符并不一定完全一致，但是Python的glob模块在所有平台上都使用相同的语法。注意，通配模式的语法与正则表达式的语法类似但不相同。

表10-7 通配符

通配符	匹配	示例
*	零个或多个任意字符	*.m*匹配扩展名以m开头的名称
?	任意单个字符	???匹配恰好包含3个字符的名称
[...]	方括号中列出的任意单个字符	[AEIOU]*匹配以大写的元音字母开头的名称
[!...]	不在方括号中出现的任意单个字符	*[!s]匹配不以s结尾的名称

也可以在方括号之间使用某个范围内的字符。例如，[m-p]匹配m、n、o、p中的任意单个字符，[!0-9]匹配数字以外的任意字符。

通配是为文件操作选择一组相似文件的较为便捷的方法。例如，要删除目录C:\source\中所有扩展名为.bak的备份文件，只需要执行如下两行代码：

```
>>> for path in glob.glob("C:\\source\\*.bak"):
...     os.remove(path)
```

相比于os.listdir，通配的功能强大得多，因为可以在目录或子目录的名称中指定通配符。对于这样的模式，glob.glob可以返回多个目录下的路径。例如，下面的代码返回当前目录的所有子目录中扩展名为.txt的文件：

```
>>> glob.glob("*\\*.txt")
```

10.4 轮换文件

下面处理更难完成的文件管理任务。假设需要保留一个文件的多个老版本。例如，系统管理员要保留老版本的系统日志文件。通常，老版本文件的名称中会有一个数字后缀，如web.log.1、web.log.2等，其中较大的数字代表较老的版本。为了给文件的新版本预留空间，这些老版本需要被轮换：目前的版本web.log变成web.log.1，而web.log.1则变成web.log.2，以此类推。

手动实现该功能非常乏味，但在Python中却可以很容易实现。有几个棘手的问题需要考虑。首先，文件的当前版本与老版本的命名方式不同：老版本有一个数字后缀，而当前版本没有。解决这个问题的一个方法是将当前版本作为版本0。函数make_version_path()负责为当前版本和老版本构造正确的路径。

另一个不易注意的问题是必须确保先重命名老版本。例如，如果在重命名web.log.2前将web.log.1重命名为web.log.2，后者将被重写，之前的内容就会丢失，这并不是我们希望的结果。对于这种情况，递归函数可以派上用场。递归函数可以调用自身，在重写下一个老版本的日志文件前进行轮换：

```
import os
import shutil

def make_version_path(path, version):
    if version == 0:
        # No suffix for version 0, the current version.
```

```
            return path
        else:
            # Append a suffix to indicate the older version.
            return path + "." + str(version)

    def rotate(path, version=0):
        # Construct the name of the version we're rotating.
        old_path = make_version_path(path, version)
        if not os.path.exists(old_path):
            # It doesn't exist, so complain.
            raise IOError("'%s' doesn't exist" % path)
        # Construct the new version name for this file.
        new_path = make_version_path(path, version + 1)
        # Is there already a version with this name?
        if os.path.exists(new_path):
            # Yes.   Rotate it out of the way first!
            rotate(path, version + 1)
        # Now we can rename the version safely.
        shutil.move(old_path, new_path)
```

下面花几分钟时间研究一下上面的代码和注释。rotate()函数使用了递归函数的通用技术：第二个参数用于处理递归情形，在这个示例中，文件的版本号被轮换，该参数的默认值为0，表示文件的当前版本。当调用rotate()函数时(与函数调用自己的情况不同)，不需要指定第二个参数的值。例如，可以直接调用rotate("web.log")。

rotate()函数检查正在被轮换的文件是否确实存在，如果不存在，则抛出异常。假设我们希望轮换一个不确定是否存在的系统日志文件，一种可能的实现方法是在该系统日志文件不存在时，创建一个空的系统日志文件。回忆一下，当以写方式打开一个并不存在的文件时，Python会自动创建它。如果没有向新文件输入内容，新文件将是空的。下面是一个用于轮换可能存在的日志文件的函数，如果不存在，则要先创建系统日志文件。

```
    def rotate_log_file(path):
        if not os.path.exists(path):
            # The file is missing, so create it.
            new_file = file(path, "w")
            # Close the new file immediately, which leaves it empty.
            del new_file
        # Now rotate it.
        rotate(path)
```

10.5　本章小结

在编程过程中，文件既可作为要处理信息的来源，也可作为处理结果的存储目的地。因此，文件及文件路径(目录)的操作尤为重要。

Python提供了一套良好的文件管理模块。本章首先介绍基本文件操作，包括打开文件、关闭文件、文件读写模式、文件读写过程中用到的缓冲。其次，介绍了基本文件方法，如读文件、写文件、重命名、对数据进行序列化，以及对持久化到文件中的信息进行反序列化以读入Python程序等。最后，介绍了目录操作，内容包括路径、目录内容、获取目录中的文件信息；目录和文件的重命名、移动、复制和删除操作；文件通配符的使用。

　　通过本章的学习，大家应能了解文件和目录在编程过程中主要用于存储什么样的信息，能够熟练掌握文件及目录操作。

10.6　思考与练习

1. 举例说明Python编程中的文件读写及相关的文件对象方法。
2. 编写程序，使用不同编码读写.txt文件。
3. 编写程序，通过传入需要遍历的目录，列出目录下的所有文件并统计文件数。
4. 编写程序，实现创建文件和追加文件内容。
5. 编写程序，删除空的文件和文件夹。

第 11 章

多线程编程

多进程和多线程是操作系统中的重要概念，主要是为了在同一时刻同时执行多个任务，以提高系统的吞吐量，提高资源利用率。

多线程编程技术可实现代码并行，优化处理能力，同时可将代码划分为功能更小的模块，使代码的可重用性更好。本章介绍Python中的多线程编程。多线程一直是Python学习中的重点和难点，因此需要反复实践和研究。

本章的学习目标：
- ○ 了解进程和线程的概念，以及多线程和多进程的概念；
- ○ 了解Python中的线程模块；
- ○ 掌握_thread模块的使用；
- ○ 掌握threading模块的使用；
- ○ 掌握线程同步的方法；
- ○ 掌握线程优先级队列；
- ○ 了解线程和进程的比较；
- ○ 掌握Python多线程编程技术的应用。

11.1 进程和线程

在学习多线程的使用之前，需要先了解任务、进程、线程、多进程和多线程的概念。

11.1.1 进程

进程(Process)是计算机中的程序在某数据集合上的一次运行活动，是系统进行资源分配和调度的基本单位，是操作系统结构的基础，有时候也称为重量级进程。在早期面向进程设计的计算机结构中，进程是程序的基本执行实体；在当代面向线程设计的计算机结构中，进程是线程的容器(有关线程的内容在11.1.2节介绍)。程序是指令、数据及其组织形式的描述，进程是程序的实体。

　　每个进程都有自己的地址空间、内存、数据栈以及记录运行轨迹的辅助数据，操作系统管理运行的所有进程，并为这些进程公平分配时间。进程可以通过fork和spawn操作完成其他任务。因为各个进程都有自己的内存空间、数据栈等，所以只能使用进程间通信(IPC)，而不能直接共享信息。

11.1.2　线程

　　线程(Thread，有时也称为轻量级进程)跟进程有些相似，不同的是，所有线程运行在同一个进程中，共享运行环境。

　　线程由开始、顺序执行和结束三部分组成，有自己的指令指针，用于记录运行到了什么地方。线程在运行中可能出现抢占(中断)情况或暂时被挂起(睡眠)，从而让其他线程运行，这称为让步。一个进程中的各个线程之间共享同一块数据空间，所以线程之间可以比进程之间更方便地共享数据和相互通信。

　　线程一般是并发执行的。正是由于这种并行和数据共享机制，使得多个任务的协作变得可能。实际上，在单CPU系统中，真正的并发并不可能，每个线程会被安排成每次只运行一小会儿，然后就把CPU让出来，让其他线程运行。

　　在进程的整个运行过程中，每个线程都只做自己的事，需要时再与其他线程共享运行结果。多个线程共同访问同一块数据空间并不是完全没有危险，由于数据访问的顺序不一样，因此可能导致数据结果不一致，这叫作竞态条件。大多数线程库中都有一系列不同原语，用于控制线程的执行和数据的访问。

11.1.3　多进程和多线程

　　很多人都听说过，现代操作系统，如macOS、UNIX、Linux、Windows等，都是支持"多任务"的操作系统。

　　什么叫"多任务"呢？简单地说，就是操作系统可以同时运行多个任务。打个比方，一边用浏览器上网，一边听MP3，一边用Word赶作业，这就是多任务，至少同时有3个任务正在运行。还有很多任务悄悄地在后台同时运行，只是桌面上没有显示而已。

　　现在，多核CPU已非常普及，但是，即使过去的单核CPU，也可以执行多任务。既然CPU在执行代码时都是顺序执行的，那么单核CPU是如何能够执行多任务的呢？

　　答案就是操作系统会轮流让各个任务交替执行，任务1执行0.01秒，切换到任务2，任务2执行0.01秒，再切换到任务3，执行0.01秒……这样反复执行下去。表面上看，每个任务都是交替执行的，但由于CPU的执行速度实在太快了，我们感觉就像所有任务都在同时执行一样。

　　真正的并行执行多任务只能在多核CPU上实现，但由于任务数量远远多于CPU的核心数量，因此操作系统会自动把很多任务轮流调度到每个核心上执行。

对于操作系统来说，任务就是进程，比如打开一个浏览器就启动了一个浏览器进程，打开一个记事本就启动了一个记事本进程，打开两个记事本就启动了两个记事本进程，打开一个Word就启动了一个Word进程。

有些进程还不只同时做一件事，如Word，可以同时进行打字、拼写检查、打印等事情。在进程内部，要同时做多件事，就需要同时运行多个"子任务"，我们把进程内的这些"子任务"称为线程。

由于每个进程至少要做一件事，因此，一个进程至少有一个线程。当然，像Word这种复杂的进程可以有多个线程，多个线程可以同时执行，多线程的执行方式和多进程是一样的，也由操作系统在多个线程之间快速切换，让每个线程都短暂地交替运行，看起来就像同时执行一样。当然，真正地同时执行多线程需要多核CPU才可能实现。

前面编写的所有Python程序，都是执行单任务的进程，也就是只有一个线程。如果要同时执行多个任务，该怎么办？通常有两种解决方案：一种是启动多个进程，每个进程虽然只有一个线程，但多个进程可以一块执行多个任务；另一种是启动一个进程，在一个进程内启动多个线程，这样，多个线程也可以一块执行多个任务。

还有第三种解决方案，就是启动多个进程，每个进程再启动多个线程，这样同时执行的任务就更多了。当然，这种模型更复杂，实际很少采用。

总之，多任务的实现有3种方式：多进程模式、多线程模式、多进程+多线程模式。

同时执行多个任务时，通常各个任务之间并不是没有关联的，而是需要相互通信和协调。有时，任务1必须暂停，等待任务2完成后才能继续执行；有时，任务3和任务4不能同时执行。所以，使用多进程和多线程的程序的复杂度要远远高于前面编写的使用单进程和单线程的程序。

由以上介绍可知，线程是最小的执行单元，而进程由至少一个线程组成。如何调度进程和线程，完全由操作系统决定，程序自己不能决定何时执行以及执行多长时间。

使用多进程和多线程的程序涉及同步、数据共享的问题，编写起来更复杂。Python既支持多进程，又支持多线程。

11.2　使用线程

如何使用线程，线程中有哪些比较值得学习的模块？本节将对线程的使用做概念性讲解，稍后再给出一些具体示例以供参考。

11.2.1　全局解释器锁

Python代码的执行由Python虚拟机(解释器主循环)控制。Python在设计之初就考虑到了在主循环中只能有一个线程执行的情况，虽然Python解释器中可以"运行"多个线程，但是在任意时刻只有一个线程在Python解释器中运行。

Python虚拟机的访问由全局解释器锁(GIL)控制，这个锁能保证同一时刻只有一个线程在运行。

在多线程环境中，Python虚拟机按以下步骤执行代码：

(1) 设置GIL。

(2) 切换到一个线程并运行。

(3) 运行指定数量的字节码指令或线程主动让出控制权(可以调用time.sleep(0))。

(4) 把线程设置为睡眠状态。

(5) 解锁GIL。

(6) 再次重复以上所有步骤。

在调用外部代码(如C/C++扩展函数)时，GIL将被锁定。直到这个函数结束为止(由于在此期间没有运行Python的字节码，因此不会进行线程切换)，编写扩展函数的程序员可以主动解锁GIL。

11.2.2　退出线程

当一个线程结束计算后，它就退出了。线程可调用_thread.exit()等退出函数，也可使用Python退出进程的标准方法(如调用sys.exit()或抛出SystemExit异常，不过不可直接"杀掉"(kill)线程。

不建议使用_thread模块退出线程，很明显的一个原因在于，当主线程退出时，其他线程并没有被清除而会强制退出。建议使用模块Threading，该模块能确保所有"重要的"子线程都退出后，进程才会结束。

11.2.3　Python的线程模块

Python提供了几个用于多线程编程的模块，包括_thread、threading和Queue等。_thread和threading模块允许程序员创建和管理线程。_thread模块提供对基本线程和锁的支持，threading模块提供更高级别、功能更强的线程管理功能。Queue模块允许用户创建可用于多个线程之间共享数据的队列数据结构。

请避免使用_thread模块，原因有3点。首先，更高级别的threading模块功能更强大，对线程的支持更完善，而且使用_thread模块中的属性可能会与threading模块发生冲突；其次，低级别的_thread模块的同步原语很少(实际上只有一个)，而threading模块有很多；最后，在主线程结束时，_thread模块中的所有线程都会被强制结束，既不会给出警告，也不会有正常的清除工作，至少threading模块能确保在重要子线程都退出后进程才退出。

11.3　_thread模块

start_new_thread()函数是_thread模块的一个关键函数。在Python中，可调用_thread模块中的start_new_thread()函数创建新线程。语法如下：

```
_thread.start_new_thread(function,args[,kwargs])
```

其中，function为线程函数；args为传递给线程函数的参数，必须是元组类型；kwargs为可选参数。

_thread模块除了创建线程，还提供锁对象(lock object，也叫原语锁、简单锁、互斥锁、互斥量、二值信号量)。同步原语与线程管理密不可分。

_thread模块中常用的线程模块函数如表11-1所示。

表11-1　_thread模块中常用的线程模块函数

线程模块函数	描述
start_new_thread(function, args kwargs=None)	创建一个新线程，在新线程中用指定的参数和可选的kwargs调用该函数
allocate_lock()	分配一个LockType类型的锁对象
exit()	让线程退出

其中，LockType类型锁对象的常用方法如表11-2所示。

表11-2　LockType类型锁对象的常用方法

方法	描述
acquire(wait=None)	尝试获取锁对象
locked()	如果获取了锁对象，返回True，否则返回False
release()	释放锁

_thread模块的示例程序如下：

```
#!/usr/bin/python
# -*-coding:UTF-8-*-

import _thread
from time import sleep
from datetime import datetime

date_time_format='%y-%M-%d %H:%M:%S'

def date_time_str(date_time):
    return datetime.strftime(date_time,date_time_format)

def loop_one():
    print('+++线程一开始于：',date_time_str(datetime.now()))
    print('+++线程一休眠4秒')
    sleep(4)
    print('+++线程一休眠结束，结束于：',date_time_str(datetime.now()))

def loop_two():
    print('***线程二开始于：',date_time_str(datetime.now()))
    print('***线程二休眠2秒')
    sleep(2)
    print('***线程二休眠结束，结束于：',date_time_str(datetime.now()))

def main():
    print('-----所有线程开始时间：',date_time_str(datetime.now()))
    _thread.start_new_thread(loop_one,())
    _thread.start_new_thread(loop_two,())
    sleep(6)
```

```
print('-----所有线程结束时间：',date_time_str(datetime.now()))

if __name__=='__main__': #__name__是所有模块的内建属性
        main()
```

执行以上程序，输出结果如下：

```
-----所有线程开始时间： 23-17-12 19:17:30
+++线程一开始于：***线程二开始于：  23-17-12 19:17:3023-17-12 19:17:30

+++线程一休眠4秒***线程二休眠2秒

***线程二休眠结束，结束于： 23-17-12 19:17:32
+++线程一休眠结束，结束于： 23-17-12 19:17:34
-----所有线程结束时间： 23-17-12 19:17:36
```

_thread模块提供了一种简单的多线程机制，两个循环并发执行，总的运行时间为最慢那个线程的运行时间，即6秒钟，而不是所有线程的运行时间之和。start_new_thread()要求至少传入两个参数，即使运行的函数不需要参数，也要传入一个空的元组。

sleep(6)负责让主线程停下来。主线程一旦运行结束，就关闭运行的其他两个线程。这可能造成主线程过早或过晚退出，这时就要使用线程锁，这样主线程可在两个子线程都退出后立即退出。示例程序如下：

```
import _thread
from time import sleep
import datetime

loops=[4,2]

def date_time_str():
    return datetime.datetime.now().strftime('%Y-%m-%d %H:%M:%S')

def loop(n_loop,n_sec,lock):
    print('线程(',n_loop,')开始执行：',date_time_str(),',先休眠(',n_sec,')秒')
    sleep(n_sec)
    print('线程(',n_loop,')休眠结束，结束于：',date_time_str())
    lock.release()

def main():
    print('…所有线程开始执行...')
    locks=[]
    n_loops=range(len(loops))
    for i in n_loops:
        lock=_thread.allocate_lock()
        lock.acquire()
        locks.append(lock)
    for i in n_loops:
        _thread.start_new_thread(loop,(i,loops[i],locks[i]))
    for i in n_loops:
        while locks[i].locked():
            pass
    print('…所有线程执行结束：',date_time_str())

if __name__=='__main__':
    main()
```

执行以上程序，输出结果如下：

```
…所有线程开始执行...
线程(线程( 01 )开始执行: )开始执行：2023-07-12 19:18:54 ,先休眠( 2023-07-12 19:18:542 ,先休眠()秒 4 )秒
线程( 1 )休眠结束，结束于：2023-07-12 19:18:56
线程( 0 )休眠结束，结束于：2023-07-12 19:18:59
…所有线程执行结束：2023-07-12 19:18:59
```

可以看到，以上程序使用了线程锁。

11.4 threading模块

threading模块不仅提供了Thread类，还提供了各种非常好用的同步机制。表11-3所示为threading模块中所有的对象。

表11-3 threading模块中所有的对象

threading模块里的对象	描述
Thread	表示执行线程的对象
Lock	锁原语对象(与thread模块中的锁对象相同)
RLock	可重入锁对象。使单线程可以再次获得已获得的锁(递归锁定)
Condition	条件变量对象，能让一个线程停下来，等待其他线程满足某个"条件"，如状态或值的改变
Event	通用的条件变量。多个线程可以等待某个事件的发生，在事件发生后，所有线程都被激活
Semaphore	为等待锁的线程提供类似于"等候室"的结构
BoundedSemaphore	与Semaphore对象类似，只是不允许超过初始值
Timer	与Thread对象类似，只是要等待一段时间后才开始运行

11.4.1 守护线程

要避免使用_thread模块的一个原因是：它不支持守护线程。当主线程退出时，所有子线程不论是否还在运行，都会被强行退出。有时我们并不期望这种行为，这就引入了守护线程的概念。

threading模块支持守护线程，其工作流程如下：守护线程一般是等待客户请求的服务器，如果没有客户提出请求，它就在那里等着。如果设定一个线程为守护线程，就表示这个线程不重要，在进程退出时，不用等待这个线程退出，正如网络编程中服务器线程运行在无限循环中一样，一般是不会退出的。

主线程要退出时，不用等待那些子线程完成，但需要设定这些子线程的daemon标志。换言之，线程开始(调用thread.start())之前，如果调用setDaemon()函数来设定线程的daemon标志(thread.setDaemon(True))，就表示这个线程"不重要"。

如果想要等待子线程完成后再退出，那就什么都不用做，或者显式地调用thread.

setDaemon(False)以保证其daemon标志为False。可以调用thread.isDaemon()函数判断daemon标志的值。

新的子线程会继承父线程的daemon标志，整个Python程序在所有的非守护线程退出后才会结束，也就是进程中没有非守护线程存在时才结束。

11.4.2　Thread对象

threading模块的Thread对象是主要的运行对象，它有很多_thread模块中没有的函数，这些函数如表11-4所示。

表11-4　Thread对象提供的函数

函数	描述
start()	开始执行线程
run()	定义线程的功能(一般会被子类重写)
join(timeout=None)	程序被挂起，直到线程结束；如果指定了timeout，则最多阻塞由timeout指定的秒数
getName()	返回线程名称
setName(name)	设置线程名称
isAlive()	布尔标志，表示线程是否还在运行中
isDaemon()	返回线程的daemon标志
setDaemon(daemonic)	将线程的daemon标志设为daemonic(一定要在调用start()函数前调用)

借助Thread对象，可以用多种方法创建线程。现在介绍3种方法(通常选择最后一种)：

(1) 创建一个Thread对象，传给它一个函数。

(2) 创建一个Thread对象，传给它一个可调用的类对象。

(3) 从Thread类派生一个子类，创建该子类的一个实例。

下面分别介绍这几种方法。

1. 创建一个Thread对象，传给它一个函数

这种方法将函数及其参数像11.3节的示例中那样传入，主要变化包括：添加了一些Thread对象；在实例化每个Thread对象时，把函数(target)和参数(args)都传入，得到返回的Thread对象。

实例化一个Thread对象后调用threading.Thread()方法，与调用thread.start_new_thread()之间的最大区别是：新线程不会立即运行。当创建了线程，但不想马上开始运行线程时，这是一个很有用的同步特性。

threading模块的Thread类有一个join()函数，允许主线程等待其他线程结束。示例程序如下：

```
#coding=UTF-8
import threading
from time import sleep, ctime

loops = [4,2]                                    #睡眠时间
```

```python
def loop(nloop, nsec):
    print('开始循环', nloop, '开始时间：', ctime())
    sleep(nsec)
    print('循环', nloop, '完成时间：', ctime())


def main():
    print('开始时间于：', ctime())
    threads = []
    nloops = range(len(loops))              #列表[0,1]

    #创建线程
    for i in nloops:
        t = threading.Thread(target=loop,args=(i,loops[i]))
        threads.append(t)

    #开始线程：所有的线程都创建之后，再一起调用start()函数来启动线程
    for i in nloops:
        threads[i].start()

    #等待所有线程结束
    for i in nloops:
        threads[i].join()

    print('所有线程结束时间：', ctime())

if __name__ == '__main__':
    main()
```

执行以上程序，输出结果如下：

```
开始时间于： Wed Jul 12 19:20:50 2023
开始循环开始循环 01 开始时间：开始时间： Wed Jul 12 19:20:50 2023Wed Jul 12 19:20:50 2023

循环 1 完成时间： Wed Jul 12 19:20:52 2023
循环 0 完成时间： Wed Jul 12 19:20:54 2023
所有线程结束时间： Wed Jul 12 19:20:54 2023
```

在运行结果中，循环0和循环1并行执行，循环1先结束，共执行2秒，循环0后结束，执行4秒，总共运行4秒。

所有线程都创建完毕后，再一起调用start()函数来启动线程，而不是创建一个就启动一个。而且，不用再管理一堆锁(分配锁、获得锁、释放锁、检查锁的状态等)，只需要简单地对每个线程调用join()函数即可。

join()会等到线程结束，或者在指定了timeout参数时，等到超时为止。使用join()比使用等待锁释放的无限循环更简单明了一些(也称"自旋锁")。

join()的另一种比较重要的用法是可以完全不调用它。一旦线程启动后，就会一直运行，直到线程所在的函数结束，退出为止。

如果主线程除了等线程结束外，还有其他事情要做(如处理或等待其他的客户请求)，就不用调用join()，仅在需要等待线程结束时才调用它。

2. 创建一个Thread对象，传给它一个可调用的类对象

与前面传入一个函数的方法相似，但这种方法会传入一个可调用的类对象，供线程启

动时执行，这是多线程编程的一种更为面向对象的方法。相对于一个或几个函数来说，由于类对象中可以使用类的功能，因此可以保存更多的信息，这种方法更灵活。

示例程序如下：

```
#coding=utf-8
import threading
import pandas
from time import sleep, ctime


loops = [4,2]

class ThreadFunc(object):

    def __init__(self,func,args,name=''):
        self.name = name
        self.func = func
        self.args = args

    def __call__(self):
        self.func(*self.args)

def loop(nloop,nsec):
    print("开始循环",nloop,'循环时间：',ctime())
    sleep(nsec)
    print('循环',nloop,'完成时间：',ctime())

def main():
    print('开始时间于：',ctime())
    threads = []
    nloops = range(len(loops))

    for i in nloops:
        #调用ThreadFunc的实例化对象，创建所有线程
        t = threading.Thread(
            target = ThreadFunc(loop,(i,loops[i]),loop.__name__))
        threads.append(t)

    #开始线程
    for i in nloops:
        threads[i].start()

    #等待所有线程结束
    for i in nloops:
        threads[i].join()

    print('所有线程结束时间：', ctime())

if __name__ == '__main__':
    main()
```

执行以上程序，输出结果如下：

开始时间于：Wed Jul 12 19:22:12 2023
开始循环开始循环 01 循环时间：循环时间： Wed Jul 12 19:22:12 2023Wed Jul 12 19:22:12 2023

循环 1 完成时间： Wed Jul 12 19:22:15 2023
循环 0 完成时间： Wed Jul 12 19:22:17 2023
所有线程结束时间： Wed Jul 12 19:22:17 2023

以上程序中，传入的是一个可调用的类，而不是一个函数。创建Thread对象时会实例化一个可调用类ThreadFunc的类对象。这个类保存了函数的参数、函数本身及函数的名称字符串。

构造函数__init__()用于初始化赋值工作。

对于特殊函数__call__()，由于已有要使用的参数，因此不用再传给Thread()构造函数。

3. 从Thread类派生一个子类，创建该子类的一个实例

这种方法的关键在于如何子类化Thread类，与前面的第二种方法类似。其中，创建子类方法和调用类对象方法的最重要改变是：

(1) MyThread子类的构造函数一定要先调用基类的构造函数。

(2) 之前的特殊函数__call__()在子类中，名称要改为run()。

示例程序如下：

```python
import threading
from time import sleep, ctime

loops = [4,2]                              #睡眠时间

class MyThread(threading.Thread):

    def __init__(self, func, args, name=''):
        threading.Thread.__init__(self)
        self.name=name
        self.func=func
        self.args=args

    def run(self):                         #run()函数
        self.func(*self.args)

def loop(nloop, nsec):
    print("开始循环", nloop, '循环时间:', ctime())
    sleep(nsec)
    print('循环', nloop, '完成时间:', ctime())

def main():
    print('开始时间于： ', ctime())
    threads=[]
    nloops = range(len(loops))    #列表[0,1]

    for i in nloops:
        #将子类MyThread实例化，创建所有线程
        t = MyThread(loop, (i,loops[i]), loop.__name__)
        threads.append(t)

    #开始线程
    for i in nloops:
        threads[i].start()

    #等待所有线程结束
```

```
        for i in nloops:
            threads[i].join()

        print('所有线程完成时间:', ctime())

    if __name__ == '__main__':
        main()
```

执行以上程序，输出结果如下：

开始时间于：Wed Jul 12 19:23:22 2023
开始循环开始循环　01　循环时间:循环时间：Wed Jul 12 19:23:22 2023Wed Jul 12 19:23:22 2023

循环 1 完成时间: Wed Jul 12 19:23:24 2023
循环 0 完成时间: Wed Jul 12 19:23:26 2023
所有线程完成时间: Wed Jul 12 19:23:26 2023

除了各种同步对象和线程对象，threading模块还提供了一些函数，如表11-5所示。

表11-5　threading模块提供的其他函数

函数	描述
activeCount()	当前活动的线程对象的数量
currentThread()	返回当前线程对象
enumerate()	返回当前活动线程的列表
settrace(func)	为所有线程设置一个跟踪函数
setprofile(func)	为所有线程设置一个配置函数

11.5　线程同步

如果多个线程共同对某个数据进行修改，则可能出现不可预料的结果，为了保证数据的正确性，需要对多个线程进行同步。

使用Lock和Rlock对象可以实现简单的线程同步，这两个对象都有acquire()和release()方法，对于那些需要每次只允许一个线程操作的数据，可以将操作放到acquire()和release()方法之间。

多线程的优势在于可同时运行多个任务(至少感觉是这样)。但是当线程需要共享数据时，可能存在数据不同步的问题。

考虑这样一种情况：一个列表中的所有元素都是0，线程set从后向前把所有元素改成1，而线程print负责从前往后读取列表并打印。那么，可能线程set刚开始更改元素时，线程print便打印列表了，输出就成了一半0、一半1，这就导致数据的不同步。为了避免这种情况，引入了锁的概念。

锁有两种状态——锁定和未锁定。每当一个线程(如set)要访问共享数据时，必须先获得锁定；如果已有其他线程(如print)获得了锁定，就让线程set暂停，也就是同步阻塞；等到线程print访问完毕，释放锁以后，再让线程set继续。

经过这样的处理后，打印列表时要么全部输出0，要么全部输出1，不会再出现一半0、一半1的尴尬结果。

示例程序如下：

```
#coding=utf-8
#!/usr/bin/python

import threading
import time

class myThread (threading.Thread):

    def __init__(self, threadID, name, counter):
        threading.Thread.__init__(self)
        self.threadID = threadID
        self.name = name
        self.counter = counter

    def run(self):
        print("开始 " + self.name)
        # 获得锁，成功获得锁定后返回True
        # 可选的timeout参数不填时将一直阻塞直到获得锁定
        # 否则超时后将返回False
        threadLock.acquire()
        print_time(self.name, self.counter, 3)
        # 释放锁
        threadLock.release()

def print_time(threadName, delay, counter):
    while counter:
        time.sleep(delay)
        print("%s: %s" % (threadName, time.ctime(time.time())))
        counter -= 1

threadLock = threading.Lock()
threads = []

# 创建新线程
thread1 = myThread(1, "Thread-1", 1)
thread2 = myThread(2, "Thread-2", 2)

# 启动新线程
thread1.start()
thread2.start()

# 添加线程到线程列表
threads.append(thread1)
threads.append(thread2)

# 等待所有线程完成
for t in threads:
    t.join()
print("退出主线程")
```

执行以上程序，输出结果如下：

开始 Thread-1开始 Thread-2

Thread-1: Wed Jul 12 19:24:15 2023

```
Thread-1: Wed Jul 12 19:24:16 2023
Thread-1: Wed Jul 12 19:24:17 2023
Thread-2: Wed Jul 12 19:24:19 2023
Thread-2: Wed Jul 12 19:24:21 2023
Thread-2: Wed Jul 12 19:24:23 2023
退出主线程
```

由执行结果可以看到，程序的执行已正确同步。

11.6　Queue模块

Queue模块可用于线程间的通信，让各线程之间共享数据。

Python的Queue模块提供了同步、线程安全的队列类，包括FIFO(先入先出)队列Queue、LIFO(后入先出)队列LifoQueue和优先级队列PriorityQueue。这些队列都实现了锁原语，能够在多线程中直接使用。可以使用队列实现线程间的同步。

Queue模块中的常用方法如表11-6所示。

表11-6　Queue模块中的常用方法

方法	描述
queue.qsize()	返回队列的大小
queue.empty()	如果队列为空，返回True，否则返回False
queue.full()	如果队列已满，返回True，否则返回False
queue.get([block[, timeout]])	获取队列，timeout为等待时间
queue.get_nowait()	相当于queue.get(False)
queue.put(item)	写入队列，timeout为等待时间
queue.put_nowait(item)	相当于queue.put(item, False)
queue.task_done()	在完成一项工作后，queue.task_done()方法向任务已完成的队列发送一个信号
queue.join()	实际上意味着等到队列为空再执行其他操作

单向队列的示例程序如下：

```
import queue

q=queue.Queue(5)              #如果不设置长度，默认为无限长
print(q.maxsize)             #注意里面没有圆括号
q.put(123)
q.put(456)
q.put(789)
q.put(100)
q.put(111)
q.put(233)
print(q.get())
print(q.get())
```

打印时线程会阻塞，为什么呢？因为创建了5个元素长度的队列，但放进去6个元素，所以就阻塞了。如果少写一个元素，就能显示出正确的123。

后进先出队列的示例程序如下：

```
q = queue.LifoQueue()
q.put(12)
q.put(34)
print(q.get())
```

优先级队列的示例程序如下：

```
q = queue.PriorityQueue()
q.put((3,'aaaaa'))
q.put((3,'bbbbb'))
q.put((1,'ccccc'))
q.put((3,'ddddd'))
print(q.get())
print(q.get())
```

执行以上程序，输出结果如下：

```
(1, 'ccccc')
(3, 'aaaaa')
```

双向队列的示例程序如下：

```
q = queue.deque()
q.append(123)
q.append(456)
q.appendleft(780)
print(q.pop())
print(q.popleft())
```

执行以上程序，输出结果如下：

```
456
780
```

11.7　线程与进程的比较

多进程和多线程是实现多任务最常用的两种方式。下面通过线程切换、计算密集情况和异步I/O三方面来讨论这两种方式的优缺点。

首先，要实现多任务，通常会设计Master-Worker模式，Master负责分配任务，Worker负责执行任务。因此，在多任务环境下，通常是一个Master、多个Worker。

如果用多进程实现Master-Worker模式，主进程就是Master，其他进程就是Worker。

如果使用多线程实现Master-Worker模式，主线程就是Master，其他线程就是Worker。

多进程模式最大的优点就是稳定性高，因为一个子进程崩溃了，不会影响主进程和其他子进程。当然，主进程挂了所有进程也就全挂了，但是主进程只负责分配任务，挂的概率较低。著名的Apache最早就是采用多进程模式。

多进程模式的缺点是创建进程的成本高，在UNIX/Linux系统下，使用fork()调用还可行，但在Windows下创建进程的开销巨大。另外，操作系统能同时运行的进程数也是有限的，在内存和CPU的限制下，如果有几千个进程同时运行，操作系统连调度都会成问题。

虽然多线程模式通常比多进程模式快一点，但执行速度也较慢，而且，多线程模式致命的缺点就是任何一个线程挂掉都可能直接导致整个进程崩溃，因为所有线程共享进程的内存。在Windows系统下，如果一个线程执行的代码出了问题，经常可以看到这样的提示："该程序执行了非法操作，即将关闭"，其实往往是指某个线程出了问题，但是操作系统会强制结束整个进程。

11.7.1　线程切换

无论是多进程还是多线程，数量太多，效率肯定会降低。

打个比方，你正在准备中考，每天晚上需要做语文、数学、英语、物理和化学5科作业，每科作业耗时1小时。

如果先花1小时做语文作业，接着花1小时做数学作业，这样依次全部做完，一共花5个小时，这种方式称为单任务模型或批处理任务模型。

如果打算切换到多任务模型，可以先做1分钟语文作业，切换到数学作业做1分钟，再切换到英语作业做1分钟，以此类推，只要切换速度足够快，这种方式就类似于单核CPU执行多任务。

不过切换作业是有代价的，比如从语文切换到数学，要先收拾桌子上的语文课本和钢笔(保存现场)，然后打开数学课本，找出圆规、尺子(准备新环境)，才能开始做数学作业。操作系统在切换进程或线程时也一样，需要先保存当前执行的现场环境(CPU寄存器状态、内存页等)，然后把新任务的执行环境准备好(恢复上次CUP寄存器的状态、切换内存页等)，才能开始执行。这个切换过程虽然很快，但也需要耗费时间。如果有几千个任务同时进行，操作系统可能主要忙着切换任务，根本没有多少时间执行任务。这种情况最常见的就是硬盘狂响，单击窗口无反应，系统处于假死状态。

所以，多任务一旦达到某个限度，就会消耗系统所有资源，导致效率急剧下降，所有任务都无法完成。

11.7.2　计算密集型与IO密集型

是否采用多任务的另一考虑是任务的类型。我们可以把任务分为计算密集型和IO密集型两种。

计算密集型任务的特点是要进行大量的计算，消耗CPU资源，如计算圆周率、对视频进行高清解码，等等，完成这种任务全靠CPU的运算能力。这种计算密集型任务虽然也可用多任务完成，但是任务越多，花在任务切换上的时间就越多，CPU执行任务的效率就越低。所以，要最高效地利用CPU，计算密集型任务同时进行的数量应当等于CPU的核心数。

计算密集型任务由于主要消耗CPU资源，因此代码运行效率至关重要。Python这样的脚本语言运行效率很低，完全不适合计算密集型任务。对于计算密集型任务，最好用C语言编写。

涉及网络、磁盘IO的任务都是IO密集型任务，这类任务的特点是CPU消耗很少，任务的大部分时间都在等待IO操作完成(因为IO的速度远远低于CPU和内存的速度)。对于IO

密集型任务，任务越多，CPU效率越高，但也有限度。常见的大部分任务都是IO密集型任务，如Web应用。

IO密集型任务执行期间，99%的时间都花在IO上，花在CPU上的时间很少。因此，用运行速度极快的C语言替换Python这样运行速度极低的脚本语言，完全无法提升运行效率。对于IO密集型任务，最合适的语言就是开发效率最高(代码量最少)的语言，脚本语言是首选，C语言开发效率最差。

11.7.3　异步IO

考虑到CPU和IO之间巨大的速度差异，一个任务在执行的过程中大部分时间都在等待IO操作，单进程或单线程模型会导致其他任务无法并行执行，因此，我们需要多进程或多线程模型来支持多任务并发执行。

现代操作系统对IO操作已做了巨大改进，最大的特点就是支持异步IO。如果能充分利用操作系统提供的异步IO支持，就可以用单进程或单线程模型来执行多任务，这种全新的模型被称为事件驱动模型，Nginx就是支持异步IO的Web服务器，它在单核CPU上采用单进程模型就可以高效地支持多任务。在多核CPU上，可以运行多个进程(数量与CPU核心数相同)，充分利用多核CPU。由于系统总的进程数量十分有限，因此操作系统调度非常高效。如今，用异步IO编程模型实现多任务是主要趋势。

11.8　本章实战

本节将通过一些稍微复杂的应用实例，介绍Python中常用的多线程编程技术。

11.8.1　斐波那契数列、阶乘和加和

下面主要通过多线程的方式演示如何求斐波那契数列、阶乘和加和。首先声明threading.Thread的子类MyThread，在MyThread类中加入输出信息，除了使用apply()函数运行斐波那契数列、阶乘和加和函数，还把结果保存到self.res属性中，并创建函数getResult()获取结果。程序如下：

```
#coding=utf-8
import threading
from time import sleep, ctime

class MyThread(threading.Thread):

    def __init__(self, func, args, name=''):
        threading.Thread.__init__(self)
        self.name = name
        self.func = func
        self.args = args
```

```
        def getResult(self):
            return self.res

        def run(self):                              #run()函数
            print("Starting", self.name, 'at:', ctime())
            self.res = self.func(*self.args)
            print(self.name, 'finished at:', ctime())
```

将以上程序保存为myThread.py文件。

然后创建myThreadtest.py文件，调用前面定义的myThread.py中的MyThread类。由于这些函数运行得很快(斐波那契数列函数运行得慢些)，因此使用sleep()函数来比较它们的运行时间。实际工作中不需要添加sleep()函数。程序如下：

```
#coding=UTF-8
from myThread import MyThread      #myThread.py文件中的MyThread类
from time import sleep, ctime

#斐波那契数列函数
def fib(x):
    sleep(0.005)
    if x < 2:
        return 1
    return (fib(x-2) + fib(x-1))

#阶乘函数
def fac(x):
    sleep(0.1)
    if x < 2:
        return 1
    return (x * fac(x-1))

#加和函数
def sum(x):
    sleep(0.1)
    if x < 2:
        return 1
    return (x + sum(x-1))

funcs = [fib, fac, sum]
n = 14

def main():
    nfuncs = range(len(funcs))

    print('*****单线程方法*****')
    for i in nfuncs:
        print('Starting', funcs[i].__name__, 'at:', ctime())
        print(funcs[i](n))
        print('Finished', funcs[i].__name__, 'at:', ctime())
    print('*****结束单线程*****')

    print(' ')
    print('*****多线程方法*****')
    threads = []
    for i in nfuncs:
        #调用MyThread类的实例化对象，创建所有线程
```

```
        t = MyThread(funcs[i], (n,), funcs[i].__name__)
        threads.append(t)

    #开始线程
    for i in nfuncs:
        threads[i].start()

    #等待所有线程结束
    for i in nfuncs:
        threads[i].join()
        print(threads[i].getResult())

    print('*****结束多线程*****')

if __name__ == '__main__':
    main()
```

执行以上程序，输出结果如图11-1所示。可以看出，单线程运行10秒，多线程运行6秒。

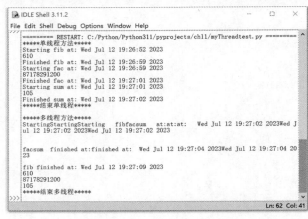

图11-1 程序运行结果

11.8.2 使用队列解决生产者/消费者模型

Queue模块实现了多生产者、多消费者的队列。当要求信息必须在多线程间安全交换时，Queue模块在进行线程编程时非常有用。Queue模块实现了所有要求的锁机制。总之，Queue模块主要是多线程，可保证线程的安全使用。下面介绍如何使用Queue模块解决生产者/消费者模型。

如图11-2所示，可以发现生产者和消费者之间用类似队列的东西串了起来。可将队列想象成存放产品的"仓库"，生产者只需要关心"仓库"，并不需要关心具体的消费者，对于生产者而言甚至都不知道这些消费者存在。对于消费者而言，他们也不需要关心具体的生产者以及到底有多少生产者，而只需要关心"仓库"中还有没有东西。这是一种松耦合模型。通过这种模型可

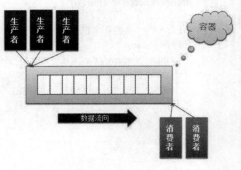

图11-2 生产者/消费者模型

以回答上面提出的第一个问题。这个模型的产生就是为了复用和解耦，比如常见的消息框架(非常经典的一种生产者/消费者模型的使用场景)ActiveMQ。发送端和接收端用Topic进行关联。Topic可以理解为"仓库"的地址，这样就可以使用点对点和广播两种方式进行消息的分发。

下面解决程序的解耦问题，以较少的资源解决高并发的情况。程序如下：

```python
import queue,threading,time

q=queue.Queue()

def product(arg):
    while True:
        q.put(str(arg)+'包子')

def consumer(arg):
    while True:
        print(arg,q.get())
        time.sleep(2)

def main():
    for i in range(3):
        t=threading.Thread(target=product,args=(i,))
        t.start()
    for j in range(20):
        t=threading.Thread(target=consumer,args=(j,))
        t.start()

if __name__ == '__main__':
    main()
```

可以执行以上程序，查看生产者/消费者模型的模拟输出。

11.8.3　子进程的使用

在Python中，可通过multiprocessing模块中的功能来模拟子进程的执行。在使用该模块时，需要引入其中的Process：

```python
from multiprocessing import Process
```

可通过Process构造子进程，语法格式如下：

```python
p = Process(target=fun,args=(args))
```

接着通过p.start()启动子进程，然后通过p.join()使子进程在运行结束后执行父进程。示例程序如下：

```python
from multiprocessing import Process
import os

# 子进程要执行的代码
def run_proc(name):
    print('Run child process %s (%s)...' % (name, os.getpid()))
```

```
if __name__=='__main__':
    print('Parent process %s.' % os.getpid())
    p = Process(target=run_proc, args=('test',))
    print('Process will start.')
    p.start()
    p.join()
    print('Process end.')
```

执行以上程序，输出结果如下：

```
Parent process 16564.
Process will start.
Process end.
```

11.8.4 进程池的使用

如果需要多个子进程，可以考虑使用进程池来管理。进程池可以提供指定数量的进程供用户调用，当有新的请求提交到进程中时，如果进程池还没有满，就会创建一个新的进程来执行该请求；但如果进程池中的进程数已达到规定的最大值，该请求就会等待，直到进程池中有进程结束，才会创建新的进程。

要使用进程池，需要引入multiprocessing模块中的Pool：

```
from multiprocessing import Pool
```

创建进程池的语法格式如下：

```
Pool([numprocess [,initializer [, initargs]]])
```

其中各项参数的含义如下。

○ numprocess：要创建的进程数，如果省略，将默认使用CPU核心数。

○ initializer：每个工作进程启动时要执行的可调用对象，默认为None。

○ initargs：要传给initializer的参数组。

关于进程池的使用，有以下常用方法。

○ p.apply(func [, args [, kwargs]])：在一个池工作进程中执行func(*args,**kwargs)，然后返回结果。需要强调的是：此操作不会在所有池工作进程中执行func()函数。如果要通过不同参数并发地执行func()函数，就必须从不同线程调用p.apply()或者使用p.apply_async()。

○ p.apply_async(func [, args [, kwargs]])：在一个池工作进程中执行func(*args,**kwargs)，然后返回结果。返回的结果是AsyncResult类的实例。

○ p.close()：关闭进程池，防止进一步操作。如果所有操作持续挂起，它们将在池工作进程终止前完成。

○ p.join()：等待所有池工作进程退出，只能在close()或terminate()之后调用该方法。

通过p.apply()使用进程池的示例程序如下：

```
from multiprocessing import Pool
import os,time
def work(n):
    print('%s run' %os.getpid())
```

```
        time.sleep(3)
        return n**2

if __name__ == '__main__':
    p=Pool(3) #在进程池中新建3个进程，以后一直是这3个进程在执行任务
    res_l=[]
    for i in range(10):
        res = p.apply(work,args=(i,))
        res_l.append(res)
print(res_l)
```

通过p. apply_async()使用进程池的示例程序如下：

```
from multiprocessing import Pool
import os, time

def long_time_task(name):
    print('Run task %s (%s)...' % (name, os.getpid()))
    start = time.time()
    time.sleep(3)
    end = time.time()
    print('Task %s runs %0.2f seconds.' % (name, (end - start)))

if __name__ == '__main__':
    print('Parent process %s.' % os.getpid())
    p = Pool()
    for i in range(5):
        p.apply_async(long_time_task, args=(i,))
    print('Waiting for all subprocesses done.')
    p.close()
    p.join()
    print('All subprocesses done.')
```

执行上面的程序，输出结果如下：

```
Parent process 4996.
Waiting for all subprocesses done.
All subprocesses done.
```

使用Pool创建子进程的方法与前面使用Process的方法不同，它是通过p.apply_async(func,args=(args))实现的，进程池中能同时运行的任务数量取决于计算机的CPU核心数，如果计算机中有4个CPU，那么子进程task0、task1、task2、task3可以同时启动，task4则在之前的某个子进程结束后才能启动。

代码中的p.close()用于关闭进程池，不再向里面添加进程，对Pool对象调用join()会等待所有子进程执行完毕，调用join()之前必须先调用close()，调用close()之后就不能继续添加新的进程了。

在上面的程序中，也可以在实例化Pool时定义子进程的数量，如果上面代码中的p=Pool(5)，那么所有子进程就可以同时运行。

11.8.5　多个子进程间的通信

进程之间是需要通信的，操作系统提供了很多机制来实现进程间的通信。Python的

multiprocessing模块包装了底层的机制，提供Queue、Pipes等多种方式来交换数据。

这里以Queue为例，在父进程中创建两个子进程，一个往Queue中写数据，另一个从Queue中读数据。示例程序如下：

```python
from multiprocessing import Process, Queue
import os, time, random

# 写数据进程执行的代码
def write(q):
    print('Process to write: %s' % os.getpid())
    for value in ['A', 'B', 'C']:
        print('Put %s to queue...' % value)
        q.put(value)
        time.sleep(random.random())

# 读数据进程执行的代码
def read(q):
    print('Process to read: %s' % os.getpid())
    while True:
        value = q.get(True)
        print('Get %s from queue.' % value)

if __name__=='__main__':
    # 父进程创建Queue，并传给各个子进程
    q = Queue()
    pw = Process(target=write, args=(q,))
    pr = Process(target=read, args=(q,))
    # 启动子进程pw，写入:
    pw.start()
    # 启动子进程pr，读取
    pr.start()
    # 等待pw结束
    pw.join()
    # pr进程中是死循环，不能等待其结束，只能强行终止
    pr.terminate()
```

执行以上程序，输出结果如下：

```
Process to write: 50563
Put A to queue...
Process to read: 50564
Get A from queue.
Put B to queue...
Get B from queue.
Put C to queue...
Get C from queue.
```

11.9 本章小结

默认情况下，Python代码都是在单进程或单线程中执行的。当CPU空闲时，这会极大地浪费资源，降低作业吞吐量。针对这种情况，Python语言提供了多线程处理机制。多线程编程技术可以实现代码并行运行，优化处理能力，同时可以将代码划分为功能更小的模

块，使代码的可重用性更好。本章首先介绍了进程和线程、多进程和多线程的概念。接着介绍了在Python中如何使用线程，如何使用_thread、threading、Queue三大模块处理线程。最后仔细对线程和进程进行了比较。通过本章的学习，大家应能在Python编程过程中熟练使用线程技术进行多任务处理。

11.10　思考与练习

1. 已知列表 info = [1,2,3,4,55,233]，编写程序，生成与列表中元素个数相同的线程对象，每个线程输出一个值，最后输出"the end"。

2. 已知列表urlinfo = ['http://www.sohu.com','http://www.163.com','http://www.sina.com']，用多线程的方式实现以下功能：

(1) 分别打开列表中的URL，输出对应网页的标题和内容。

(2) 分别打开列表中的URL，输出网页的HTTP状态码。

3. 使用多线程技术测试代码的执行时间。

4. 使用多线程技术，从线程中不断取出偶数。

5. 编程实现锁的添加和释放。

6. 编程实现以下功能：有10个刷卡机，代表10个线程，每个刷卡机每次扣除用户1元钱，计入总账，每个刷卡机每天被刷100次。刷卡机中原有500块钱，所以当天最后的总账应该为1500元。

7. 创建一个生成器对象，用该生成器对象的next()和send()方法输出结果。

8. 计算1～100 000范围内所有素数的和，要求如下：

○　编写函数，判断一个数字是否为素数。

○　使用内置函数sum()求出所有素数的和。

## 第 12 章

数据库编程

几乎所有的大规模商业系统都使用数据库来存储数据。例如，在线零售商Amazon就需要用数据库来存储销售的每件产品的信息。Python要想证明自己能够处理这类企业级应用程序，就必须能够访问和操纵数据库。

幸运的是，Python提供了一套数据库API(实现数据库编程的方法)，这是一套通用API，使开发人员可以访问大多数数据库，而不必考虑这些数据库本身的那些互不相同的本地API。这些数据库的API并没有定义使用数据库的所有方面，因此它们存在一些细微的差别。然而，在大多数情形下，可以通过Python脚本访问一些数据库，如Oracle或MySQL，而不必过分担心特定数据库的细节。

拥有一套通用的数据库API非常有用，在需要切换数据库或者让应用程序使用多种数据库，同时又不希望对代码的主要部分进行修改时特别有用。Python对数据库开发方面的支持可以完全胜任这一工作。

即使不用于网站编程，数据库也提供了一种便捷的方法，使数据存在的时间比正在运行的程序存在的时间更久(这样，当重新启动程序时，用户已输入的数据将不会丢失)，并且使查询数据和修改数据变得更简单。

本章将介绍Python支持的两个主要数据库系统：dbm持久字典和使用DB API的关系数据库。另外，本章还将描述如何安装数据库。

本章的学习目标：

○ 熟练使用dbm库创建持久字典。

○ 了解关系数据库的概念，掌握SQLite和MySQL的安装。

○ 使用Python的DB API。

○ 掌握访问数据库的相关操作，包括创建数据库连接、使用游标访问数据、查询及修改数据等。

○ 了解事务操作和错误处理。

○ 了解其他数据库工具的使用。

12.1　使用dbm创建持久字典

在很多情况下，由于应用需求比较简单，因此并不需要成熟的关系数据库，而使用通过dbm创建的持久字典就足以满足应用需求。

持久字典的行为正如开发人员预期的一样，可以用来存储键/值对。它们被保存在磁盘上，因此在程序的多次运行中，它们的数据得以持久保持。如果将数据存储到dbm支持的字典中，那么当下一次启动程序时，一旦加载dbm文件，就可以再次读取存储于指定键下的值。这些字典和标准的Python字典对象非常类似，主要区别在于数据是在磁盘上写入和读取的，另一个不同之处是键和值都必须是字符串类型。

dbm是database manager的缩写，是原来在UNIX系统中创建的许多C语言库的通用名称。这些库的名称有dbm、gdbm、ndbm、sdbm等。这些名称与Python中已有的、可提供必要功能的模块密切对应。

12.1.1　选择dbm模块

Python支持很多dbm模块。每个dbm模块都支持相似的接口，并使用一个特定的C语言库向磁盘存储数据，主要的差别在于磁盘上各个数据文件的底层二进制格式。遗憾的是，每个dbm模块创建的文件是不兼容的。也就是说，如果使用某个dbm模块创建dbm持久字典，那么必须使用相同的模块来读取数据。其他任何模块都不能处理该数据文件。表12-1给出了这些dbm模块及其说明。

表12-1　dbm模块

模块	说明
dbm	选择最合适的dbm模块
dbm.dumb	使用dbm库的一种简单但可移植的实现
dbm.gnu	使用GNU dbm库

由于dbm库的历史原因，产生了这些dbm模块。起初，dbm库只在商用版本的UNIX上提供。UNIX免费版和之后的Linux、Windows等系统都不能使用dbm库。这导致了各种替代库的产生，如Berkeley UNIX库和GNU dbm库。

由于这些文件格式不兼容，因此导致产生了过多的库，这非常令人烦恼。然而，dbm模块是一种方便的选择，可以避免选择特定的dbm模块，可以帮助我们做出选择。一般而言，在创建新的持久字典时，dbm模块会帮助我们选择系统上已有的、最佳的实现方式。当读取文件时，dbm模块会使用whichdb()函数对创建数据文件的库做出有根据的猜测。

12.1.2　创建持久字典

所有的dbm模块都支持使用open()函数创建新的dbm对象。一旦成功打开某个字典，便可以在该字典中存储数据、读取数据、关闭dbm对象(以及相关联的数据文件)、移除项、检查是否存在某个键，等等。

如果要打开dbm持久字典，可使用所选择模块的open()函数。例如，可使用dbm模块的open()函数创建持久字典，输入如下代码，并将文件命名为dbmcreate.py：

```
import dbm

db = dbm.open('websites','c')

db['www.baidu.com'] = 'baidu home page'
print(db['www.baidu.com'])
#关闭持久字典并保存到磁盘上
db.close()
```

执行以上程序，输出结果如下：

'baidu home page'

这个示例中使用了dbm模块。其中，open()函数需要用到字典的名称以创建新的字典。这个名称被转换为可能已存在于磁盘上的数据文件的名称(dbm模块可创建两个文件，通常一个文件用于数据，另一个文件用于键的索引)。字典的名称被视为基本的、包括路径的文件名称。通常，底层的dbm库将为数据附加后缀，如.dat。可通过查找以websites命名的文件来找到此类文件，它们可能就位于当前的工作目录中。

除了关键字，还需要传递可用标志，表12-2所示的是open()函数的可用标志。

表12-2　dbm模块中open()函数的可用标志

标志	用法
C	打开文件对其进行读写，必要时创建该文件
N	打开文件对其进行读写，但总是创建一个新的空文件。如果该文件已存在，它将被覆盖，已有的内容将丢失
W	打开文件对其进行读写，但如果该文件不存在，那么不会创建它

dbm模块的open()函数会返回一个新的dbm对象，可使用该对象存储和检索数据。

打开一个持久字典后，可像写入普通的Python字典那样写入值，例如：

db['www.baidu.com'] = 'baidu home page'

键和值都必须是字符串，而不能是其他对象，如数值或Python对象。但如果想保存一个对象，可使用pickle模块对它进行序列化。

上述示例的最后一行执行close()函数以关闭文件，并将数据保存到磁盘上。

12.1.3　访问持久字典

使用dbm模块时，可将open()函数返回的对象视为字典对象，通过如下语法可获取和设置值：

```
db['key'] = 'value'
value = db['key']
```

可使用del删除字典中的值，语法如下：

del db['key']

keys()方法会返回包含所有键的一个列表，语法格式如下：

```
for key in db.keys():
# do something...
```

❖ **注意：**

如果文件中包含大量的键，那么keyskeys()方法的执行可能需要较长时间。另外，对于较大的文件，keys()方法可能需要大量的内存来存储为这些文件创建的较大列表。

下面的示例展示了如何使用dbm持久字典进行编程：

```
import dbm

db = dbm.open('websites','w')
#添加另一个字典
db['www.longleding.com'] = 'longleding home page'

#验证前一个字典是否还存在
if db['www.baidu.com'] != None:
    print('发现字典www.baidu.com')
else:
    print('www.baidu.coom不存在')

#遍历字典对象
for key in db.keys():
    print("Key = ",key," value = ",db[key])

del db['www.longleding.com']
print("删除www.longleding.com之后的字典")

for key in db.keys():
    print("Key = ",key," value = ",db[key])

#关闭程序并保存到磁盘上
db.close()
```

将以上程序保存为dbmaccess.py。执行以上程序，输出结果如下：

```
发现字典www.baidu.com
Key = b'www.baidu.com'    value = b'baidu home page'
Key = b'www.longleding.com'    value = b'longleding home page'
删除www.longleding.com之后的字典：
Key = b'www.baidu.com'    value = b'baidu home page'
```

以上程序处理一个小型数据库，其中包含一些网站的URL及其描述。首先要运行前面的dbmcreate.py程序。该示例创建了dbm文件，并在dbm文件中存储数据。dbmaccess.py程序随后会打开已存在的dbm文件。

dbmaccess.py以读/写模式打开持久字典websites。如果磁盘上的当前目录中没有包含必要的数据文件，那么对open()函数的调用将产生错误。

dbmcreate.py文件的字典中会有一个值，以www.baidu.com为键。本例添加网站www.longleding.com作为另一个键。

该程序使用如下代码验证键www.baidu.com是否存在于字典中：

```
if db['www.baidu.com'] != None:
    print('发现字典www.baidu.com')
else:
    print('www.baidu.coom不存在')
```

然后打印出字典中的所有键与值：

```
for key in db.keys():
    print("Key = ",key," value = ",db[key])
```

从输出结果可以发现，此时字典中只包含两个条目。

在打印出所有条目后，使用del删除其中一个条目：

```
del db['www.longleding.com']
```

然后再次打印出所有的键与值，这时字典中只包含一个条目。

最后，使用close()关闭这个字典，将对字典的所有修改保存到磁盘上。因此，在下次打开此文件时，其状态处于关闭时的状态。

可以看到，处理持久字典的API极其简单，因为它的工作原理与文件和字典非常类似。

12.1.4　dbm与关系数据库的适用场合

当实际项目中需要存储一些键/值对时，dbm模块十分有用。如果要在键/值对中存储更复杂的数据，例如，对于字典中的键和值部分，通过创建格式化的字符串，使用逗号或其他字符来划定字符串中各项的边界，其处理过程可能就非常复杂，并且因为数据是以一种不灵活的方式存储的，所以处理起来会受到诸多限制。另一种限制是：一些dbm库对可用于值的空间进行了限制(有时达到最大值1024字节，但这仍显得非常小)。

因此，对于数据存储的选型，可以参照以下原则：

○ 如果数据需求很简单，那么使用dbm持久字典。

○ 如果计划只存储少量的数据，那么使用dbm持久字典。

○ 如果需要支持事务，那么使用关系数据库。

○ 如果需要一些复杂的数据结构或多个用于连接数据的表，那么使用关系数据库。

○ 如果需要与一个已有的系统协作，那么显然使用该系统。这个系统是关系数据库的可能性很大。

相对于dbm模块的简洁来说，关系数据库提供了更丰富而复杂的API。

其实还有另一种数据库可用，但这似乎超出了本章的讨论范围。这种数据库是ORM或对象-关系数据库，它允许数据在与关系数据库不兼容的各个类型系统间相互转换。

如果希望使用ORM，Python提供了几种选择，如SQL Object、SOLAlchemy，甚至Django ORM。

12.2　关系数据库与SQL

关系数据库的出现已有几十年了，因此它们是一种非常成熟的技术。关系数据库是进行复杂数据存储时的首选技术。

在关系数据库中，数据存储在各个表(又称数据表，可简称"表")中，表可以看作二维数据结构。每一列，或者说二维矩阵中垂直的部分，都具有相同的数据类型，如字符串、数值、日期等，这些列又称为字段。表的水平部分由一些行组成，这些行也称为记录。每行又由列组成。通常，每条记录保存与一个条目(如一张音频CD、一个人、一个订单、一辆汽车等)有关的信息。

例如，表12-3所示的就是一个简单的雇员表。

表12-3　雇员表

empid	firstname	lastname	department	manager	phone
105	Peter	Tosh	2	45	555-5555
201	Bob	Marley	1	36	555-5551

雇员表包含6列：empid为雇员ID号，firstname为雇员的名，lastname为雇员的姓，department为雇员所在工作部门的ID号，manager为部门经理的ID号，phone为办公电话号码。

在现实生活中，一家公司可能会保存关于雇员的更多信息，如税务机关识别号码(在美国是社会安全号码)、家庭住址等，但这些信息在原理上没有什么区别。

在此例中，empid是雇员ID号，用作主键。主键是表的唯一索引，其中每个元素必须是唯一的，因为数据库可能使用该元素作为给定行的键以及作为引用该行中数据的方式，这是一种与Python字典中的键和值类似的方式。因此，每个雇员需要有唯一的ID号，而且一旦有了ID号，便可查找任何雇员。因此，empid将作为表中内容的键。

department列保存雇员所在工作部门的ID号，这是另一个表中的一个字段。因为这个ID作为另一个表的键，所以可将这个ID看作外键。

例如，表12-4所示的是部门表的可能布局。

表12-4　部门表

departmentid	name	manager
1	Development	47
2	QA	32

在大公司中，数据库中可能有数百个表，某些表中有数千条甚至数百万条记录。

12.2.1　SQL语言

结构化查询语言(Structured Query Language，SQL)定义了用于查询和修改数据库的一种标准语言。SQL支持表12-5所示的基本操作。

表12-5　SQL支持的基本操作

操作	用法
Select	执行一个查询，在数据库中搜索指定的数据
Update	修改一行或若干行，通常根据特定的条件进行修改
Insert	在数据库中创建新行
Delete	从数据库中删除行

一般将这些基本操作称为QUID(Query、Update、Insert和Delete各词首字母的缩写)或CRUD(Create、Read、Update和Delete各词首字母的缩写)。虽然SQL还支持其他操作,但这些基本操作用得最多。

SQL非常重要,因为当使用Python的DB API访问数据库时,必须先创建一些SQL语句,之后才能通过数据库对它们执行这些语句。

CRUD操作的基本SQL语法如下:

```
SELECT columns FROM tables WHERE condition ORDER BY columns
ascending_or_descending
UPDATE table SET new values WHERE condition
INSERT INTO table(columns)VALUES(values)
DELETE FROM table WHERE condition
```

除了这种基本写法,每个操作还有其他很多可选的参数和说明符。如果熟悉SQL,仍然可通过Python的DB API使用它们。

以前面的雇员表为例,为了在雇员表中插入新行,可使用如下SQL语句:

```
insert into employee(empid, firstname, lastname, manager, dept, phone)
values(3, 'Bunny', 'Wailer', 2, 2, '555-5553')
```

在此例中,第一个元组顺序列出了要插入的数据的列名(即字段名);第二个元组在关键字values之后,给出第一个元组中对应列名的值列表。注意,SQL使用单引号限定字符串,数值则直接书写。

对于查询,使用*表示希望使用表中的所有列执行某个操作。例如,要查询部门表中的所有行,并显示每行的所有列,可使用如下查询语句:

```
select * from department
```

❖ 注意:

　　SQL对关键字是不区分大小写的,如SELECT和select都可使用。

上述SQL语句省略了要读取的列名及条件语句。因此,此查询将返回所有的列(通过*)和行(因为没有where子句)。

对于select命令,可通过执行连接来实现从多个表中查询数据,但是会将数据显示在响应中。因为所返回的数据来自两个表,这些数据像是从单个表中查询到的数据,所以称为连接。例如,对于每个雇员,要提取其所在部门的名称,可执行如下查询语句(作为单一查询,此语句的所有部分需要放在一个字符串中):

```
select employee.firstname, employee.lastname, department.name
from employee, department
where employee.dept = department.departmentid
order by lastname desc
```

在此例中,select语句请求来自雇员表的两列(firstname和lastname列,但是按照指定表中表名和列名的约定,这些列被指定为来自雇员表)和来自部门表的一列(department.name)。语句的order by部分指示数据库按照lastname列中的值对结果集进行降序排列。

为了简化这些查询,可使用表的别名。例如,要使用e作为雇员表的别名,查询语句如下：

```
select e.firstname, e.lastname
from employee e
...
```

可见，在from子句部分，必须将别名e置于表的名称之后。也可使用可选关键字as并采用如下格式，这样语句的可读性更强：

```
select e.firstname, e.lastname
from employee as e
...
```

可使用如下SQL语句修改(或更新)某行：

```
update employee set manager=55 where empid=3
```

这里对ID为3的雇员进行修改，将此雇员的经理设置为ID为55的雇员。与其他查询一样，数值的周围不需要引号。不过，字符串需要放在单引号内。

可使用如下SQL语句删除某行：

```
delete employee where empid=42
```

该语句会删除ID为42的雇员。

12.2.2　创建数据库

在大多数情况下，开发人员都有已启动和运行的数据库，或是所在机构提供的数据库。例如，如果在提供诸如数据库等附属配件的网站托管公司托管网站，托管程序包可能包括对MySQL数据库的访问。如果受雇于某个大型组织，那么IT部门可能已对使用的数据库进行了标准化，例如统一采用Oracle、DB2、Sybase或Informix等。如果使用Python创建企业级应用程序，那么在工作区中就已包含了这些程序包。

如果还没有任何数据库，但仍然希望继续运行本章的示例，那么使用SQLite将是不错的选择。SQLite的主要优点是随Python一起安装，简单、轻便、实用。

使用SQLite创建数据库非常简单。例如，以下程序创建了一个数据库：

```python
import os
import sqlite3
conn = sqlite3.connect('sample_database')
cursor = conn.cursor()
# Create tables
cursor.execute("""
create table employee
(empid integer,
firstname varchar,
lastname varchar,
dept integer,
manager integer,
phone varchar)
""")
cursor.execute("""
create table department
```

```
        (departmentid integer,
        name varchar,
        manager integer)
""")
cursor.execute("""
create table user
        (userid integer,
        username varchar,
        employeeid integer)
""")
# Create indices
cursor.execute("""create index userid on user (userid)""")
cursor.execute("""create index empid on employee (empid)""")
cursor.execute("""create index deptid on department (departmentid)""")
cursor.execute("""create index deptfk on employee (dept)""")
cursor.execute("""create index mgr on employee (manager)""")
cursor.execute("""create index emplid on user (employeeid)""")
cursor.execute("""create index deptmgr on department (manager)""")
conn.commit()
cursor.close()
conn.close()
```

将以上程序保存为createdb.py文件,运行后即可创建一个数据库。若创建失败,将会报错。

除了标准的Python的DB API,SQLite还具有自身的API。上述脚本就使用了SQLite API,但是请注意,这个API与Python的DB API非常类似。本节主要描述createdb.py脚本中SQLite特有的代码。

如下语句使用SQLite创建了一个connection对象:

```
conn=sqlite3.connect('sample_database')
```

这里得到一个cursor对象。cursor对象用于创建3个表,并定义这些表上的索引。

createdb.py脚本调用该连接的commit()方法将所有修改保存到磁盘上。

SQLite将所有数据保存到文件sample_database中。在运行createdb.py脚本后,可在Python目录中看到该文件。

12.2.3　定义表

第一次创建数据库时,需要定义一些表及它们之间的关系。为此,可使用SQL中称为数据定义语言(Data Definition Language,DDL)的部分。DDL使用create命令创建表,使用drop命令删除它们。语法格式如下:

```
create table tablename (column, type column type, ... )
drop table tablename
```

另外,alter table命令用于修改已有的表。对于该命令,此处不再赘述。

遗憾的是,SQL并不是完全标准的语言,而且每个数据库对各自某些部分的处理是不同的。DDL就属于还没有被标准化的SQL部分。因此,当定义表时,尽管基本概念是相同的,但不同的数据库所支持的SQL还是有所区别。

12.3 使用Python的DB API

Python对关系数据库的支持始于一些特定的解决方案，每种解决方案与每个特定的数据库(如Oracle)建立连接。每个数据库模块创建自身的API，这些API对数据库而言是高度特有的，因为每个数据库提供商都根据自己的需要发展自身的API。在把为一个数据库编写的代码移植到另一个数据库时，需要完全重新编写以及重新测试全部代码，这给程序员带来极大的麻烦，也使对每个数据库的支持变得更困难。

但经过多年的发展，Python已相当成熟，可以提供通用的数据库API，称为DB API。一些特有的模块使Python脚本能够与不同的数据库进行通信，如DB2、PostgreSQL等。然而，所有这些模块都支持通用的DB API，当编写一些访问数据库的脚本时，这使工作变得更容易。本节将介绍这种通用的DB API。

DB API提供了使用数据库的最低标准，并尽可能使用Python的结构和语法。这种API包括如下几方面：

- ❏ 连接，包含如何连接到数据库的指导原则。
- ❏ 执行语句和存储过程，使用游标查询、更新、插入和删除数据。
- ❏ 事务，支持提交和回滚事务。
- ❏ 检查数据库模块以及数据库和表结构的元数据。
- ❏ 定义一些错误的类型。

下面将详细介绍Python的DB API。

12.3.1 下载DB API模块

针对每个需要访问的数据库，必须下载相应的、单独的DB API模块。例如，如果需要访问Oracle和MySQL数据库，那么必须先下载Oracle和MySQL的DB API模块。

除了SQL Server，大多数主流数据库的相应模块都是存在的。但也可以使用ODBC模块访问SQL Server。实际上，通过在Windows上使用ODBC，或者在UNIX(包括macOS)或Linux上使用ODBC桥，mxODBC模块可以与大多数数据库进行通信。如果需要这样做，可通过在线搜索关于这些术语的更多信息来看一看其他人的做法。

请下载需要的模块，并按照各个模块自带的操作指南安装它们。

对于某些数据库，如Oracle，需要从很多彼此间稍微有些差别的模块中做出选择。应该选择那种看起来最能满足需求的模块。一旦确认所有必要的模块，便可以开始使用连接了。

12.3.2 创建连接

connection对象提供了一种在脚本与数据库程序间进行通信的方法。注意，这里假设数据库在单个进程(或若干进程)中运行。各个Python数据库模块连接到数据库，但不包括数据库程序本身。

每个数据库模块需要提供一个连接函数，它返回一个connection对象。传递给连接函数的各个参数随着模块以及与数据库通信的需要而变化。表12-6所示是最常见的参数。

表12-6　连接函数的最常见参数

参数	用法
dsn	数据源名称,来自ODBC术语,通常包括数据库的名称及其运行时所在的服务器名称
host	运行数据库的主机或网络系统名称
database	数据库的名称
user	连接到数据库的用户名
password	给定用户名的密码

例如,可使用如下代码作为指导:

```
conn = dbmodule.connect(dsn='localhost:MYDB',user='tiger',password='scott')
```

有了connection对象后,就可以使用事务了(本章稍后会介绍这方面的内容)。关闭连接以释放系统资源,特别是数据库资源,然后获取游标。

12.3.3　数据库的CRUD操作

游标是一种Python对象,它使开发人员能够操纵数据库。在数据库术语中,游标位于数据库中某个或若干表中的特定位置,有点类似于编辑文档时屏幕上的光标,不同的是光标被定位于某个像素位置。

为了获取游标,需要调用connection对象的cursor()方法:

```
cursor = conn.cursor()
```

一旦获取游标,就可以对数据库执行各种操作了,例如插入一些记录。

输入如下脚本,并将文件命名为insertdata.py:

```
import os
import sqlite3

conn = sqlite3.connect('sample_database')
cursor = conn.cursor()

# Create employees
cursor.execute("""
insert into employee(empid,firstname,lastname,manager,dept,phone)
values(1,'Eric','Foster-Johnson',1,1,'555-5555')""")

cursor.execute("""
insert into employee(empid,firstname,lastname,manager,dept,phone)
values(2,'Peter','Tosh',2,3,'555-5554')""")

cursor.execute("""
insert into employee(empid,firstname,lastname,manager,dept,phone)
values(3,'Bunny','Wailer',2,2,'555-5553')""")

# Create departments
cursor.execute("""
insert into department (departmentid,name,manager)
```

```
        values(1,'development',1)""")

        cursor.execute("""
        insert into department(departmentid,name,manager)
        values(2,'qa',2)""")

        cursor.execute("""
        insert into department(departmentid,name,manager)
        values(3,'operations',2)""")

        # Create users
        cursor.execute("""
        insert into user(userid,username,employeeid)
        values(1,'ericfj',1)""")

        cursor.execute("""
        insert into user(userid,username,employeeid)
        values(2,'tosh',2)""")

        cursor.execute("""
        insert into user(userid,username,employeeid)
        values(3,'bunny',3)""")

        conn.commit()

        cursor.close()

        conn.close()
```

当运行上述脚本时，除非产生错误，否则将看不到任何输出。

上述脚本的前几行创建了数据库连接，并创建了一个cursor对象：

```
import os
import sqlite3
conn=sqlite3.connect('sample_database')
cursor = conn.cursor()
```

注意连接到SQLite数据库的方式。如果要连接到另一个不同的数据库，可根据需要用数据库特有的模块代替此模块，并修改调用，使其使用该数据库模块的connect()函数。

接下来的几行执行一些SQL语句，将几行数据插入之前创建的3个表中：雇员表、部门表和用户表。cursor对象的execute()方法执行如下SQL语句：

```
cursor.execute("""
insert into employee(empid,firstname,lastname,manager,dept,phone)
values(2,'Peter','Tosh',2,3,'555-5554')""")
```

此例根据需要使用一个三引号字符串实现了对一些行的跨越。如果可以在多行中格式化命令，一些SQL命令，特别是那些嵌入Python脚本中的命令，将变得更容易理解。

必须提交该事务，以将所有的修改保存到数据库中：

```
conn.commit()
```

注意，应对connection对象而不是cursor对象调用commit()方法。

当脚本完成时，关闭游标和连接以释放资源。在像这样的很简短的脚本中，这一点可能看起来并不重要，但这有助于数据库程序和Python脚本释放它们的资源。

```
cursor.close()
conn.close()
```

现在已具备了少量的样本数据，可通过DB API的其他部分(如数据查询)使用它们了。下面的脚本实现了一个简单的查询，它在雇员表和部门表上执行连接操作。

```
import os
import sqlite3
conn = sqlite3.connect('sample_database')
cursor = conn.cursor()
cursor.execute("""
select employee.firstname, employee.lastname, department.name
from employee, department
where employee.dept = department.departmentid
order by employee.lastname desc
""")
for row in cursor.fetchall():
    print(row)
cursor.close()
conn.close()
```

将这段脚本保存为simplequery.py文件。当运行此脚本时，可以看到如下输出：

```
('Bunny', 'Wailer', 'qa')
('Peter', 'Tosh', 'operations')
('Eric', 'Foster-Johnson', 'development')
```

此脚本采用与之前的脚本相同的方式对connection和cursor对象进行初始化。不过，此脚本向cursor对象的execute()方法传递了一个简单的连接查询。此查询从雇员表中选择两列，从部门表中选择一列。

❖ **注意：**

这确实是一个简单的查询，但即使如此，也应该像此处显示的一样，对查询语句进行格式化，以便它们是可读的。

当处理一些用户界面时，经常需要将数据库中存储的各个ID扩展成人类可读的值。例如，在本例中，查询语句扩展了部门的ID来查询部门名称。不要期望人们能记住这些数值ID的意义。

该查询语句还按照雇员的姓对结果集进行了降序排列(这意味着以字母表的起点作为开始，这种排序方式正符合人们的习惯。但也可以使它们按升序排列)。

在调用execute()方法后，对于能够找到的那些数据，将它们存储到cursor对象中。可使用fetchall()方法提取这些数据。

❖ **注意：**

也可使用fetchone()方法从结果集中一次获取一行。

注意，这些数据显示为Python的元组：

```
('Bunny', 'Wailer', 'qa')
```

```
('Peter', 'Tosh', 'operations')
('Eric', 'Foster-Johnson', 'development')
```

可以将此例作为创建其他查询的模板。输入以下脚本，并将文件命名为finduser.py：

```
import sqlite3
conn = sqlite3.connect('sample_database')
cursor = conn.cursor()
username = 'bunny'
query = """
select u.username,e.firstname,e.lastname,m.firstname,m.lastname, d.name
from user u, employee e, employee m, department d where username=?
and u.employeeid = e.empid
and e.manager = m.empid
and e.dept = d.departmentid
"""
cursor.execute(query, (username,))
for row in cursor.fetchall():
    (username,firstname,lastname,mgr_firstname,mgr_lastname,dept) = row
    name = firstname + " " + lastname
    manager = mgr_firstname + " " + mgr_lastname
    print(username,":",name,"managed by",manager,"in",dept)
cursor.close()
conn.close()
```

当运行上述脚本时，会看到如下结果：

bunny : Bunny Wailer managed by Peter Tosh in qa

需要传递一个用户名以实现数据库中的查询。这个用户名在数据库中必须有效。在此例中，bunny是之前插入数据库中的用户名。

上述脚本执行了一个连接，它位于所有3个示例表上。另外，还通过表的别名创建了短查询。目的是通过查找用户名，找出数据库中的给定用户。此脚本也显示了如何将经理的ID扩展为经理的姓名，以及如何将部门的ID扩展为部门的名称。所有这些都使输出的可读性变得更强。

这个示例也展示了如何从每行中提取一些数据并放入Python变量。例如：

(username,firstname,lastname,mgr_firstname,mgr_lastname,dept) = row

注意，这并不是什么新内容。请参阅第3章中更多关于Python元组的信息。要说明的是，一行就是一个元组。

此脚本的一个很重要的新特征是使用了问号，这样就可使用动态数据创建查询。当调用Cursor类的execute()方法时，可以传递一个包含动态数据的元组，execute()方法将会对SQL语句中的那些问号进行填充(此例使用了只包含一个元素的元组)，使用元组中的每个元素按顺序代替问号。因此，动态数据的数量与SQL语句中问号的数量必须相同，这非常重要，如下所示：

```
query = """
select u.username,e.firstname,e.lastname,m.firstname,m.lastname, d.name
from user u, employee e, employee m, department d where username=?
and u.employeeid = e.empid
and e.manager = m.empid
and e.dept = d.departmentid
```

```
"""
cursor.execute(query, (username,))
```

当希望开始对各个表中的行进行更新时，此例中使用的查询非常有用，因为用户希望输入一些有意义的值。需要使用一些SQL语句将用户的输入转换为必要的ID。

例如，如下脚本能够对雇员的经理进行修改。

输入如下脚本，并将文件命名为updatemgr.py：

```
import sqlite3
import sys
conn = sqlite3.connect('sample_database')
cursor = conn.cursor()
newmgr = sys.argv[2]
employee = sys.argv[1]
# Query to find the employee ID.
query = """
select e.empid
from user u, employee e
where username=? and u.employeeid = e.empid
"""
cursor.execute(query,(newmgr,));
for row in cursor.fetchone():
    if (row != None):
        mgrid = row
# Note how we use the same query, but with a different name
cursor.execute(query,(employee,));
for row in cursor.fetchone():
    if (row != None):
        empid = row
# Now, modify the employee
cursor.execute("update employee set manager=? where empid=?", (mgrid,empid))
conn.commit()
cursor.close()
conn.close()
```

当运行上述脚本时，需要传递用户的姓名及其经理的姓名以进行更新。这两个姓名都是用户表中的用户名，例如：

```
C:\Python\Python311\pyprojects\ch12> python finduser.py bunny
bunny : Bunny Wailer managed by Peter Tosh in qa
C:\Python\Python311\pyprojects\ch12> python updatemgr.py bunny ericfj
C:\Python\Python311\pyprojects\ch12> python finduser.py bunny
bunny : Bunny Wailer managed by Eric Foster-Johnson in qa
```

此例的输出分别显示了雇员行更新前后的情况。

updatemgr.py脚本需要用户提供两个值：将要更新的雇员和经理的用户名。这两个名称必须是已存储在数据库中的用户名，它们通过一个简单的查询被转换为两个ID。这种做法的效率不是很高，因为包括对数据库的两次额外访问。一种效率更高的做法是在update语句中执行select语句。但为了简单起见，使用两个分开的查询更容易让人理解。

本例还显示了Cursor类的fetchone()方法的用法。最后的SQL语句对给定用户的雇员行进行了更新。

下一个示例使用一种类似的技术解雇了一名雇员。

输入如下脚本，并将文件命名为terminate.py：

```
import sqlite3
import sys
conn = sqlite3.connect('sample_database')
cursor = conn.cursor()
employee = sys.argv[1]
# Query to find the employee ID
query = """
select e.empid
from user u, employee e
where username = ? and u.employeeid = e.empid
"""
cursor.execute(query,(employee,));
for row in cursor.fetchone():
    if (row != None):
        empid = row
# Now, modify the employee.
cursor.execute("delete from employee where empid=?", (empid,))
conn.commit()
cursor.close()
conn.close()
```

当运行上述脚本时，需要传递要解雇的那个人的用户名。除非脚本产生错误，否则不会看到任何输出：

```
C:\Python\Python311\pyprojects\ch12> python finduser.py bunny
bunny : Bunny Wailer managed by Eric Foster-Johnson in qa
C:\Python\Python311\pyprojects\ch12> python terminate.py bunny
C:\Python\Python311\pyprojects\ch12> python finduser.py bunny
```

此脚本使用了与updatemgr.py脚本相同的技术，通过执行一个最初的查询得到给定用户名的雇员ID，然后在后面的SQL语句中使用此雇员ID。在最后的SQL语句中，此脚本从雇员表中删除该雇员。

12.3.4 使用事务并提交结果

对于每个连接对象，当它正在进行某项活动时，会同时管理一个事务。使用SQL时，只有在提交了事务后，数据才被更改。数据库保证要么执行所有的修改，要么不做任何修改。因此，数据库不会处于一种不确定的或可能不正确的状态。

调用连接对象的commit()方法以提交事务：

```
conn.commit()
```

注意，有关事务的各个方法是Connection类的一部分，而不是Cursor类的一部分。

如果有错误发生，比如抛出可以处理的异常，那么应调用rollback()方法以回滚事务，此操作可保证数据库恢复到启动该事务之前的状态：

```
conn.rollback()
```

对事务进行回滚的能力非常重要，因为可保证数据库在不被改变的情况下处理一些错误。另外，回滚对于测试也非常有用。可以将对大量行执行的插入、修改和删除操作作为单元测试的一部分，然后回滚事务以撤销所有更改。这使得单元测试的运行不会对数据库产生任何永久更改。另外，还允许重复运行单元测试，因为每次运行都会重置数据。

12.3.5 检查模块的功能和元数据

DB API定义了几个需要在模块级别定义的全局变量。可使用这些全局变量确定关于数据库模块的信息及其支持的一些特征。表12-7列出了这些全局变量。

表12-7　需要在模块级别定义的全局变量

全局变量	保存值
apilevel	对于DB API 2.0应该保存"2.0"，对于DB API 1.0应该保存"1.0"
paramstyle	定义了在SQL语句中如何显示动态数据的占位符，包括的值如下： "qmark" —— 使用问号，如本章中的示例所示 "numeric" —— 使用一种位置数字的方式，带有":1"":2"等 "named" —— 使用冒号和每个参数的名称，如:name "format" —— 使用ANSI C Sprintf格式代码，例如，对于字符串使用%s，对于整数使用%d "pyformat" —— 使用Python的扩展格式代码，如%(name)s

❖ **注意：**

另外，熟悉pydoc的用法是非常有益的。可使用pydoc显示关于模块(如数据库模块)的信息。

可以利用cursor对象的definition属性查看有关返回数据的信息。此信息应该是一个序列的集合，每个序列包含7个元素，对应于结果数据中的一列。这些序列包含如下各项：

(name, type_code, display_size, internal_size, precision, scale, null_ok)

除了前两项，其余各项都可使用None。

12.3.6 处理错误

对于数据库，经常会发生很多错误。DB API定义了大量存在于每个数据库模块中的错误。表12-8列出了这些错误。

表12-8　DB API定义的错误

错误	用法
Warning	用于非致命的问题，必须定义为StandardError的子类
Error	所有错误的基类，必须定义为StandardError的子类
InterfaceError	用于数据库模块中的错误，而不是数据库本身的错误，必须定义为Error的子类
DatabaseError	用于数据库中的错误，必须定义为Error的子类
DataError	DatabaseError的子类，是指数据中的错误
OperationalError	DatabaseError的子类，是指那些类似于丢失数据库连接的错误。这些错误一般在Python脚本设计者的控制之外
IntegrityError	DatabaseError的子类，用于可能破坏关系完整性的情况，如唯一性约束或外键约束

(续表)

错误	用法
InternalError	DatabaseError的子类，是指数据库模块内部的错误，例如游标未被激活
ProgrammingError	DatabaseError的子类，是指那些类似于错误的表名等由程序员造成的问题
NotSupportedError	DatabaseError的子类，是指那些试图调用不支持的功能而导致的错误

12.4　使用mysql-connector

MySQL是Web世界中使用最广泛的数据库。SQLite的特点是轻量级、可嵌入，但不能承受高并发访问，适合桌面和移动应用。MySQL是为服务器端设计的数据库，能承受高并发访问，同时占用的内存也远远大于SQLite。

此外，MySQL内部有多种数据库引擎，最常用的数据库引擎是支持数据库事务的InnoDB。本节将介绍如何使用mysql-connector来连接MySQL，mysql-connector是MySQL官方提供的驱动器。

可使用pip命令来安装mysql-connector：

```
python -m pip install mysql-connector
```

使用以下代码测试mysql-connector是否安装成功：

```
import mysql.connector
```

执行以上代码，如果没有产生错误，则表明安装成功。

12.4.1　连接MySQL数据库

通过mysql-connector连接MySQL数据库的语法格式如下：

```
mydb = mysql.connector.connect(host, user, passwd)
```

其中，host代表数据库主机地址，user代表数据库用户名，passwd代表数据库密码。执行后会返回一个mysql.connector连接对象。示例如下：

```
import mysql.connector
mydb = mysql.connector.connect(
host = "localhost",                  # 数据库主机地址
user = "root",                       # 数据库用户名
passwd = "123456"                    # 数据库密码
)
print(mydb)
```

执行以上程序，若成功，将输出以下结果：

```
<mysql.connector.connection.MySQL Connection object at 0x000001EBE12BAB70>
```

12.4.2　创建数据库

同DB API的方式一样，要操作数据库，首先要从connect对象获得游标对象，然后通过游标来创建数据库，示例程序如下：

```
import mysql.connector
mydb = mysql.connector.connect(
host = "localhost",
user = "root",
passwd = "123456"
)
mycursor = mydb.cursor()
mycursor.execute("CREATE DATABASE test")
```

执行以上程序，将会在本地MySQL服务器中创建一个空的数据库test。

要想验证数据库是否已创建成功，可使用show databases语句来查看数据库是否存在，示例程序如下：

```
import mysql.connector
mydb = mysql.connector.connect(
host = "localhost",
user = "root",
passwd = "123456"
)
mycursor = mydb.cursor()
mycursor.execute("show databases")
for x in mycursor:
    print(x)
```

执行以上代码，输出结果如下：

```
('information_schema',)
('examdb',)
('mysql',)
('performance_schema',)
('rws',)
('sys',)
('test',)
```

由此可以看到刚才创建的test数据库。

也可以直接连接数据库，如果数据库不存在，会输出错误信息，示例程序如下：

```
import mysql.connector
mydb = mysql.connector.connect(
host = "localhost",
user = "root",
passwd = "123456",
database = "test"
)
```

12.4.3　创建数据表

创建数据表需要使用create table语句，创建数据表前，需要确保数据库已存在。以下代码将创建一个名为books的数据表：

```
import mysql.connector
mydb = mysql.connector.connect(
host = "localhost",
user = "root",
passwd = "123456",
database = "test"
)
mycursor = mydb.cursor()
mycursor.execute("create table books(name VARCHAR(255), author VARCHAR(255))")
```

运行以上程序，将在test数据库中创建books数据表，如图12-1所示。

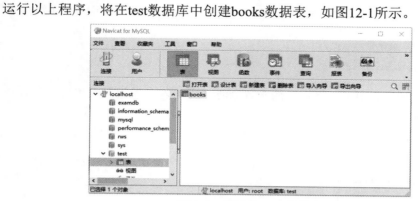

图12-1　创建的books数据表

也可使用show tables语句查看数据表是否已存在，程序如下：

```
import mysql.connector
mydb = mysql.connector.connect(
host = "localhost",
user = "root",
passwd = "123456",
database="test"
)
mycursor = mydb.cursor()
mycursor.execute("show tables")
for x in mycursor:
    print(x)
```

执行以上程序，输出结果如下：

```
('books',)
```

由此可见，已在test数据库中创建了books数据表。

12.4.4　主键设置

创建数据表时，一般都会设置主键(Primary Key)，可以使用int auto_increment primary key语句创建主键，主键的起始值为1，逐步递增。

如果已创建了数据表，就需要使用alter table给数据表添加主键，例如给books数据表添加主键，程序如下：

```
import mysql.connector
mydb = mysql.connector.connect(
host = "localhost",
user = "root",
passwd = "123456",
database = "test"
)
mycursor = mydb.cursor()
mycursor.execute("alter table books add column id int auto_increment primary key")
```

也可以在创建数据表时直接指定主键，代码如下：

```
mycursor.execute("create table sites (id int auto_increment primary key, name varchar(255), url varchar(255))")
```

12.4.5 插入数据

插入数据需要使用insert into语句。插入数据时，可插入单条记录，也可批量插入多条记录。

例如，向books数据表中插入一条记录，程序如下：

```
import mysql.connector
mydb = mysql.connector.connect(
host = "localhost",
user = "root",
passwd = "123456",
database="test"
)
mycursor = mydb.cursor()
sql = "insert into books(name, author) values (%s, %s)"
val = ("a thand", "vvv")
mycursor.execute(sql, val)
mydb.commit()                    # 数据表中的内容有更新时，必须使用该语句
print(mycursor.rowcount, "记录插入成功")
```

执行以上程序，输出结果如下：

```
1 记录插入成功
```

批量插入需要使用executemany()方法，该方法的第二个参数是一个元组列表，其中包含要插入的数据。示例程序如下：

```
import mysql.connector
mydb = mysql.connector.connect(
host = "localhost",
user = "root",
passwd = "123456",
database="test"
)
mycursor = mydb.cursor()
sql = "insert into books (name, author) values (%s, %s)"
val = [
('mylove', 'ooo'),
('mydear', 'vvv'),
('激荡三十年', '吴晓波'),
('人工智能', '李开复')
```

```
]
mycursor.executemany(sql, val)
mydb.commit()                              # 数据表中的内容有更新时，必须使用该语句
print(mycursor.rowcount, "记录插入成功。")
```

执行以上程序，输出结果如下：

4 记录插入成功

执行以上代码后，可以查看一下数据表中的记录，插入的数据记录如图12-2所示。此处要注意，如果写入的中文记录变成了问号，表示出现了数据编码问题，在实际开发中要留意这一点，当字段为char、varchar等类型时，可设置为UTF-8编码。

如果想在插入数据记录后，获取数据记录的ID，可使用以下代码：

图12-2　插入的数据记录

```
import mysql.connector
mydb = mysql.connector.connect(
host = "localhost",
user = "root",
passwd = "123456",
database="test"
)
mycursor = mydb.cursor()
sql = "insert into books(name, author) values (%s, %s)"
val = ("Zhihu", "aaa")
mycursor.execute(sql, val)
mydb.commit()
print("1条记录已插入，ID为", mycursor.lastrowid)
```

执行以上代码，输出结果如下：

1条记录已插入，ID为6

12.4.6　查询数据

查询数据需要使用select语句，示例程序如下：

```
import mysql.connector
mydb = mysql.connector.connect(
host = "localhost",
user = "root",
passwd = "123456",
database = "test"
)
mycursor = mydb.cursor()
mycursor.execute("select * from books")
myresult = mycursor.fetchall()             # 使用fetchall()获取所有记录
for x in myresult:
    print(x)
```

执行以上程序，运行结果如下：

```
('a thand', 'vvv', 1)
('mylove', 'ooo', 2)
('mydear', 'vvv', 3)
('激荡三十年', '吴晓波', 4)
('人工智能', '李开复', 5)
('Zhihu', 'aaa', 6)
```

也可以读取指定的字段，程序如下：

```
import mysql.connector
mydb = mysql.connector.connect(
host = "localhost",
user = "root",
passwd = "123456",
database="test "
)
mycursor = mydb.cursor()
mycursor.execute("select name, author from books")
myresult = mycursor.fetchall()
for x in myresult:
print(x)
```

执行以上程序，输出结果如下：

```
('a thand', 'vvv')
('mylove', 'ooo')
('mydear', 'vvv')
('激荡三十年', '吴晓波')
('人工智能', '李开复')
('Zhihu', 'aaa')
```

如果只想读取一条数据记录，可以使用fetchone()方法，程序代码如下：

```
import mysql.connector
mydb = mysql.connector.connect(
host = "localhost",
user = "root",
passwd = "123456",
database = "test"
)
mycursor = mydb.cursor()
mycursor.execute("select * from books")
myresult = mycursor.fetchone()
print(myresult)
```

执行以上程序，输出结果如下：

```
('a thand', 'vvv', 1)
```

12.4.7　where条件语句

如果要读取指定条件的数据，可以使用where语句。例如，要找出作者为"李开复"的所有图书，代码如下：

```
import mysql.connector
```

```
mydb = mysql.connector.connect(
host = "localhost",
user = "root",
passwd = "123456",
database="test"
)
mycursor = mydb.cursor()
sql = "select * from books where author ='李开复'"
mycursor.execute(sql)
myresult = mycursor.fetchall()
for x in myresult:
    print(x)
```

执行以上程序，输出结果如下：

```
('人工智能', '李开复', 5)
```

也可以使用通配符 %，示例如下：

```
import mysql.connector
mydb = mysql.connector.connect(
host="localhost",
user="root",
passwd="123456",
database="test"
)
mycursor = mydb.cursor()
sql = "select * from books where author like '%开%'"
mycursor.execute(sql)
myresult = mycursor.fetchall()
for x in myresult:
    print(x)
```

执行以上程序，输出结果和上面的示例相同。

为了防止进行数据库查询时发生SQL注入攻击，可以使用%s占位符来转义查询的条件：

```
import mysql.connector
mydb = mysql.connector.connect(
host = "localhost",
user = "root",
passwd = "123456",
database="test"
)
mycursor = mydb.cursor()
sql = "select * from books where author = %s"
na = ("李开复", )
mycursor.execute(sql, na)
myresult = mycursor.fetchall()
for x in myresult:
    print(x)
```

12.4.8 排序

要对查询结果进行排序，可以使用order by语句，默认的排序方式为升序，关键字为ASC。如果要设置降序排列，可以使用关键字DESC。

例如，要按id字段升序排列查询结果，可编写如下语句：

```
import mysql.connector
mydb = mysql.connector.connect(
host = "localhost",
user = "root",
passwd = "123456",
database="test"
)
mycursor = mydb.cursor()
sql = "select * from books order by id"
mycursor.execute(sql)
myresult = mycursor.fetchall()
for x in myresult:
    print(x)
```

执行以上程序，输出结果如下：

```
('a thand', 'vvv', 1)
('mylove', 'ooo', 2)
('mydear', 'vvv', 3)
('激荡三十年', '吴晓波', 4)
('人工智能', '李开复', 5)
('Zhihu', 'aaa', 6)
```

要按id字段降序排列查询结果，只需要把SQL语句修改成如下形式：

```
sql = "select * from books order by id desc"
```

12.4.9   limit语句

如果要设置查询的数据量，可以通过limit语句来指定。例如，要读取数据表的前两条记录，示例程序如下：

```
import mysql.connector
mydb = mysql.connector.connect(
host = "localhost",
user = "root",
passwd = "123456",
database="test"
)
mycursor = mydb.cursor()
mycursor.execute("select * from books limit 2")
myresult = mycursor.fetchall()
for x in myresult:
    print(x)
```

执行以上程序，输出结果如下：

```
('a thand', 'vvv', 1)
('mylove', 'ooo', 2)
```

如果要从第二条记录开始读取前三条记录，可以使用offset来指定起始记录，代码如下：

```
mycursor.execute（"select * from sites limit 3 offset 1"）# 0为第一条，1为第二条，以此类推
```

12.4.10　删除记录

删除记录需要使用delete from语句。例如，从数据表中删除作者为vvv的数据记录，代码如下：

```
import mysql.connector
mydb = mysql.connector.connect(
host = "localhost",
user = "root",
passwd = "123456",
database="test"
)
mycursor = mydb.cursor()
sql = "delete from books where author = 'vvv'"
mycursor.execute(sql)
mydb.commit()
print(mycursor.rowcount, "条记录被删除")
```

执行以上程序，输出结果如下：

2条记录被删除

以上程序从数据库中删除了两条记录。

需要注意的是，要慎用delete语句，使用该语句时要确保指定了where条件语句，否则会导致整个表的数据被删除。

为了防止进行数据库查询时发生SQL注入攻击，也可使用%s占位符来转义删除语句的条件，例如：

```
import mysql.connector
mydb = mysql.connector.connect(
host = "localhost",
user = "root",
passwd = "123456",
database="test"
)
mycursor = mydb.cursor()
sql = "delete from books where author = %s"
na = ("ooo", )
mycursor.execute(sql, na)
mydb.commit()
print(mycursor.rowcount, "条记录被删除")
```

12.4.11　更新数据

要修改数据表中的记录，可使用update语句。例如，修改作者为aaa的记录，将作者改为bbb，示例程序如下：

```
import mysql.connector
mydb = mysql.connector.connect(
host = "localhost",
user = "root",
passwd = "123456",
```

```
database = "test"
)
mycursor = mydb.cursor()
sql = "update books set author = 'bbb' where author = 'aaa'"
mycursor.execute(sql)
mydb.commit()
print(mycursor.rowcount, "条记录被修改")
```

执行以上代码，输出结果如下：

1条记录被修改

需要注意的是，使用该语句时要确保指定了where条件语句，否则会导致整个表的数据被更新。

为了防止进行数据库查询时发生SQL注入攻击，可使用%s占位符来转义更新语句的条件：

```
import mysql.connector
mydb = mysql.connector.connect(
host = "localhost",
user = "root",
passwd = "123456",
database="test"
)
mycursor = mydb.cursor()
sql = "update books set author = %s where author = %s"
val = ("aaa", "bbb")
mycursor.execute(sql, val)
mydb.commit()
print(mycursor.rowcount, "条记录被修改")
```

执行以上程序，输出结果如下：

1条记录被修改

12.4.12　删除数据表

要删除数据表，可使用drop table语句，if exists关键字用于判断数据表是否存在，仅在存在的情况下才被删除。例如，假设有books_copy表，要将该表删除，程序如下：

```
import mysql.connector
mydb = mysql.connector.connect(
host = "localhost",
user = "root",
passwd = "123456",
database = "test "
)
mycursor = mydb.cursor()
sql = "drop table if exists books_copy"        # 删除数据表books_copy
mycursor.execute(sql)
```

执行以上程序，如果删除成功，不会有任何输出。

12.5 本章小结

数据库为数据的存储提供了一种方便的手段。可使用一些附加的模块编写能够访问所有主流数据库的Python脚本。本章提供了关于SQL的简短介绍，并讨论了Python的DB API。

本章还介绍了各种dbm模块，它们允许使用各种dbm库持久化字典。这些模块使开发人员能够使用各个字典并透明地对数据进行持久化。

另外，本章介绍了Python的DB API，它们定义了一些方法和函数的标准集合，所有的数据库模块都应该提供它们。要点如下：

○ connection对象封装了到数据库的一个连接。使用数据库模块的connect()函数可以得到一个新的连接。传递给connect()函数的各个参数可能会因各个模块的不同而不同。

○ 游标提供了用于与数据库进行交互的主要对象。使用connection对象可以获得游标。游标使你可以执行一些SQL语句。

○ 可以将动态数据作为包含若干值的元组传递给游标的execute()方法。这些值被置于各个SQL语句中，从而允许创建一些可重用的SQL语句。

○ 在执行查询操作后，cursor对象会对数据进行保存。使用fetchone()或fetchall()方法可以提取数据。

○ 在对数据库进行修改后，可调用connection对象的commit()方法提交事务并保存更改。使用rollback()方法可以撤销更改。

○ 当操作完毕后，应调用每个游标的close()方法。当不需要连接时，应调用connection对象的close()方法。

○ Python的DB API定义了一个异常的集合。Python脚本应该对这些异常进行检查，以处理可能出现的各种问题。

通过本章的学习，大家应已熟练掌握Python编程中针对数据库、数据表、记录、字段的各种操作。

12.6 思考和练习

假设有一个数据库，包括4个表：学生表(Student)、课程表(Course)、成绩表(Score)和教师信息表(Teacher)。这4个表的结构分别如表12-9到表12-12所示，用SQL语句创建这4个表并完成相关练习题。

表12-9　Student(学生表)

字段名	数据类型	可否为空	含义
sno	char(3)	否	学号(主键)
sname	char(8)	否	学生姓名
ssex	char(2)	否	学生性别
sbirthday	datetime	可	学生出生年月
class	char(5)	可	学生所在班级

表12-10　Course(课程表)

字段名	数据类型	可否为空	含义
cno	char(5)	否	课程号(主键)
cname	varchar(10)	否	课程名称
tno	char(3)	否	教工编号(外键)

表12-11　Score(成绩表)

字段名	数据类型	可否为空	含 义
sno	char(3)	否	学号(外键)
cno	char(5)	否	课程号(外键)
degree	decimal(4,1)	可	成绩

联合主键Sno+Cno

表12-12　Teacher(教师表)

字段名	数据类型	可否为空	含 义
tno	char(3)	否	教工编号(主键)
tname	char(4)	否	教工姓名
tsex	char(2)	否	教工性别
tbirthday	datetime	可	教工出生年月
prof	char(6)	可	职称
depart	varchar(10)	否	教工所在部门

1. 查询Student表中所有记录的sname、ssex和class列。

2. 查询教师所在的部门，即不重复的depart列。

3. 查询Student表的所有记录。

4. 查询Score表中成绩在60～80的所有记录。

5. 查询Score表中成绩为85、86或88的记录。

6. 查询Student表中"95031"班或性别为"女"的学生记录。

7. 以class字段降序查询Student表的所有记录。

8. 以cno升序、degree降序查询Score表的所有记录。

9. 查询"95031"班的学生人数。

10. 查询Score表中最高分的学生学号和课程号(使用子查询或排序)。

11. 查询每门课的平均成绩。

12. 查询Score表中至少有5名学生选修并以3开头的课程的平均分。

13. 查询分数大于70且小于90的sno列。

14. 查询所有学生的sname、cno和degree列。

15. 查询所有学生的sno、cname和degree列。

16. 查询所有学生的sname、cname和degree列。

17. 查询"95033"班学生的平均分。

18. 假设使用如下命令创建了Grade表：

```
create table grade(low int(3),upp int(3),rank char(1))
insert into grade values(90,100, 'A')
insert into grade values(80,89, 'B')
insert into grade values(70,79, 'C')
insert into grade values(60,69, 'D')
insert into grade values(0,59, 'E')
```

查询所有学生的sno、cno和rank列。

19. 查询选修"3-105"课程且成绩高于"109"号学生成绩的所有学生记录。

20. 查询Score表中选学了多门课程的学生记录。

第 13 章

网 络 编 程

自从网络诞生后，无论是软件开发还是Web开发，都离不开网络编程技术。这和互联网应用密切相关。在互联网的所有应用中，有两类应用使用最广：一类是Web应用，主要作为资源提供者，供浏览者访问；另一类是电子邮件，用来取代传统的邮件，成为商务办公交流的主要方式之一。

网络通信实际上就是两个进程在通信。网络编程技术对所有开发语言都适用，其实现方式都一样，Python也不例外。用Python进行网络编程，就是在Python程序本身这个进程内，连接其他服务器进程的通信端口进行通信。

作为一门主流语言，Python在网络编程方面独具优势，是一种十分强大的网络编程工具。Python提供了许多针对常见网络协议的库，这些库可以使开发人员集中精力进行程序的逻辑处理，而不必停留在网络实现的细节中。使用Python很容易编写处理各种协议格式的代码，Python在处理字节流的各种模式方面很擅长。本章主要介绍Python网络编程技术。

本章的学习目标：
- ○ 网络编程概述；
- ○ 如何使用Python标准库编写可以创建、发送及接收电子邮件的应用；
- ○ 如何使用Python编写接收Internet邮件的客户端；
- ○ 套接字编程。

13.1 网络编程概述

自从互联网诞生以来，基本上所有程序都是网络程序，已很少有单机版程序。

计算机网络把各台计算机连接到一起，让网络中的计算机可以互相通信。网络编程在程序中实现了两台计算机的通信。比如，当用户使用浏览器访问淘宝网时，用户计算机会和淘宝网的某台服务器通过互联网连接起来，淘宝网的服务器会把网页内容作为数据通过互联网传输到用户计算机上。

　　用户计算机上可能不仅安装了浏览器，还有微信、办公软件、邮件客户端等，不同程序连接的服务器也会不同。因此，网络通信是两台计算机的两个进程之间的通信。例如，浏览器进程和淘宝网服务器上的某个Web服务进程通信，而微信进程和腾讯服务器上的某个进程通信。

13.2　TCP/IP简介

　　互联网协议族(Internet Protocol Suite，IPS)是一种网络通信模型，是互联网的基础通信架构，常被称为TCP/IP协议族(TCP/IP Protocol Suite或TCP/IP Protocols)，简称TCP/IP。

13.2.1　TCP/IP协议族概述

　　TCP/IP提供点对点的链接机制，将通信过程中数据应该如何封装、定址、传输、路由以及在目的地如何接收，都加以标准化。它通常将软件通信过程抽象为四个层次，如图13-1所示，TCP/IP采取协议堆栈的方式，分别定义了不同的通信协议。

图13-1　TCP/IP协议族

13.2.2　应用层

1. Telnet

　　Telnet常用于服务器远程控制，它使用虚拟终端机的形式，提供以字符串命令为主的双向交互功能。由于传统的Telnet会话数据没有加密，因此目前很多服务器都改用更安全的SSH。需要注意的是，SSH(Secure Shell)是一种加密的网络传输协议，通过创建安全隧道来实现客户端与服务器的连接，常用于远程登录系统。

2. FTP

　　FTP(File Transfer Protocol，文件传输协议)是一种8位的客户端-服务器协议，FTP服务一般运行在20与21端口。其中，20端口用于传输数据流，21端口用于传输控制流。FTP的缺点是有极高的延时。

　　运行FTP服务的许多站点都开放匿名服务，在这种设置下，用户不需要账号就可以登录服务器，默认情况下，匿名用户的用户名是anonymous。这个账号不需要密码，虽然通常要求输入用户的邮件地址作为认证密码，但这只是一些细节或者邮件地址根本不被确定，而是依赖于FTP服务的配置情况。

3. SMTP

SMTP(Simple Mail Transfer Protocol，简单邮件传输协议)指定消息的接收者(被确认存在)，传输消息文本。使用的TCP端口为25。

SMTP是一种"推"协议，不支持从远程服务器"拉取"数据，要拉取数据，需要使用POP3或IMAP协议。

4. HTTP

HTTP(HyperText Transfer Protocol，超文本传输协议)的当前标准版本为HTTP/2。HTTP协议在进行通信时涉及URL(统一资源标识符)的概念，用于标识通过HTTP、HTTPS协议请求的资源。

在使用HTTP协议进行通信时，客户端(用户代理程序)的请求通常被发送到服务器(源服务器)的80端口，HTTP可以在任何互联网上实现，它假定下层协议提供数据传输，因此在TCP/IP协议中，使用TCP作为传输层。

服务器收到HTTP请求后，会返回一个状态码，通常200代表"OK"。

1) HTTP的请求方法

HTTP的请求方法中至少需要实现GET与HEAD方法(这两者都属于安全方法，因为它们只用于获取资源信息，而不做其他请求)，其他方法可选。HTTP的所有请求方法如表13-1所示。

表13-1　HTTP的所有请求方法

请求方法	描述
GET	"显示"请求，只用于读取数据，GET可被网络爬虫等随意访问
HEAD	请求资源，但不传回文本部分，用于在不获取资源全部内容的情况下提取元信息
POST	上传表单数据等，可以创建或修改资源
PUT	向指定位置传输最新内容
DELETE	请求删除资源
TRACE	显示服务器收到的请求，通常用于测试

下面简单介绍一下不同的请求方法发出的请求头。

例如，GET是最常用的一种请求方法。当客户端要从服务器中读取文档时，往往单击网页上的链接或者通过在浏览器的地址栏输入网址来浏览网页，此时使用的都是GET方法。

GET方法要求服务器将URL定位的资源放在响应报文的数据部分，之后回送给客户端。

使用GET方法时，请求参数和对应的值附加在URL后面，利用一个问号("?")代表URL的结尾与请求参数的开始，所传递参数的长度会受到限制。

例如，/index?id=100&op=bind，这样通过GET方法传递的参数直接显示在地址中。下面以使用Google搜索domety为例，Request报文如下：

```
GET /search?hl=zh-CN&source=hp&q=domety&aq=f&oq= HTTP/1.1
Accept: image/gif, image/x-xbitmap, image/jpeg, image/pjpeg, application/vnd.ms-excel,
application/vnd.ms-powerpoint, application/msword, application/x-silverlight, application/x-shockwave-flash, */*
Referer: <a href="http://www.google.cn/">http://www.google.cn/</a>
```

```
Accept-Language: zh-cn
Accept-Encoding: gzip, deflate
User-Agent: Mozilla/4.0 (compatible; MSIE 6.0; Windows NT 5.1; SV1; .NET CLR 2.0.50727; TheWorld)
Host: <a href="http://www.google.cn">www.google.cn</a>
Connection: Keep-Alive
Cookie: PREF=ID=80a06da87be9ae3c:U=f7167333e2c3b714:NW=1:TM=1261551909:LM=1261551917:
S=ybYcq2wpfefs4V9g; NID=31=ojj8d-IygaEtSxLgaJmqSjVhCspkviJrB6omjamNrSm8lZhKy_
yMfO2M4QMRKcH1g0iQv9u2hfBW7bUFwVh7pGaRUb0RnHcJU3
```

可以看到，使用GET方法的请求一般不包含“请求内容”部分，请求数据以地址的形式显示在请求行中。地址链接如下：

```
<a href="http://www.google.cn/search?hl=zh-CN&source=hp&q=domety&aq=f&oq=">
http://www.google.cn/search?hl=zh-CN&source=hp&q=domety&aq=f&oq=</a>
```

地址中“?”之后的部分就是通过GET发送的请求数据，在浏览器的地址栏中可以看到，各个数据之间用“&”符号隔开。显然，这种方式不适合传送私密数据。

另外，由于不同的浏览器对地址的字符限制也有所不同，一般最多只能识别1024个字符，因此如果需要传送大量的数据，就不适合使用GET方法。

对于上面提到的不适合使用GET方法的情况，可以考虑使用POST方法，因为POST方法允许客户端给服务器提供更多的信息。POST方法将请求参数封装在HTTP请求数据中，以名称/值的形式出现，可以传输大量数据，POST方法对传送的数据大小没有限制，而且也不会显示在URL中。下面还以搜索domety为例，如果使用POST方法，格式如下：

```
POST /search HTTP/1.1
Accept: image/gif, image/x-xbitmap, image/jpeg, image/pjpeg, application/vnd.ms-excel,
application/vnd.ms-powerpoint, application/msword, application/x-silverlight, application/x-shockwave-flash, */*
Referer: <a href="http://www.google.cn/">http://www.google.cn/</a>
Accept-Language: zh-cn
Accept-Encoding: gzip, deflate
User-Agent: Mozilla/4.0 (compatible; MSIE 6.0; Windows NT 5.1; SV1; .NET CLR 2.0.50727; TheWorld)
Host: <a href="http://www.google.cn">www.google.cn</a>
Connection: Keep-Alive
Cookie: PREF=ID=80a06da87be9ae3c:U=f7167333e2c3b714:NW=1:TM=1261551909:LM=1261551917:
S=ybYcq2wpfefs4V9g; NID=31=ojj8d-IygaEtSxLgaJmqSjVhCspkviJrB6omjamNrSm8lZhKy_
yMfO2M4QMRKcH1g0iQv9u2hfBW7bUFwVh7pGaRUb0RnHcJU37y-FxlRugatx63JLv7CWMD6UB_O_r
hl=zh-CN&source=hp&q=domety
```

可以看到，POST请求行中不包含数据字符串，这些数据保存在“请求内容”部分，各数据之间也使用“&”符号隔开。

POST方法大多用于页面的表单。因为POST也能完成GET的功能，所以多数人在设计表单时都使用POST方法，其实这是误区。

GET方法也有自己的特点和优势，应该根据不同的情况选择是使用GET还是使用POST。

2) HTTP/1.0与HTTP/1.1的区别

HTTP/1.0在代理服务中仍被广泛使用。HTTP/1.1引入了持续连接机制，此前TCP连接在每次请求/响应后关闭，多次运行TCP交握程序会延长等待时间。HTTP/1.1支持在应答前持续发送请求(通常为两个)，称为“流线化”。

HTTP/1.1与HTTP/1.0的区别在于：缓存处理；带宽优化以及网络连接的使用，默认使用持久连接，通过引入分块传输编码、管道等改进带宽、滞后感；错误通知的管理；消息在网络中的发送；互联网地址的维护；安全性与完整性。

3) 状态码

在使用HTTP协议进行通信的过程中，不同的响应会有不同的状态码，常见的状态码有：

- 1××，以1开头的状态码表示消息请求已被服务器接收，继续处理；
- 2××，以2开头的状态码表示请求成功，请求已被服务器成功接收、识别；
- 3××，以3开头的状态码表示重定向，请求仍需要后续操作；
- 4××，以4开头的状态码表示请求错误、词法错误或者无法执行；
- 5××，以5开头的状态码表示服务器错误，在处理某个正确请求时，服务器发生了错误。

其中，404表示请求的资源不存在；405表示资源不支持请求方法；501表示服务器不支持请求方法；505表示服务器程序错误。

需要注意的是，请求行和标题必须以<CR><LF>结尾。空行内必须只有<CR><LF>而无其他空格。在HTTP/1.1协议中，除Host外，所有的请求头，都是可选的。

5. DNS

DNS是提供域名与IP地址的相互映射的数据库。通常使用TCP与UDP的端口53，域名的总长度不能超过253个字符，每一级域名的长度不能超过63个字符。

DNS查询有两种方法：一种是递归，DNS客户端常用的一般是递归查询方式；另一种是迭代，DNS服务器间通常采用迭代查询方式。

13.2.3 传输层

1. TCP

TCP(Transmission Control Protocol，传输控制协议)是一种基于字节流的传输层通信协议。

应用层向TCP层发送用于网间传输的、用8位字节表示的数据流，然后TCP把数据流分成适当长度的报文段。报文长度通常受计算机所连接网络的数据链路层的最大传输单元的限制。之后TCP把结果包传给IP层。IP层提供不可靠的包交换。

为了保证不发生丢包，TCP会给每个包设定一个序号。这种序号保证了传送到接收端实体的包按序接收。接收端实体会对已成功收到的包发回相应的确认信号(ACK)；如果发送端实体在合理的往返时延(RTT)内未收到确认信号，那么对应的数据包就被视为已丢失并要求重传。

2. TCP创建连接的过程

TCP创建连接(三次握手)的过程如图13-2所示。客户端发送SYN包并把这段连接的序号设定为随机数A；服务器端为合理的SYN包返回SYN/ACK包，ACK的确认码为A+1，同时SYN/ACK包本身又带有随机产生的序号B；客户端收到SYN/ACK包后再次发送ACK，服务器收到该ACK后，连接就建立了。

此时，包的序号为A+1，响应号为B+1。

在Linux中，若没有收到最后的ACK，服务器会重复发送SYN/ACK包(默认发送5次)。经过一定时间后若无响应，就会断开连接。

TCP传输是可靠的，发送与接收时包都有序号，通过接收方返回的ACK可以确认对方已接收的数据字节位置。发送方通过检测丢失的传输数据并重新传输它们，确保了数据传输的可靠性。

另外，TCP传输还有超时重传、校验和(16位)机制。TCP校验和包括96位的伪头部，其中有源地址、目的地址、协议以及TCP的长度。TCP的实现包含4种相互影响的拥塞控制算法，分别是慢开始、拥塞避免、快重传、快恢复。

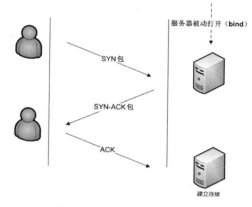

图13-2　TCP创建连接的过程

TCP还允许接收方确认成功收到的分组的不连续块。当需要终止连接时，需要经过四次握手(这里不再对终止连接的四次握手进行介绍，感兴趣的读者可以阅读其他相关资料)。

3. UDP

UDP(User Datagram Protocol，用户数据报协议)是一种不可靠的数据传输协议，因为UDP不需要应答，所以来源端口可选。由于缺乏可靠性且属于非连接导向协议，因此UDP应用一般允许一定量的丢包、出错和复制/粘贴。流媒体是典型的UDP应用。

13.2.4 网络层

1. IP

IP(Internet Protocol，网际协议)用于分组交换数据。IP的第一个版本是IPv4，目前仍在使用，不过目前世界各地正在积极部署IPv6。IPv4有32位地址，IPv6有128位地址。

数据在使用IP协议传输时，被封装为数据报文：数据包=头(控制信息)+负载(信息数据)。IP协议是一种"尽最大努力交付"的数据包传输机制。

将IP地址解析为相应的数据链路地址的方法如下：IPv4(地址解析协议ARP)、IPv6(邻居发现协议NDP)。

IP网际协议提供的唯一帮助是，IPv4规定通过在路由节点计算校验和来确保IP数据报头是正确的，这带来的不良后果是会当场丢弃报头错误的数据报文。这种情况下不需要发送通知给任何终端节点，但是互联网控制消息协议(ICMP)中存在一种机制可以做到这一点。IPv6为了快速传输数据已放弃计算校验和。

2. ICMP

互联网控制消息协议(ICMP)常用于在TCP/IP网络中发送控制消息。ICMP是IP的主要部分，ICMP属于不可靠协议。

3. ARP

ARP通过解析网络层地址来寻找数据链路层地址，即通过网络地址(如IPv4)来定位MAC地址。

在以太网中使用IP协议时，因为在以太网与上层IP协议中，只含有IP地址信息，所以需要ARP协议根据主机的IP地址找到其MAC地址，这就是地址解析。

4. RARP

逆地址解析协议RARP用于将MAC地址转换为IP地址。

13.2.5　IP地址与端口

下面介绍的IP地址并不等同于前面介绍的IP协议。

1. Internet地址

Internet(或者私有的TCP/IP网络)上的每台计算机都有一个或多个IP地址，通常表示为一个用句点分开的含4个数值的序列，如"208.215.179.178"。同一台计算机也许有多个类似"wrox.com"这样的主机名。

为了连接到某台计算机上运行的服务，需要知道这台计算机的IP地址或主机名(主机名由DNS管理。DNS是运行在TCP/IP协议之上的协议，它自动将主机名转换为IP地址)。例如以下发送电子邮件的脚本，当它尝试连接到邮件服务器时，用到了字符串localhost：

```
>>> server = smtplib.SMTP("localhost", 25)
```

其中，localhost是特殊的主机名，在引用它时，它指向用户正在使用的计算机(每台计算机都有一个特殊的IP地址指向自己：127.0.0.1)。主机名告诉Python应在Internet上的什么位置寻找邮件服务器。

当然，如果计算机上没有运行邮件服务器，localhost将不能工作。提供Internet访问的组织会允许用户使用它的邮件服务器，可能位于mail.[your ISP].com或smtp.[your ISP].com。不论使用什么样的邮件客户端，配置中的某处都会有邮件服务器的主机名，因此可以用它发送电子邮件。使用邮件服务器的主机名替换前面示例代码中的localhost后，应当可以在Python中发送电子邮件，示例如下：

```
>>> fromAddress = 'sender@example.com'
>>> toAddress = '[你的电子邮箱地址]'
>>> msg = "邮件正文内容"
>>> import smtplib
>>> server = smtplib.SMTP("mail.[your ISP].com", 25)
>>> server.sendmail(fromAddress, toAddress, msg)
```

2. 网络接口

字符串localhost被解释为掩盖IP地址的DNS主机名。现在只剩下神秘的数字25。这意味着什么？考虑这样一个事实：一台计算机可能托管多个服务。拥有一个IP地址的计算机可能拥有Web服务器、邮件服务器、数据库服务器和其他一些服务器。客户端如何区分到不同服务器的连接？例如，到Web服务器的连接和到数据库服务器的连接。

实现Internet协议的计算机有65 536个已编号的端口。当启动Internet服务器(如Web服务器)时，服务器进程将自己"绑定"到计算机的一个或多个端口(如端口80，这是Web服务器的常规端口)，并且开始监听该端口的外部连接，例如对于http://www.example.com:8000这样的网络地址，数字8000是Web服务器的端口号。

SMTP服务器的常规端口号为25。所以，前例中SMTP对象的构造函数接收25作为第二个参数(如果没有指定任何端口号，SMTP对象的构造函数将默认端口号为25)：

```
>>> server = smtplib.SMTP("localhost", 25)
```

IANA将端口划分为"公开端口"(端口号为0～1023)、"注册端口"(端口号为1024～49 151)和"动态端口"(端口号为49 152～65 535)。在大多数操作系统上，必须有管理员权限才能将服务器绑定到公开端口，因为绑定到那些端口的进程通常有管理员权限。

13.3　发送电子邮件

SMTP是邮件发送协议，Python内置了对SMTP的支持，可以发送纯文本邮件、HTML邮件以及带附件的邮件。Python通过smtplib和email两个模块来支持SMTP。其中，email模块负责创建邮件，smtplib模块负责发送邮件。

13.3.1　使用Python发送邮件

SMTP是一组从源地址传送邮件到目的地址的规则，用来控制信件的中转方式。Python的smtplib模块提供了方便的途径以发送电子邮件，该模块对SMTP协议进行了简单的封装。Python中创建SMTP对象的语法格式如下：

```
import smtplib
smtpObj = smtplib.SMTP( [host [, port [, local_hostname]]] )
```

其中各项参数的含义如下。

○　host：可选参数，表示SMTP服务器主机。可以指定主机的IP地址或域名，如163.com。

○　port：如果提供了host参数，需要指定SMTP服务器使用的端口号，默认为25。

○　local_hostname：如果SMTP服务器在本地计算机上，只需要指定服务器地址为localhost。

SMTP对象使用sendmail()方法发送邮件，语法格式如下：

```
SMTP.sendmail(from_addr, to_addrs, msg[, mail_options, rcpt_options])
```

其中，各项参数的含义如下。

○　from_addr：邮件发送者的地址。

○　to_addrs：字符串列表，邮件发送的目标地址。

○　msg：邮件内容。

　　此处需要注意第三个参数msg，它是字符串，表示邮件内容。众所周知，邮件一般由标题、发件人、收件人、邮件内容、附件等构成，发送邮件时，要注意msg的格式，该格式是SMTP协议中定义的格式。

　　以下是一个使用Python发送邮件的简单示例。

```
#!/usr/bin/python3

import smtplib
from email.mime.text import MIMEText
from email.header import Header

sender = 'buaalandy@163.com'
receivers = ['1005002008@qq.com']          # 接收邮件，可设置为QQ邮箱或其他邮箱

# 三个参数：第一个参数为文本内容，第二个参数用于设置文本格式，第三个参数用于设置编码方式
message = MIMEText('Python邮件发送测试...', 'plain', 'UTF-8')
message['From'] = Header("longleding", 'utf-8')          # 发送者
message['To'] =    Header("测试邮件", 'utf-8')           # 接收者

subject = 'SMTP邮件测试'
message['Subject'] = Header(subject, 'utf-8')


try:
    smtpObj = smtplib.SMTP('localhost')
    smtpObj.sendmail(sender, receivers, message.as_string())
    print("邮件发送成功")
except smtplib.SMTPException:
    print("Error：无法发送邮件")
```

　　这里使用3对单引号来设置邮件信息，标准邮件需要3个头部信息：From、To和Subject，各部分之间使用空行分隔。

　　可通过实例化smtplib模块的SMTP对象smtpObj连接到SMTP服务，并使用sendmail()方法发送信息。

　　执行以上程序，如果本机安装了sendmail.py，就会输出如下信息：

```
C:\Python\Python311\pyprojects\ch13> python sendmail.py
邮件发送成功
```

　　打开收件箱，就可以查看接收到的邮件信息。

　　如果本地计算机没有提供sendmail访问，也可使用其他服务商（QQ、网易、Google等）的SMTP服务。示例程序如下：

```
#!/usr/bin/python3

import smtplib
from email.mime.text import MIMEText
from email.header import Header

# 第三方SMTP服务
mail_host="smtp.XXX.com"                  #设置服务器
mail_user="XXXX"                          #设置用户名
mail_pass="XXXXXX"                        #设置口令
```

```
        sender = 'from@163.com'
        receivers = ['1005002008@qq.com']    # 接收邮件，可设置为QQ邮箱或其他邮箱

        message = MIMEText('邮件发送测试……', 'plain', 'utf-8')
        message['From'] = Header("buaalandy", 'utf-8')
        message['To'] = Header("测试邮件", 'utf-8')

        subject = 'Python SMTP邮件测试'
        message['Subject'] = Header(subject, 'utf-8')

        try:
            smtpObj = smtplib.SMTP()
            smtpObj.connect(mail_host, 25)         # 25为 SMTP 端口号
            smtpObj.login(mail_user,mail_pass)
            smtpObj.sendmail(sender, receivers, message.as_string())
            print("邮件发送成功")
        except smtplib.SMTPException:
            print("Error：无法发送邮件")
```

13.3.2　使用Python发送HTML格式的邮件

使用Python发送HTML格式的邮件与发送纯文本消息的邮件相比，不同之处在于将MIMEText中的_subtype设置成了'html'。具体代码如下：

```
#!/usr/bin/python3

import smtplib
from email.mime.text import MIMEText
from email.header import Header

sender = 'buaalandy@163.com'
receivers = ['1005002008@qq.com']            # 接收邮件，可设置为QQ邮箱或其他邮箱

mail_msg = """
<p>Python邮件发送测试……</p>
<p><a href="http://www.longleding.com">这是一个链接</a></p>
"""
message = MIMEText(mail_msg, 'html', 'utf-8')
message['From'] = Header("buaalandy", 'utf-8')
message['To'] = Header("测试邮件", 'utf-8')

subject = 'Python SMTP邮件测试'
message['Subject'] = Header(subject, 'utf-8')

try:
    smtpObj = smtplib.SMTP('localhost')
    smtpObj.sendmail(sender, receivers, message.as_string())
    print("邮件发送成功")
except smtplib.SMTPException:
    print("Error：无法发送邮件")
```

执行以上程序，如果本机安装了sendmail.py，输出结果将如下：

```
C:\Python\Python311\pyprojects\ch13> python sendhtml.py
邮件发送成功
```

这时打开收件箱，就可以查看到邮件信息。

13.3.3 使用Python发送带附件的邮件

为了发送带附件的邮件，首先要创建MIMEMultipart()实例，然后创建附件，如果有多个附件，可依次创建，最后利用smtplib.smtp发送。示例程序如下：

```
#!/usr/bin/python3

import smtplib
from email.mime.text import MIMEText
from email.mime.multipart import MIMEMultipart
from email.header import Header

sender = 'buaalandy@163.com'
receivers = ['1005002008@qq.com']          # 接收邮件，可设置为QQ邮箱或其他邮箱

#创建一个带附件的实例
message = MIMEMultipart()
message['From'] = Header("buaalandy", 'utf-8')
message['To'] =    Header("测试邮件", 'utf-8')
subject = 'Python SMTP邮件测试'
message['Subject'] = Header(subject, 'utf-8')

#邮件正文内容
message.attach(MIMEText('这是一个Python邮件发送测试……', 'plain', 'utf-8'))

# 创建附件1，传送当前目录下的 test.txt 文件
att1 = MIMEText(open('test.txt', 'rb').read(), 'base64', 'utf-8')
att1["Content-Type"] = 'application/octet-stream'
# 这里的filename可以任意写，写什么名字，邮件中就显示什么名字
att1["Content-Disposition"] = 'attachment; filename="test.txt"'
message.attach(att1)

# 创建附件2，传送当前目录下的 runoob.txt 文件
att2 = MIMEText(open('runoob.txt', 'rb').read(), 'base64', 'utf-8')
att2["Content-Type"] = 'application/octet-stream'
att2["Content-Disposition"] = 'attachment; filename="demo.txt"'
message.attach(att2)

try:
    smtpObj = smtplib.SMTP('localhost')
    smtpObj.sendmail(sender, receivers, message.as_string())
    print("邮件发送成功")
except smtplib.SMTPException:
    print("Error：无法发送邮件")
```

执行程序，若邮件发送成功，则可以在收件箱中查看到邮件，邮件中附带两个附件，即test.txt和demo.txt。

13.3.4 在HTML文本中添加图片

在邮件的HTML文本中，一般添加外链是无效的，但可添加图片，正确添加图片的示例程序如下：

```python
#!/usr/bin/python3

import smtplib
from email.mime.image import MIMEImage
from email.mime.multipart import MIMEMultipart
from email.mime.text import MIMEText
from email.header import Header

sender = 'buaalandy@163.com'
receivers = ['1005002008@qq.com']        # 接收邮件，可设置为QQ邮箱或其他邮箱

msgRoot = MIMEMultipart('related')
msgRoot['From'] = Header("buaalandy", 'utf-8')
msgRoot['To'] = Header("测试邮件", 'utf-8')
subject = 'Python SMTP邮件测试'
msgRoot['Subject'] = Header(subject, 'utf-8')

msgAlternative = MIMEMultipart('alternative')
msgRoot.attach(msgAlternative)


mail_msg = """
<p>Python邮件发送测试……</p>
<p><a href="http://www.longleding.com">遥领医疗科技</a></p>
<p>图片演示：</p>
<p><img src="cid:image1"></p>
"""
msgAlternative.attach(MIMEText(mail_msg, 'html', 'utf-8'))

# 指定图片为当前目录
fp = open('test.png', 'rb')
msgImage = MIMEImage(fp.read())
fp.close()

# 定义图片ID，在HTML文本中引用
msgImage.add_header('Content-ID', '<image1>')
msgRoot.attach(msgImage)

try:
    smtpObj = smtplib.SMTP('localhost')
    smtpObj.sendmail(sender, receivers, msgRoot.as_string())
    print("邮件发送成功")
except smtplib.SMTPException:
    print("Error：无法发送邮件")
```

执行以上程序，若邮件发送成功，在收件箱中就可以看到带图片的邮件。

13.3.5　使用第三方SMTP服务发送邮件

这里使用QQ邮箱(也可使用163邮箱、Gmail邮箱)的SMTP服务，但需要进行图13-3所示的配置。

图13-3　邮箱配置

QQ邮箱通过生成授权码来设置密码，如图13-4所示。

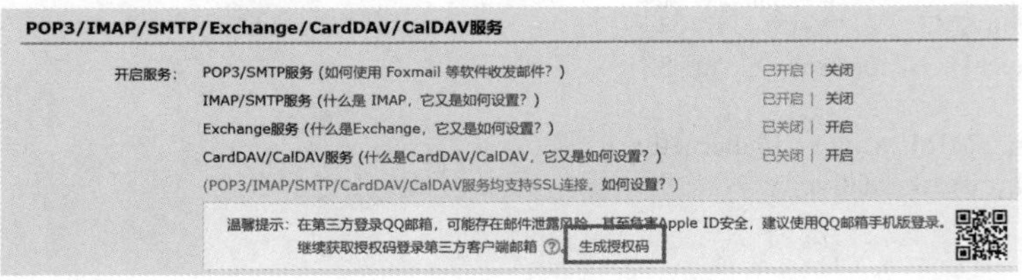

图13-4　QQ邮箱生成授权码

QQ邮箱的SMTP服务器地址为smtp.qq.com，SSL端口为465。示例程序如下：

```
#!/usr/bin/python3

import smtplib
from email.mime.text import MIMEText
from email.utils import formataddr

my_sender='1005002008@qq.com'      # 发件人邮箱账号
my_pass = 'xxxxxxxxxx'             # 发件人邮箱密码
my_user='1005002008@qq.com'        # 收件人邮箱账号，此处发送给自己
def mail():
    ret=True
    try:
        msg=MIMEText('填写邮件内容','plain','utf-8')
        # 括号里对应的是发件人邮箱昵称、发件人邮箱账号
        msg['From']=formataddr(["Frombuaalandy",my_sender])
        # 括号里对应的是收件人邮箱昵称、收件人邮箱账号
        msg['To']=formataddr(["FK",my_user])
        msg['Subject']="邮件测试"          # 邮件的主题，也可以说是标题
        # 发件人邮箱的SMTP服务器，端口是25
        server=smtplib.SMTP_SSL("smtp.qq.com", 465)
        server.login(my_sender, my_pass)   # 括号里对应的是发件人邮箱账号、邮箱密码
        # 括号里对应的是发件人邮箱账号、收件人邮箱账号、已发送邮件
        server.sendmail(my_sender,[my_user,],msg.as_string())
        server.quit()                      # 关闭连接
    except Exception:                      # 如果try中的语句没有执行，则执行下面的ret=False语句
```

```
        ret=False
    return ret

ret=mail()
if ret:
    print("邮件发送成功")
else:
    print("邮件发送失败")
```

执行以上程序，若邮件发送成功，登录收件人邮箱即可查看收到的邮件。

13.4　接收Internet邮件

SMTP用于发送邮件，如果要收取邮件，该怎么办呢？

收取邮件就是编写客户端，从邮件服务器把邮件下载到用户的计算机或手机上。收取邮件最常用的协议是POP3协议。

Python内置的poplib模块实现了POP3协议，可以直接用来收取邮件。

注意，POP3协议收取的不是已可阅读的邮件本身，而是邮件的原始文本，这和SMTP协议很像，SMTP发送的也是经过编码后的一大段文本。

要把POP3收取的文本变成可阅读的邮件，还需要用email模块提供的各种类来解析原始文本，使之变成可阅读的邮件对象。所以，收取邮件分以下两步。

第一步：用poplib把邮件的原始文本下载到本地。

第二步：用email模块解析原始文本，将其还原为邮件对象。

13.4.1　通过POP3下载邮件

POP3协议本身很简单。下面的程序获取最新的一封邮件的内容。

```
import poplib

# 输入邮件地址、口令和POP3服务器地址
email = input('Email: ')
password = input('Password: ')
pop3_server = input('POP3 server: ')

# 连接到POP3服务器
server = poplib.POP3(pop3_server)
# 可以打开或关闭调试信息
server.set_debuglevel(1)
# 可选：打印POP3服务器的欢迎文本
print(server.getwelcome().decode('utf-8'))

# 身份认证
server.user(email)
server.pass_(password)

# stat()返回邮件数量和占用空间
print('Messages: %s. Size: %s' % server.stat())
```

```
# list()返回所有邮件的编号
resp, mails, octets = server.list()
# 可以查看返回的列表[b'1 82923', b'2 2184', ...]
print(mails)

# 获取最新的一封邮件, 注意索引号从1开始
index = len(mails)
resp, lines, octets = server.retr(index)

# lines用于存储邮件的原始文本的每一行
# 可以获得整个邮件的原始文本
msg_content = b'\r\n'.join(lines).decode('utf-8')
# 稍后解析出邮件
msg = Parser().parsestr(msg_content)

# 可以根据邮件索引号直接从服务器删除邮件
# server.dele(index)
# 关闭连接
server.quit()
```

用POP3获取邮件其实很简单,要获取所有邮件,只需要循环使用retr()即可获取每一封邮件的内容。真正的麻烦在于将邮件的原始内容解析为可阅读的邮件对象。

13.4.2 解析邮件

解析邮件的过程和创建邮件正好相反,因此,需要先导入一些必要的模块:

```
from email.parser import Parser
from email.header import decode_header
from email.utils import parseaddr

import poplib
```

只需要一行代码就可以把邮件内容解析为Message对象:

```
msg = Parser().parsestr(msg_content)
```

但是,Message对象本身可能是MIMEMultipart对象,可以嵌套其他MIMEBase对象,甚至嵌套的可能还不止一层,所以应递归地打印出Message对象的层次结构。示例程序如下:

```
# indent用于缩进显示
def print_info(msg, indent = 0):
    if indent == 0:
        for header in ['From', 'To', 'Subject']:
            value = msg.get(header, '')
            if value:
                if header == 'Subject':
                    value = decode_str(value)
                else:
                    hdr, addr = parseaddr(value)
                    name = decode_str(hdr)
                    value = u'%s <%s>' % (name, addr)
                print('%s%s: %s' % ('    ' * indent, header, value))
    if (msg.is_multipart()):
        parts = msg.get_payload()
```

```
        for n, part in enumerate(parts):
            print('%spart %s' % ('    ' * indent, n))
            print('%s--------------------' % ('    ' * indent))
            print_info(part, indent + 1)
    else:
        content_type = msg.get_content_type()
        if content_type == 'text/plain' or content_type=='text/html':
            content = msg.get_payload(decode=True)
            charset = guess_charset(msg)
            if charset:
                content = content.decode(charset)
            print('%sText: %s' % ('    ' * indent, content + '...'))
        else:
            print('%sAttachment: %s' % ('    ' * indent, content_type))
```

邮件的Subject或Email中包含的名字都是经过编码后的字符串，要正常显示，就必须进行解码：

```
def decode_str(s):
    value, charset = decode_header(s)[0]
    if charset:
        value = value.decode(charset)
    return value
```

decode_header()返回一个列表，因为像Cc、Bcc这样的字段可能包含多个邮件地址，所以解析出来的元素会有多个。上面的代码只取了第一个元素。

文本邮件的内容也是字符串，还需要检测编码，否则非UTF-8编码的邮件将无法正常显示：

```
def guess_charset(msg):
    charset = msg.get_charset()
    if charset is None:
        content_type = msg.get('Content-Type', '').lower()
        pos = content_type.find('charset=')
        if pos >= 0:
            charset = content_type[pos + 8:].strip()
    return charset
```

整理好上面的代码后，就可以试着收取邮件。首先往自己的邮箱发一封邮件，然后用浏览器登录邮箱，看看邮件收到了没有，如果已收到，就用Python程序把它收取到本地。

运行程序，结果如下：

```
+OK Welcome to coremail Mail POP3 Server (163coms[...])
Messages: 126. Size: 27228317

From: Test <xxxxxx@qq.com>
To: Python爱好者<xxxxxx@163.com>
Subject: 用POP3收取邮件
part 0
--------------------
  part 0
  --------------------
    Text: Python可以使用POP3收取邮件……
  part 1
  --------------------
    Text: Python可以<a href="...">使用POP3</a>收取邮件……
```

```
part 1
---------------------
    Attachment: application/octet-stream
```

从输出结果可以看出，这封邮件是一个MIMEMultipart，它包含两部分：第一部分是一个MIMEMultipart，第二部分是一个附件。内嵌的MIMEMultipart是alternative类型，里面分别包含纯文本格式和HTML格式的MIMEText。

这里小结一下，用Python的poplib模块收取邮件分两步：第一步是用POP3协议把邮件收取到本地，第二步是用email模块把原始邮件解析为Message对象。最后，用适当的形式把邮件内容展示给用户即可。

13.5　套接字编程

到目前为止，已介绍了有关Internet应用程序E-mail的协议和文件格式。E-mail虽然是一种通用且有用的应用程序，但是E-mail相关的协议只是在Internet协议上实现的众多协议中的极少数几个。Python通过提供包装库使得使用E-mail相关的协议变得容易，但是Python并没有为每个网络协议都提供库。对于为Internet应用程序创建的新协议，肯定没有对应的库。

为了编写自己的协议，或者实现与imaplib或poplib相似的Python库，需要更进一步，并且学习基于IP协议的编程接口的工作方式。幸好编写这样的代码并不困难：利用smtplib、poplib和其他一些模块可以较容易地实现。秘诀在于使用套接字库，它使得读写网络接口就如同读写磁盘上的文件一样。

13.5.1　TCP编程

Socket(套接字)是网络编程中的一个抽象概念。通常我们用Socket表示"打开了一个网络连接"，而打开Socket需要知道目标计算机的IP地址和端口号，还需要指定协议类型。

1. 客户端编程

大多数连接都是可靠的TCP连接。创建TCP连接时，主动发起连接的一端叫客户端，被动响应连接的一端叫服务器。

举个例子，当在浏览器中访问新浪网时，浏览器就是客户端，浏览器会主动向新浪网的服务器发起连接。如果一切顺利，新浪网的服务器就会接受连接，这样就建立了一个TCP连接，后面的通信就是发送网页内容了。

所以，要创建基于TCP连接的Socket，可以编写如下代码：

```python
# 导入socket库
import socket

# 创建Socket
s = socket.socket(socket.AF_INET, socket.SOCK_STREAM)
# 建立连接
s.connect(('www.sina.com.cn', 80))
```

创建Socket时，AF_INET指定使用IPv4协议，如果要用更先进的IP~~~~就指定为AF_INET6。SOCK_STREAM指定使用面向流的TCP协议，这样，Sock~~~~创建成功了，但是还没有建立连接。

客户端要主动发起TCP连接，就必须知道服务器的IP地址和端口号。~~~~IP地址可以用域名www.sina.com.cn自动转换得到，但是如何知道服务器的端口号呢？

答案是作为服务器，要提供什么样的服务，端口号必须事先固定下来。~~要访问网页，因此提供网页服务的服务器必须把端口号固定为80端口，因为80端~~~~服务的标准端口。其他服务都有对应的标准端口号，如SMTP服务是25端口，FTP服~~端口，等等。端口号小于1024的是Internet标准服务的端口，端口号大于1024的可以任~~。

因此，连接服务器的代码如下：

```
s.connect(('www.sina.com.cn', 80))
```

注意参数是一个元组，包含地址和端口号。

建立TCP连接后，就可以向服务器发送请求，要求返回首页的内容了：

```
# 发送数据
s.send(b'GET / HTTP/1.1\r\nHost: www.sina.com.cn\r\nConnection: close\r\n\r\n')
```

TCP连接创建的是双向通道，双方都可以同时给对方发送数据。但是谁先发送~~送，如何协调，则要根据具体的协议来定。例如，HTTP协议规定客户端必须先将请求~~给服务器，服务器收到后才将数据发送给客户端。

发送的文本格式必须符合HTTP标准，如果格式没问题，接下来就可以接收服务器~~的数据了：

```
# 接收数据
buffer = []
while True:
    # 每次最多接收1KB
    d = s.recv(1024)
    if d:
        buffer.append(d)
    else:
        break
data = b''.join(buffer)
```

接收数据时，调用recv(max)方法，但一次最多接收指定的字节数。因此，可在一个while循环中反复接收，直到recv()返回空数据，表示接收完毕，退出循环。

接收完数据后，调用close()方法关闭Socket，这样，一次完整的网络通信就结束了：

```
# 关闭连接
s.close()
```

接收到的数据包括HTTP头和网页本身，我们需要把HTTP头和网页分离开来，把HTTP头打印出来，将网页内容保存到文件中：

```
header, html = data.split(b'\r\n\r\n', 1)
print(header.decode('utf-8'))
# 把接收的数据写入文件
with open('sina.html', 'wb') as f:
    f.write(html)
```

只需要在浏览器中打开sina.html文件，就可以看到新浪网的首页了。

编程

与客户端编程相比，服务器编程就要复杂一些。服务器进程首先要绑定一个端口并监听其他客户端的连接。如果某个客户端已连接，服务器就与该客户端建立Socket连接，后续通信就靠这个Socket连接了。

所以，服务器会打开固定端口(如端口80)，监听传送过来的每个客户端连接，建立起Socket。由于服务器会有大量来自客户端的连接，因此服务器需要能够区分一个Socket连接是和哪个客户端绑定的。可通过服务器地址、服务器端口、客户端地址、客户端端口来确定一个Socket。

但服务器还需要同时响应多个客户端的请求，所以，每个连接都需要有新的进程或线程处理，否则，服务器一次就只能服务一个客户端。

下面编写一个简单的服务器程序，它接收客户端连接，把客户端发送过来的字符串加上Hello后发送回去。

首先，创建一个基于IPv4和TCP协议的Socket：

```
s = socket.socket(socket.AF_INET, socket.SOCK_STREAM)
```

然后，要绑定监听的地址和端口。服务器可能有多块网卡，可以绑定到某块网卡的IP地址上，也可用0.0.0.0绑定到所有的网络地址，还可用127.0.0.1绑定到本机地址。127.0.0.1是一个特殊的IP地址，表示本机地址，如果绑定到这个地址，客户端就必须同时在本机运行才能连接，也就是说，外部的计算机无法连接进来。

端口号需要预先指定。因为这个服务不是标准服务，所以使用9999这个端口号。请注意，小于1024的端口号必须有管理员权限才能绑定：

```
# 监听端口
s.bind(('127.0.0.1', 9999))
```

紧接着调用listen()方法，开始监听端口，传入的参数指定了等待连接的最大数量：

```
s.listen(5)
print('Waiting for connection...')
```

接下来，服务器通过一个永久循环来接收来自客户端的连接，accept()会等待并返回一个客户端的连接：

```
while True:
    # 接收一个新连接
    sock, addr = s.accept()
    # 创建新线程来处理TCP连接
    t = threading.Thread(target=tcplink, args=(sock, addr))
    t.start()
```

对于每个连接，都必须创建新线程(或进程)，否则，单线程在处理连接的过程中，无法接收其他客户端的连接：

```
def tcplink(sock, addr):
    print('Accept new connection from %s:%s...' % addr)
    sock.send(b'Welcome!')
```

```
        while True:
            data = sock.recv(1024)
            time.sleep(1)
            if not data or data.decode('utf-8') == 'exit':
                break
            sock.send(('Hello, %s!' % data.decode('utf-8')).encode('utf-8'))
        sock.close()
        print('Connection from %s:%s closed.' % addr)
```

建立连接后，服务器首先发送一条欢迎消息，然后等待客户端数据，并加上Hello后发送给客户端。如果客户端发送了exit字符串，就直接关闭连接。

要测试这个服务器程序，还需要编写如下客户端程序：

```
s = socket.socket(socket.AF_INET, socket.SOCK_STREAM)
# 建立连接
s.connect(('127.0.0.1', 9999))
# 接收欢迎消息
print(s.recv(1024).decode('utf-8'))
for data in [b'Michael', b'Tracy', b'Sarah']:
    # 发送数据
    s.send(data)
    print(s.recv(1024).decode('utf-8'))
s.send(b'exit')
s.close()
```

需要打开两个命令行窗口，一个运行服务器程序，另一个运行客户端程序，这样就可以看到效果了，如图13-5所示。

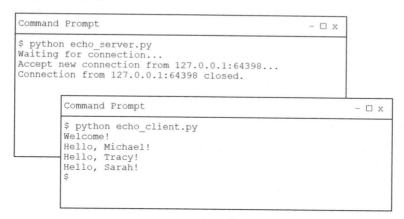

图13-5　运行效果

需要注意的是，客户端程序运行完毕后就退出了，而服务器程序会永远运行下去，必须按Ctrl+C组合键才能退出程序。

这里小结一下，用TCP协议进行Socket编程在Python中十分简单。对于客户端，要主动连接服务器的IP地址和指定端口；对于服务器，要先监听指定的端口，然后，对每个新的连接，创建线程或进程来处理。通常，服务器程序会无限运行下去。

同一个端口，被某个Socket绑定以后，就不能被其他Socket绑定了。

13.5.2　UDP编程

　　TCP用于建立可靠连接，并且通信双方都能够以流的形式发送数据。相对TCP，UDP则是面向无连接的协议。

　　使用UDP协议时，不需要建立连接，只需要知道对方的IP地址和端口号，就可以直接发送数据包。但是，能不能到达就不知道了。

　　虽然用UDP传输数据不可靠，但优点是，速度比TCP快，对于不要求可靠到达的数据，就可以使用UDP协议。

　　下面来看看如何通过UDP协议传输数据。和TCP类似，使用UDP的通信双方也分为客户端和服务器。服务器首先需要绑定端口：

```
s = socket.socket(socket.AF_INET, socket.SOCK_DGRAM)
# 绑定端口
s.bind(('127.0.0.1', 9999))
```

　　创建Socket时，SOCK_DGRAM指定了Socket的类型是UDP。绑定端口的方式和TCP一样，但是不需要调用listen()方法，而是直接接收来自任何客户端的数据：

```
print('Bind UDP on 9999...')
while True:
    # 接收数据
    data, addr = s.recvfrom(1024)
    print('Received from %s:%s.' % addr)
    s.sendto(b'Hello, %s!' % data, addr)
```

　　recvfrom()方法返回数据和客户端的IP地址与端口，这样，服务器收到数据后，直接调用sendto()就可以把数据用UDP发送给客户端。

　　注意这里省掉了多线程，因为这个例子很简单。

　　客户端使用UDP时，仍然要先创建基于UDP的Socket，但不需要调用connect()，而是直接通过sendto()给服务器发送数据：

```
s = socket.socket(socket.AF_INET, socket.SOCK_DGRAM)
for data in [b'Michael', b'Tracy', b'Sarah']:
    # 发送数据
    s.sendto(data, ('127.0.0.1', 9999))
    # 接收数据
    print(s.recv(1024).decode('utf-8'))
s.close()
```

　　从服务器接收数据时仍然要调用recv()方法。

　　我们仍然用两个命令行分别对服务器和客户端进行测试，结果如下：

```
#服务器
C:\Python\Python311\pyprojects\ch13>>python udp_server.py
Bind UDP on 9999…
Received from 127.0.0.1:63823…
Received from 127.0.0.1:63823…
Received from 127.0.0.1:63823…
#客户端
C:\Python\Python311\pyprojects\ch13>>python udp_client.py
```

```
Welcome!
Hello,Michael!
Hello,Tracy!
Hello,Sarah!
```

UDP的使用与TCP类似，但是不需要建立连接。此外，服务器绑定的UDP端口和TCP端口互不冲突，也就是说，UDP的9999端口与TCP的9999端口可以各自绑定。

13.6　本章小结

Python提供了可使用现有的基于TCP/IP协议的高层工具，使得编写自定义客户端变得容易。另外，它还打包了可帮助设计网络应用的工具。不论是希望从脚本发送邮件，还是想实现Internet的下一个关键应用，Python都可以满足需要。本章首先介绍了网络编程的基本知识和TCP/IP协议，其次介绍了如何发送和接收邮件，最后介绍了套接字编程。通过本章的学习，大家应能了解网络通信的基本原理，知道如何使用Python语言来实现网络编程、收发邮件和套接字编程。

13.7　思考和练习

1. 简单描述TCP/IP协议体系，分别介绍五层协议中每一层的功能。
2. 基于TCP协议通信，为何建立连接需要三次握手，而断开连接却需要四次握手？
3. 为何基于TCP协议的通信比基于UDP协议的通信更可靠？
4. 流式协议指的是什么协议，数据报协议指的是什么协议？
5. 什么是Socket？简述基于TCP协议的套接字通信流程。
6. 基于HTTP开发一个程序，该程序可访问百度首页，可将访问内容下载并保存。
7. 编写收发邮件的客户端。
8. 基于Socket开发一个聊天程序，实现两端互相发送和接收消息。

第 14 章

Django 与投票管理系统

本章将基于Django框架创建一个投票管理系统。

Web应用开发是目前的主流开发方向之一。Web应用要运行起来，需要很多技术的支撑，但开发人员不能都一一编写代码，最好的方式是找一个成熟的Web框架，然后基于该Web框架进行开发。

几乎每一种开发语言都至少有一种(经常有好几种)Web框架，Python也不例外。Django就是基于Python构建的标准Web框架，很多Python开发人员通过Django来快速开发Web应用。

阅读本章前，读者需要了解一些有关Web开发的基本知识，以及Web管理系统的开发方式，这样可以更好地理解本章的内容。通过本章的学习，大家应能够使用Django框架开发Web应用。

本章的学习目标：
- 了解Web框架的功能及使用理由；
- 熟悉Django框架的安装操作；
- 掌握使用Django框架创建项目和创建投票应用的方法，并熟悉生成的目录；
- 掌握为投票管理系统配置数据库连接的方法；
- 掌握为投票管理系统创建模型、视图的方法；
- 掌握为投票管理系统配置URL、使用模板的方法；
- 掌握Django框架中静态资源的管理方式。
- 了解Web应用的打包和发布。

14.1　Web框架的功能

14.1.1　Web框架的基本功能

前面简单提到了"Web框架"这个词，但是没有解释这个词到底是什么意思。要想完全理解什么是Web框架，以及为什么要使用Web框架，就必须理解几乎所有Web应用和使用数据库的Web站点的核心基础。

首先是数据库连接。这是几乎所有Web应用的关键部分。数据库包含很多甚至多到无法想象的记录。诸如用户名、用户权限、设置、评论和个人资料等许多的信息都存储在数据库中。Django支持好几种数据库，有些需要使用SQL，而有些不需要。

其次是管理面板。通过管理面板，管理员和其他人可使用存储在数据库中的所有数据。例如，如果需要将用户的权限从注册用户提升到超级管理员，就需要使用管理面板。

最后是留言。尽管看上去大量无用的用户留言正在侵蚀Web站点的领地，但是留言功能仍然是任何设计良好的Web站点的重要功能。留言功能可使用户觉得他们是社区的一员，而不是自说自话。

这类Web站点的另一项重要功能是用户身份验证。这种功能控制用户登录的方式，确保登录安全，并决定用户对Web站点拥有的权限等。

这些只是设计良好的Web应用的一小部分功能。可以看出，设计Web应用需要考虑很多方面，而且需要做很多编程工作。事实上，这些工作并没有什么意义。我们甚至还没有开始考虑用户界面和设计的问题，而它们才应该是设计Web站点时需要重点关注的问题。

在没有框架时，程序员必须手工编写上面列出的所有功能和其他功能的代码，这会耗费大量时间，从而增加产品的成本。幸运的是，框架可以帮助我们完成那些无聊的工作。对于以上那些功能，甚至更多的功能，使用Django都可以迅速实现。

14.1.2　Web框架的其他通用功能

除了14.1.1节列出的功能，Web框架还需要提供以下通用功能。

❑ URL映射，一些框架(特别是Django)可以解释URL，这样URL将对用户更友好且直观，更重要的是，方便搜索引擎进行索引。例如，有一个URL为/mypage.cgi?cat=comic&topic=superman，URL映射功能可以将这个URL转换为更简单的地址，如/mypage/comic/superman。如果Web站点的访问者还想访问这个页面，他们更有可能记住这个URL，而且搜索引擎也能更好地理解Web站点的底层结构。

❑ Web缓存，指的是保存文档副本的过程。当重新访问一个页面时，如果满足某种条件，这个页面可直接从内存中加载，而不必请求新页面。因此，Web缓存可以提高页面加载的速度，提高Web站点的整体可用性。

○ 模板，可以使整个Web站点的风格统一，还能实现其他很多目的。首先，Web站点看上去很专业。其次，可以确保用户不会感到疑惑，误认为他们已离开Web站点。最后，模板可以带来良好的体验，这样Web站点的每一部分行为都符合预期。例如，如果在一个页面上单击"打印"按钮可以打印文档，那么在其他所有页面上单击"打印"按钮都应该有一致的功能，而且"打印"按钮应该在同一个位置。模板更重要的功能是可以减少Web站点内页面的数目。通过使用"平页面"(flat page)，站点可以访问数据库并获取特定数据，并将这些数据显示在页面上。假设Web站点的功能是列出作者的简历，而这个Web站点可以列出10 000个作者的简历。如果采用老办法，可能必须编写10 000个页面，每个作者一个页面。而使用模板功能，只需要创建一个平页面，这个平页面可以读取数据库，并且填入每个作者的信息。因此，实质上只有一个页面，但是这个页面可动态变化为很多页面。

对Web框架及其功能的完整介绍超出了本书的讨论范围，但是有了上面的介绍，你应该已理解Web框架能够实现多种可能性。

14.2 Django框架的安装

Python有许多款不同的Web框架。Django是重量级选手中最有代表性的一位。Django遵守BSD版权，初次发布于2005年7月，并于2008年9月发布了第一个正式版本1.0。

14.2.1 Django框架的特点

Django是用Python开发的一个免费、开源的Web框架，可用于快速搭建高性能、优雅的网站。

Django具有如下特点。

○ 强大的数据库功能：拥有强大的数据库操作接口(QuerySet API)，也能执行原生SQL。

○ 自带强大后台：拥有强大的后台，可轻松管理内容。

○ 优雅的网址：用正则表达式匹配网址，传递到对应函数，随意定义。

○ 模板系统：易扩展的模板系统，设计简易，代码、样式分开设计，更容易管理。

○ 缓存系统：与Memcached、Redis等缓存系统联用，具有更出色的表现、更快的加载速度。

○ 国际化：完全支持多国语言应用，允许定义翻译的字符，从而轻松翻译成不同国家的语言。

14.2.2 Django框架的版本

截至目前，Django的最新版本为2.0。Django框架用Python语言编写，不同的Django版本对应不同版本的Python语言，如表14-1所示。

表14-1 Django版本与对应的Python版本

Django版本	Python版本
1.8	2.7、3.2、3.3、3.4、3.5
1.9、1.10	2.7、3.4、3.5
1.11	2.7、3.4、3.5、3.6
2.0	3.5+

许多成功的网站和APP都基于Django。Django最初被设计用于具有快速开发需求的新闻类站点，目的是实现简单、快捷的网站开发。Django采用MVC软件设计模式，M代表模型，V代表视图、C代表控制器。

14.2.3 在Windows下安装Django

首先安装Python，由于前面已安装了Python，这里不再赘述。

接着安装Django。下载Django压缩包，解压并和Python安装目录放在同一个根目录下，进入Django目录，执行python setup.py install命令，然后开始安装，Django将被安装到Python的Lib/site-packages下。

也可在命令提示符窗口中运行pip install django命令安装最新的Django版本。

如果要安装指定版本的Django，如4.2.3版本，安装命令如下：

```
pip install django==4.2.3
```

本章实例使用的版本为Django4.2.3，安装如图14-1所示。

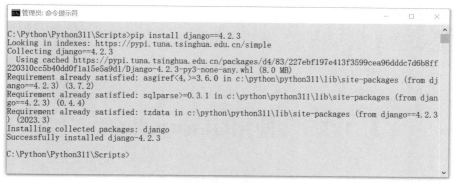

图14-1 安装Django4.2.3

最后配置环境变量，将以下几个目录添加到系统环境变量中，如图14-2所示。

```
C:\Python\Python311\Lib\site-packages\django
C:\Python\Python311\Scripts
```

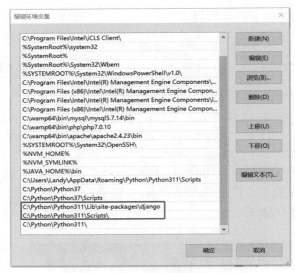

图14-2　添加环境变量

添加完毕后，就可以使用Django的django-admin.py命令新建项目了。

下面检查Django是否安装成功。输入以下命令进行检查：

```
>>> import django
>>> django.get_version()
```

如果输出了Django的版本号，就说明安装成功，如图14-3所示。

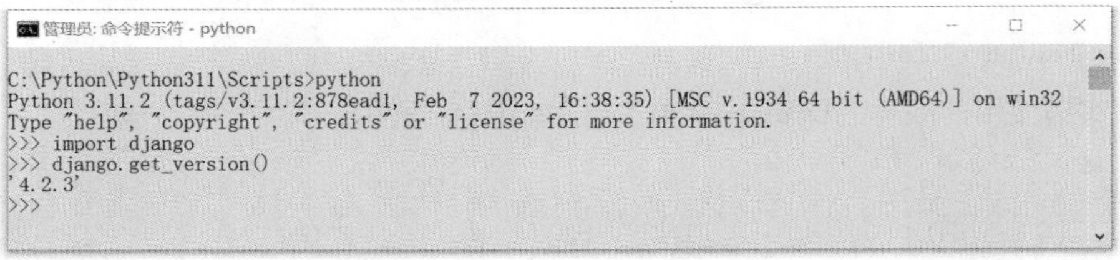

```
管理员: 命令提示符 - python

C:\Python\Python311\Scripts>python
Python 3.11.2 (tags/v3.11.2:878ead1, Feb  7 2023, 16:38:35) [MSC v.1934 64 bit (AMD64)] on win32
Type "help", "copyright", "credits" or "license" for more information.
>>> import django
>>> django.get_version()
'4.2.3'
>>>
```

图14-3　测试Django是否安装成功

14.3　使用Django框架

正确安装Django框架后，就可以开始使用Django框架了。

14.3.1　创建pyqi项目

使用Django框架创建的项目，可以将其看作专有名词，因为后面还有与之相关的名词——应用。所谓项目，可以理解为网站；而应用则是具有相对独立功能的频道、模块或子系统。

项目和应用有什么区别？应用是专门做某件事的网络应用程序，比如博客系统、公共记录的数据库或是简单的投票程序。项目则是网站使用的配置和应用的集合。项目可以包含多个应用。应用可以被多个项目使用。

新建Django项目的语法格式如下：

```
django-admin startproject 项目名称
```

例如，以下命令在当前目录下创建了项目pyqi：

```
django-admin startproject pyqi
```

使用tree命令查看生成的目录树结果：

```
C:\Python\Python311\pyprojects>tree pyqi /F
```

卷BOOTCAMP的文件夹PATH列表。

卷序列号为7416-BA3E。

```
C:\PYTHON\PYTHON311\PYPROJECTS\PYQI
│   manage.py
│
└───pyqi
        asgi.py
        settings.py
        urls.py
        wsgi.py
        __init__.py
```

以上是创建项目的一种方法。pyqi子目录的内容就是所创建项目的内容。

可以把刚才创建的项目删除，即删除/pyqi/pyqi目录，然后尝试另外一种创建项目的方法，请注意观察两种方法的命令形式和结果。创建项目的第二种方法如下：

```
C:\Python\Python311\pyprojects\pyqi>django-admin startproject pyqi .
```

这种创建方法在项目名称pyqi的后面有一个空格，之后还有一个句号(英文半角句号)。创建好项目后，仔细观察目录结构，如下所示：

```
│   manage.py
│
└───pyqi
asgi.py
        settings.py
        urls.py
        wsgi.py
        __init__.py
```

至此，已创建了一个项目，也意味着已有了网站的基本框架。执行以下操作：

```
python manage.py runserver
```

在本书中，为了明确说明目录或文件的位置，以"./"表示项目的根目录，比如上面指令中的manage.py文件，在项目中的位置就是./manage.py；在子目录pyqi中看到的urls.py文件，则用路径./pyqi/urls.py表示。

执行上述指令后，如果一切正常，最终将看到下面的提示信息：

```
Starting development server at http://127.0.0.1:8000/
Quit the server with Ctrl+C
```

提示信息的第一行说明已启动了一个服务，可通过http://127.0.0.1:8000/访问；提示信息的第二行说明了结束当前服务的方法——按Ctrl+C组合键。

打开浏览器，在地址栏中输入http://127.0.0.1:8000/或http://localhost:8000/，就会看到如图14-4所示的结果。

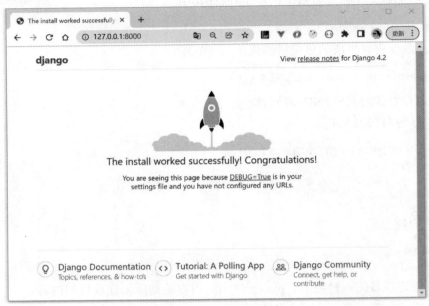

图14-4 运行中的网站

网站的成长方式就是不断增加新功能。在Django中，人们将完成某个或多个功能的集合称为"应用"，所以功能比较多的网站常常是由多个"应用"组成的。后面我们会将注意力集中于"应用"上。

14.3.2 创建投票应用polls

项目已创建好，网站也有了，接下来实现网站的具体功能。在Django中，人们把这些具体的功能称为"应用"。

进入刚才创建好的项目目录，即manage.py文件所在的目录，然后执行下面的代码：

```
python manage.py startapp polls
```

或者执行：

```
django-admin.py startapp polls
```

从上述代码可以看出，执行上面的语句后，目录中多了子目录polls。如果此时查看目录结构，就会看到polls子目录中已有默认的文件和目录了，如下所示：

```
C:\PYTHON\PYTHON311\PYPROJECTS\PYQI
│   db.sqlite3
│   manage.py
│
├──polls
```

```
|   |   admin.py
|   |   apps.py
|   |   models.py
|   |   tests.py
|   |   views.py
|   |   __init__.py
|   |
|   └───migrations
|           __init__.py
|
├───pyqi
|       asgi.py
|       settings.py
|       urls.py
|       wsgi.py
|       __init__.py
|
└───__pycache__
        settings.cpython-311.pyc
        urls.cpython-311.pyc
        wsgi.cpython-311.pyc
        __init__.cpython-311.pyc
```

polls就是项目pyqi中新建的一个应用。当新的应用创建后，Django就会自动在这个应用中添加一些文件。

以上已是相对完善的网站结构，下面依次对各部分进行简要说明。

14.3.3　项目的目录结构

创建项目后，项目的目录结构中各个文件的作用如下。

- ○　manage.py：一个命令行实用程序，可让你以各种方式与Django项目进行交互。
- ○　pyqi：项目的实际Python包，用来导入任何内容的Python包名。
- ○　文件asgi.py：存储asgi设定的文件，如果使用ASGI部署Django会用到，一般情况下不需要更改。
- ○　__init__.py：一个空文件，告诉Python这个目录应该被视为一个Python包。
- ○　settings.py：该文件中包含有关Django项目的设置与配置信息。
- ○　urls.py：该文件是Django项目的URL声明。
- ○　wsqi.py：该文件是WSGI兼容的Web服务器为项目提供服务的入口点。

14.3.4　初步配置视图和urls

下面开始编写第一个视图。打开polls/views.py，输入以下代码：

```
from django.http import HttpResponse

def index(request):
    return HttpResponse("Hello, world. You're at the polls index.")
```

这是Django中最简单的视图。如果想看效果，需要将一个URL映射到它——这就是需要URLconf的原因。为了创建URLconf，需要在polls目录中新建urls.py文件(polls/urls.py)，输入如下代码：

```
from django.urls import path
from . import views

urlpatterns = [
    path(r'', views.index),
]
```

接下来要在根URLconf文件中指定创建的polls.urls模块。在pyqi/urls.py文件的urlpatterns列表中插入include()，代码如下：

```
from django.contrib import admin
from django.urls import include, path

urlpatterns = [
    path('', include('polls.urls')),
    path('admin/', admin.site.urls),
]
```

include()允许引用其他URLconf。当Django遇到include()时，就会截断与此项匹配的URL部分，并将剩余的字符串发送到URLconf以做进一步处理。

设计include()的理念是希望可以即插即用，因为投票应用有自己的URLconf(polls/urls.py)，可以放在/polls/、/fun_polls/、/content/polls/或其他任何路径下，应用都能够正常工作。

❖ **注意：**

何时使用include()？当包括其他URL模式时，应该总是使用include()，但admin.site.urls例外。

把index视图添加到URLconf，运行下面的命令，验证是否正常工作：

```
python manage.py runserver
```

用浏览器访问http://localhost:8000/polls/，应该能够看见"Hello,world. You"re at the polls index."，这是在index视图中定义的内容。

函数path()有四个参数，两个必需参数route和view，以及两个可选参数kwargs和name。

○ route：用于匹配URL的准则(类似正则表达式)。当Django响应一个请求时，它会从urlpatterns的第一项开始，按顺序依次匹配列表中的项，直到找到匹配的项。这些准则不会匹配GET和POST参数或域名。例如，URLconf在处理请求 https://www.example.com/myapp/时，会尝试匹配myapp/；处理请求https://www.example.com/myapp/?page=3时，也只会尝试匹配myapp/。

○ view：当Django找到匹配的准则时，会调用这个特定的视图函数，并传入一个HttpRequest对象作为第一个参数，被"捕获"的参数以关键字参数的形式传入。

○ kwargs：可以将任意数量的关键字参数作为一个字典传递给目标视图函数。

○ name：表示URL的名称，能在Django的任意地方引用，尤其是在模板中。这个有用的特性允许只修改一个文件就能全局修改某种URL模式。

14.4 为pyqi项目创建数据库

要在网站开发中存储信息，数据库操作必不可少。本节将创建数据库，创建第一个模型，并使用Django自动生成的管理页面。

14.4.1 为pyqi项目配置数据库

打开pyqi/settings.py配置文件，其中包含Django项目设置的Python模块，使用SQLite作为默认数据库。如果不熟悉数据库，或者只是想尝试Django，这是最简单的选择。Python内置了SQLite，所以不必安装其他工具即可使用。当开始一个真正的项目时，开发人员可能更倾向使用一个更具扩展性的数据库，如PostgreSQL，以避免中途切换数据库这个令人头疼的问题。这种情况需要安装合适的数据库绑定，然后修改设置文件中DATABASES 'default'项目的一些键值，如ENGINE和NAME。

- ENGINE：可选值，可取值包括django.db.backends.sqlite3、django.db.backends.postgresql、django.db.backends.mysql、django.db.backends.oracle等。
- NAME：数据库的名称。如果使用的是SQLite，数据库将是本地计算机上的一个文件，NAME应该是这个文件的绝对路径，包括文件名。默认值os.path.join(BASE_DIR,'db.sqlite3')会将数据库文件存储在项目的根目录下。

如果不使用SQLite，则必须添加一些额外设置，如USER、PASSWORD、HOST等。

如果使用的是其他数据库，需要在使用前创建好数据库。可以通过在数据库的交互式命令行中使用CREATE DATABASE database_name命令来创建数据库。

另外，还要确保数据库用户提供的pyqi/settings.py具有CREATE DATABASE权限，这样自动创建的测试数据库能被以后的教程使用。

如果使用SQLite，就不需要在使用前做任何事——数据库会在需要的时候自动创建。

编辑 pyqi/settings.py文件前，先设置时区TIME_ZONE。

此外，要关注一下文件头部的INSTALLED_APPS设置项，其中包括项目中启用的所有Django应用。应用能在多个项目中使用，也可打包并发布，供他人使用。

通常，INSTALLED_APPS默认包括Django自带的以下应用。

- django.contrib.admin：管理员站点。
- django.contrib.auth：认证授权系统。
- django.contrib.contenttypes：内容类型框架。
- django.contrib.sessions：会话框架。
- django.contrib.messages：消息框架。
- django.contrib.staticfiles：管理静态文件的框架。

这些应用默认情况下处于启用状态，这是为了给常规项目提供方便。

默认启用的某些应用需要至少一个数据表，所以，在使用它们前需要在数据库中创建一些表。请执行以下命令：

```
python manage.py makemigrations
python manage.py migrate
```

第一个命令生成迁移文件；第二个命令检查INSTALLED_APPS设置，为其中的每个应用创建需要的数据表，至于具体会创建什么样的数据表，取决于pyqi/settings.py设置文件和每个应用的数据库迁移文件(稍后会介绍)。第一个命令执行的每个迁移操作都会显示在终端。

❖ **注意：**

如前所述，为了方便大多数项目，Django默认激活了一些应用，但并不是任何情况下都需要它们。如果不需要某个或某些应用，可在运行migrate命令前毫无顾虑地在INSTALLED_APPS中注释或删除它们。migrate命令只会为INSTALLED_APPS中声明的应用进行数据库迁移。

14.4.2 为polls应用创建模型

在Django中创建数据库驱动的Web应用的第一步是定义模型，也就是定义数据库结构和附加的其他元数据。

模型是真实数据简单且明确的描述，包含存储数据时所需要的字段和行为。Django的迁移代码是由模型文件自动生成的，本质上只是一些历史记录，Django可使用模型进行数据库的滚动更新，通过这种方式能使更新后的数据和当前的模型匹配。

使用python manage.py startapp polls创建投票应用。在投票应用中创建两个模型：Question和Choice。其中，Question模型包括问题描述(question_text)和发布时间(pub_date)；Choice模型包含选项描述(choice_text)和当前得票数(votes)。

打开polls/models.py文件，输入以下代码，创建Question和Choice模型：

```
#polls/models.py
from django.db import models

class Question(models.Model):
    question_text = models.CharField(max_length=200)
    pub_date = models.DateTimeField('date published')

class Choice(models.Model):
    question = models.ForeignKey(Question, on_delete=models.CASCADE)
    choice_text = models.CharField(max_length=200)
    votes = models.IntegerField(default=0)
```

以上代码在定义模型时，每个模型继承于django.db.models.Model，其中有一些类变量，它们都表示模型中的数据库字段。

每个字段都是Field类的实例。例如，字符字段被表示为CharField，日期时间字段被表示为DateTimeField。这将告诉Django每个字段要处理的数据类型。

每个Field实例变量的名称(如question_text或pub_date)也是字段名，所以最好使用友好的格式。开发人员将会在Python代码中使用它们，而数据库会将它们作为列名。

可以使用可选项为Field实例变量定义人类可读的名称。如果某个字段没有提供名称，

Django将使用对机器友好的名称，也就是变量名。上面的例子只为Question.pub_date定义了对人类友好的名称。对于其他字段，对机器友好的名称也会被作为对人类友好的名称使用。

定义某些Field实例需要参数，例如，CharField需要max_length参数，这个参数不仅用来定义数据库结构，也用于验证数据，稍后将介绍这方面的内容。

Field实例也能接收多个可选参数；在上面的例子中，将votes的default(也就是默认值)设为0。

注意，上面的代码使用ForeignKey定义了一个关系。这将告诉Django，将每个Choice对象都关联到Question对象上。Django支持所有常用的数据库关系：多对一、多对多和一对一。

14.4.3　为polls应用激活模型

前面创建模型的代码为Django提供了很多信息，通过这些信息，Django可以为这个应用创建数据库模式(生成create table语句)；创建可以与Question和Choice对象进行交互的Python DB API。

创建模型后，需要将polls应用安装到项目中。在配置文件settings.py的INSTALLED_APPS中添加设置。因为PollsConfig类写在文件polls/apps.py中，所以它的点式路径是polls.apps.PollsConfig。因此，在文件pyqi/settings.py中，为INSTALLED_APPS子项添加如下点式路径：

```
#pyqi/settings.py
INSTALLED_APPS = [
    'polls.apps.PollsConfig',
    'django.contrib.admin',
    'django.contrib.auth',
    'django.contrib.contenttypes',
    'django.contrib.sessions',
    'django.contrib.messages',
    'django.contrib.staticfiles',
]
```

之后，项目中就包含了polls应用。接着运行如下命令：

```
python manage.py makemigrations polls
```

将会有如下输出：

```
Migrations for 'polls':
  polls\migrations\0001_initial.py
    - Create model Choice
    - Create model Question
    - Add field question to choice
```

然后执行以下命令，对数据表进行更新中：

```
python manage.py migrate 0001
```

输出如下：

```
Operations to perform:
  Apply all migrations: polls
```

```
Running migrations:
    Applying polls.0001_initial... OK
```

运行make migrations命令，Django会检测到模型文件发生了修改，并且会把修改的部分存储为一次迁移。

迁移是Django对于模型定义(也就是数据库结构)所发生变化的存储形式，它们其实也只是磁盘上的一些文件。模型的迁移数据被存储在polls/migrations/0001_initial.py中。

Django中自动执行数据库迁移并同步管理数据库结构的命令是migrate。首先看看迁移命令会执行哪些SQL语句。sqlmigrate命令会接收迁移的名称，然后返回对应的SQL：

```
python manage.py sqlmigrate polls 0001
```

输出结果如下：

```
BEGIN;
--
-- 创建Choice模型
--
create table "polls_choice" ("id" integer NOT NULL PRIMARY KEY AUTOINCREMENT, "choice_text"
varchar(200) NOT NULL, "votes" integer NOT NULL);
--
-- 创建Question模型
--
create table "polls_question" ("id" integer NOT NULL PRIMARY KEY AUTOINCREMENT, "question_text"
varchar(200) NOT NULL, "pub_date" datetime NOT NULL);
--
-- Add field question to choice
--
alter table "polls_choice" RENAME TO "polls_choice__old";
create table "polls_choice" ("id" integer NOT NULL PRIMARY KEY AUTOINCREMENT, "choice_text"
varchar(200) NOT NULL, "votes" integer NOT NULL, "question_id" integer NOT NULL REFERENCES
"polls_question" ("id") DEFERRABLE INITIALLY DEFERRED);
insert into "polls_choice" ("id", "choice_text", "votes", "question_id") select "id", "choice_text", "votes",
NULL from "polls_choice__old";
drop table "polls_choice__old";
create index "polls_choice_question_id_c5b4b260" on "polls_choice" ("question_id");
commit;
```

此处输出的内容和使用的数据库有关，上面的输出示例使用的是SQLite。

数据库的表名是由应用名(polls)和模型名的小写形式(question和choice)连接而成的。如果需要，可以自定义此行为。当模型没有指定主键时，系统会自动创建。

默认情况下，Django会在外键字段名后追加字符串"_id"，也可以自定义。外键关系由FOREIGN KEY生成。

生成的SQL语句是为所用的数据库定制的，所以那些和数据库有关的字段类型，如auto_increment(MySQL)、serial(PostgreSQL)和integer primary key autoincrement(SQLite)，Django会自动处理。对于是使用单引号还是双引号这样的问题，也一样会被自动处理。

这个sqlmigrate命令并没有真正在数据库中执行迁移，只是把命令输出到屏幕上，让开发人员看看Django需要执行哪些SQL语句。这在开发人员或DBA想查看Django到底准备做什么时会很有用。可以运行python manage.py check命令检查项目中的问题，在检查过程中不会对数据库进行任何操作。

再次运行migrate命令，在数据库中为新定义的模型创建数据表：

```
python manage.py migrate
Operations to perform:
    Apply all migrations: admin, auth, contenttypes, polls, sessions
Running migrations:
    Rendering model states... DONE
    Applying polls.0001_initial... OK
```

migrate命令将选中所有还未执行的迁移(Django通过在数据库中创建特殊表django_migrations来跟踪执行过哪些迁移)并应用到数据库上，也就是将对模型的更改同步到数据库结构上。

迁移是一个非常强大的功能，可在开发过程中持续地更改数据库结构而不需要重新删除和创建表，可使开发人员专注于使数据库平滑升级而不会丢失数据。

总之，更改模型需要如下三步：

(1) 编辑models.py文件，更改模型。

(2) 运行python manage.py makemigrations，为模型的更改生成迁移文件。

(3) 运行python manage.py migrate，应用数据库迁移。

数据库迁移被分解成生成和应用两个命令，这是为了能够在代码控制系统中提交迁移数据并使之能在多个应用中使用。这不仅能使开发更简单，也会给其他开发人员和生产环境中的使用带来方便。

14.4.4 测试生成的模型API

现在进入交互式Python命令行，尝试Django通过模型创建的各种API。通过以下命令打开Python命令行：

```
python manage.py shell
```

成功进入命令行后，下面试着测试所生成的DB API：

```
>>> from polls.models import Choice, Question    # 导入创建的模型
>>> Question.objects.all()
<QuerySet []>
# 创建Question模型
>>> from django.utils import timezone
>>> q = Question(question_text="What's new?", pub_date=timezone.now())
# 将模型对象保存到数据库
>>> q.save()
# 查看对象id
>>> q.id
1
# 访问值
>>> q.question_text
"What's new?"
>>> q.pub_date
datetime.datetime(2023, 7, 13, 7, 6, 49, 826819, tzinfo=datetime.timezone.utc)
# 修改对象的属性值
>>> q.question_text = "What's up?"
>>> q.save()
```

```
# 使用objects.all()显示所有的问题
>>> Question.objects.all()
<QuerySet [<Question: Question object (1)>]>
```

从输出结果可以看出，<Question: Question object (1)>对于了解这个对象的细节没有什么帮助。下面通过编辑Question模型的代码(位于polls/models.py中)来修复这个问题。给Question和Choice模型添加__str__()方法。

```
from django.db import models

class Question(models.Model):
    # ...
    def __str__(self):
        return self.question_text

class Choice(models.Model):
    # ...
    def __str__(self):
        return self.choice_text
```

给模型添加__str__()方法很重要，这不仅能为在命令行中使用该方法带来方便，还能在Django自动生成的admin中使用该方法表示对象。

注意，这些都是常规的Python方法。下面添加自定义方法：

```
#polls/models.py
import datetime

from django.db import models
from django.utils import timezone

class Question(models.Model):
    # ...
    def was_published_recently(self):
        return self.pub_date >= timezone.now() - datetime.timedelta(days=1)
```

新添加的import datetime和from django.utils import timezone，分别导入了Python的标准模块datetime和Django中与时区相关的django.utils.timezone工具模块。

保存文件，然后运行python manage.py shell命令，再次打开Python交互式命令行：

```
>>> from polls.models import Choice, Question
>>> Question.objects.all()
<QuerySet [<Question: What's up?>]>
>>> Question.objects.filter(id=1)
<QuerySet [<Question: What's up?>]>
>>> Question.objects.filter(question_text__startswith='What')
<QuerySet [<Question: What's up?>]>
>>> from django.utils import timezone
>>> current_year = timezone.now().year
>>> Question.objects.get(pub_date__year=current_year)
<Question: What's up?>
# 访问不存在的id将报错
>>> Question.objects.get(id=2)
Traceback (most recent call last):
    ...
DoesNotExist: Question matching query does not exist.
```

```
# 通过主键访问记录
>>> Question.objects.get(pk=1)
<Question: What's up?>

# 确保自定义方法能正常工作
>>> q = Question.objects.get(pk=1)
>>> q.was_published_recently()
True
>>> q = Question.objects.get(pk=1)
>>> q.choice_set.all()
<QuerySet []>
# 创建三个选项
>>> q.choice_set.create(choice_text='Not much', votes=0)
<Choice: Not much>
>>> q.choice_set.create(choice_text='The sky', votes=0)
<Choice: The sky>
>>> c = q.choice_set.create(choice_text='Just hacking again', votes=0)
>>> c.question
<Question: What's up?>
>>> q.choice_set.all()
<QuerySet [<Choice: Not much>, <Choice: The sky>, <Choice: Just hacking again>]>
>>> q.choice_set.count()
3
>>> Choice.objects.filter(question__pub_date__year=current_year)
<QuerySet [<Choice: Not much>, <Choice: The sky>, <Choice: Just hacking again>]>

>>> c = q.choice_set.filter(choice_text__startswith='Just hacking')
>>> c.delete()
```

14.4.5　使用Django管理界面

为员工或客户生成用于添加、修改和删除内容的后台工作是一项缺乏创造性且乏味的工作。因此，Django会自动地根据模型创建后台界面。

Django的诞生源于公众页面和内容发布者页面完全分离的新闻类站点的开发过程中。站点管理人员需要使用管理系统来添加新闻、事件和体育资讯等，并将添加的这些内容显示在公众页面上。Django通过为站点管理人员创建统一的内容编辑界面实现了该功能。

管理界面不是为网站的访问者准备的，而是为管理者准备的。

1. 创建管理员账号

首先，创建能登录管理界面的用户，命令如下：

python manage.py createsuperuser

输入想要使用的用户名，然后按下回车键：

Username: admin

然后系统会提示用户输入想要使用的邮件地址：

Email address: admin@example.com

最后需要输入密码。这里会要求用户输入密码两次，第二次输入密码的目的是确认第一次输入的密码确实是想要的密码。

Password: **********
Password (again): *********
Superuser created successfully.

2. 启动服务器

Django管理界面默认情况下就处于启用状态。下面启动服务器，看看它的运行情况：

```
python manage.py runserver
```

打开浏览器，转到本地域名的"/admin/"目录，如http://127.0.0.1:8000/admin/，应该会看见如图14-5所示的管理员登录界面。

图14-5　管理员登录界面

3. 站点管理界面

使用前面创建的超级用户登录管理员界面，单击Log in按钮后，将看到站点管理界面的索引页，如图14-6所示。

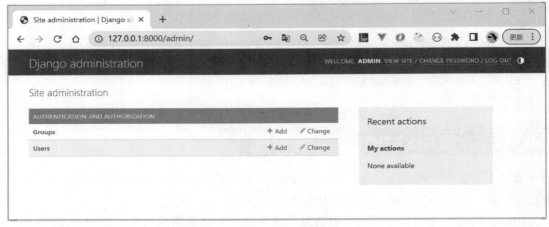

图14-6　索引页

在这里可以看到几种可编辑的内容：组和用户。它们是由django.contrib.auth提供的，这是Django开发的认证框架。

4. 向站点管理界面中添加Question和Choice模型

在索引页中，我们只看到了Django框架本身自带的用户组Group和用户表Users。那么，可以把创建的模型添加到站点管理界面中进行管理吗？当然可以。

只需要做一件事：告诉站点管理界面，Question对象需要被管理。打开polls/admin.py文件，进行如下编辑：

```
#polls/admin.py
from django.contrib import admin
from .models import Question
admin.site.register(Question)
```

在确保服务器开启的情况下，刷新站点管理界面，如图14-7所示。

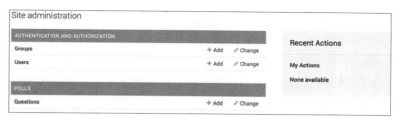

图14-7　添加的Question模型

单击Questions，将看到Question对象的变化列表。这个界面会显示数据库中的所有Question对象，可以对它们进行修改，如图14-8所示。

图14-8　Question对象

单击"What's up?"即可编辑这个Question对象，如图14-9所示。

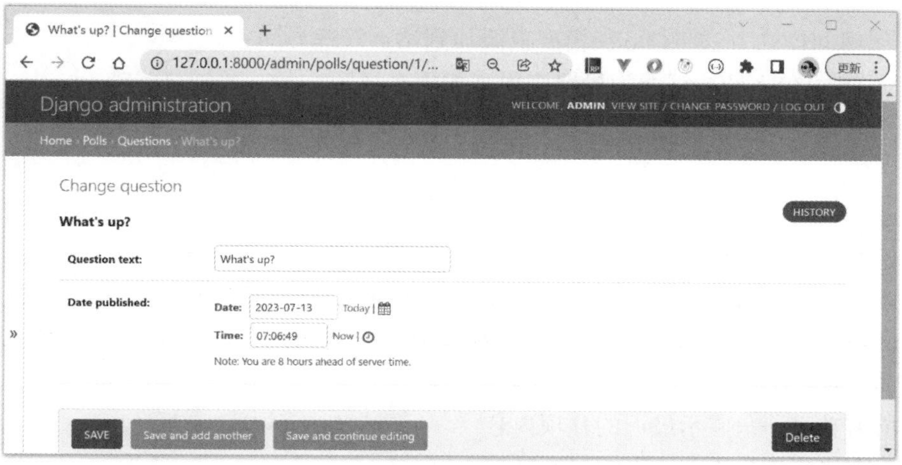

图14-9　编辑Question对象

图14-9中的表单是由Question模型自动生成的。不同的字段类型(如日期时间字段DateTimeField、字符字段CharField)会生成对应的HTML输入控件。每个类型的字段都知道该如何在管理界面中显示自己。

每个日期时间字段DateTimeField都有用JavaScript编写的快捷按钮。日期有转到今天(Today)的快捷按钮和弹出式日历界面。时间有设为现在(Now)的快捷按钮和用于列出常用时间的弹出式列表。

图14-9的底部提供了以下几个选项。

- 保存(SAVE)：保存所做的修改，然后返回对象列表。
- 保存并继续编辑(Save and continue editing)：保存所做的修改，然后重新载入当前对象的修改界面。

◯ 保存并新增(Save and add another)：保存所做的修改，然后添加一个新的空对象并载入修改界面。

◯ 删除(Delete)：显示确认删除界面。

如果这里显示的"发布日期"(Date published)和前面创建它们的时间不一致，那么意味着TIME_ZONE的设置可能不正确。对于这种情况，试着修改设置，然后重新载入界面，看看是否显示了正确的值。

可通过单击Today(今天)和Now(现在)按钮修改Date published(发布日期)，然后单击Save and add another(保存并继续编辑)按钮，接着单击右上角的HISTORY(历史)按钮，将看到一个列出了所有通过Django管理界面对当前对象进行改变的界面，其中列出了时间戳和进行修改操作的用户名，如图14-10所示。

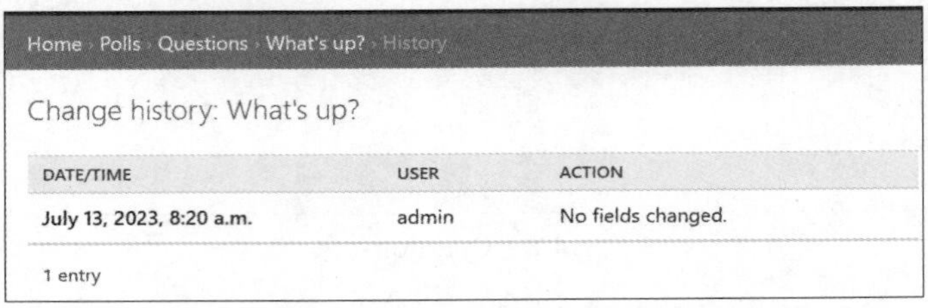

图14-10 修改历史记录

接着使用同样的方法将Choice模型也添加到站点管理界面中。

熟悉了DB API之后，下面为投票应用添加更多视图。

14.5 完善投票应用的视图

本节将继续以投票应用polls为例，重点介绍如何创建公用界面——又称为"视图"。

Django中的视图是一类具有相同功能和模板的网页的集合。例如，在博客应用中，可能会创建如下视图。

◯ 博客首页——展示最近的几项内容。

◯ 内容"详情"页——详细展示某项内容。

◯ 以年为单位的归档页——展示选中的年份中各个月份创建的内容。

◯ 以月为单位的归档页——展示选中的月份中每天创建的内容。

◯ 以天为单位的归档页——展示选中日子中创建的所有内容。

◯ 评论处理器——用于响应为某项内容添加评论的操作。

而在投票应用中，需要下列视图。

◯ 问题索引页——展示最近的几个投票问题。

◯ 问题详情页——展示某个投票问题和不带结果的选项列表。

◯ 问题结果页——展示某个投票问题的结果。

◯ 投票处理器——用于响应用户为某个问题的特定选项投票的操作。

在Django中，网页和其他内容都从视图派生而来。视图表现为简单的Python函数。

Django将根据用户请求的 URL 来选择使用哪个视图(更准确地说，是根据URL中域名之后的部分)。

在上网时，我们经常看到类似下面这样的URL：

ME2/Sites/dirmod.asp?sid=&type=gen&mod=Core+Pages&gid=A6CD4967199A42D9B65B1B

Django中的URL规则要比这优雅很多。URL模式定义了某种URL的基本格式，例如，/newsarchive/<year>/<month>/。

为了将URL和视图关联起来，Django使用URLconf将URL模式映射到视图。

14.5.1　编写视图

前面编写了一个视图，本节中将编写问题详情视图detail、结果视图results以及投票视图vote。首先向polls/views.py中添加这些视图，这些视图有一些不同，因为它们接收不同的参数。程序如下：

```python
def detail(request, question_id):
    return HttpResponse("You're looking at question %s." % question_id)

def results(request, question_id):
    response = "You're looking at the results of question %s."
    return HttpResponse(response % question_id)

def vote(request, question_id):
    return HttpResponse("You're voting on question %s." % question_id)
```

把这些新视图添加到polls.urls模块中，在此只需要添加几个url()函数调用：

```python
from django.urls import path

from . import views

urlpatterns = [
    # ex: /polls/
    path('', views.index, name='index'),
    # ex: /polls/5/
    path('<int:question_id>/', views.detail, name='detail'),
    # ex: /polls/5/results/
    path('<int:question_id>/results/', views.results, name='results'),
    # ex: /polls/5/vote/
    path('<int:question_id>/vote/', views.vote, name='vote'),
]
```

然后刷新浏览器，如果转到"/polls/34/"，Django将运行detail()方法并且展示URL中提供的问题ID。再试试"/polls/34/vote/"和"/polls/34/vote/"，将看到暂时用于占位的结果视图和投票视图。

当用户请求网站的某一页面时，如"/polls/34/"，Django将载入pyqi.urls模块，因为这已在配置项ROOT_URLCONF中设置过。然后Django寻找名为urlpatterns的变量并按序匹配正则表达式。在找到匹配项'polls/'后，切掉匹配的文本("polls/")，将剩余文本——"34/"发送至'polls.urls' URLconf做进一步处理。在这里，剩余文本匹配'<int:question_id>/'，使得Django

以如下形式调用detail()：

> detail(request=<HttpRequest object>, question_id=34)

question_id=34由<int:question_id>匹配生成。使用尖括号"捕获"这部分URL，并以关键字参数的形式发送给视图函数。上述字符串的question_id部分定义了将被用于区分匹配模式的变量名，而int:则是URL路径，转换器决定了应该以什么变量类型匹配这部分URL路径。

14.5.2 为视图添加模板

每个视图必须做两件事：返回包含被请求页面内容的HttpResponse对象；或者抛出异常，如Http404。

视图可从数据库中读取记录、使用模板引擎(可以是Django自带的，也可以是其他第三方的)、生成PDF文件、输出XML、创建ZIP文件，等等。

Django只要求返回的是HttpResponse对象或者抛出异常。

因为Django自带的DB API很易用，所以下面尝试在视图中使用它。在index()函数中插入一些新内容，让它能展示数据库中以发布日期排序的最近5个投票问题，以空格分隔这些问题。在polls/views.py文件中修改index()函数(其他函数不变)：

```
from django.http import HttpResponse
from .models import Question

def index(request):
    latest_question_list = Question.objects.order_by('-pub_date')[:5]
    output = ', '.join([q.question_text for q in latest_question_list])
    return HttpResponse(output)
```

这里有个问题：页面的设计已写死在视图函数的代码中。如果想改变页面的外观，需要编辑Python代码，这相当麻烦。如果我们使用Django的模板系统，只需要创建一个视图，就可以将页面的设计从代码中分离出来。

首先，在polls目录中创建templates子目录。Django将会在这个子目录中查找模板文件。

项目的TEMPLATES配置项描述了Django如何载入和渲染模板。默认的设置文件设置了DjangoTemplates后端，并将APP_DIRS设置为True。这一选项会让DjangoTemplates在每个INSTALLED_APPS文件夹中寻找templates子目录。这就是尽管没有修改DIRS设置，Django也能正确找到polls的模板位置的原因。

在刚刚创建的templates子目录中，再次创建目录polls，然后在其中新建文件index.html。换句话说，模板文件的路径应该是polls/templates/polls/index.html。因为Django会寻找对应的app_directories，所以只需要使用polls/index.html就可以引用这一模板。

注意，虽然可以将模板文件直接放在polls/templates文件夹中(而不是再创建polls子文件夹)，但是这样做不太好。Django将会选择第一个匹配的模板文件，如果有一个模板文件正好和另一个应用中的某个模板文件重名，Django将无法区分它们。我们需要帮助Django选择正确的模板，最简单的方法就是将其放入各自的名称空间中，也就是把这些模板放入一个和自身应用重名的子文件夹中。

将下面的代码输入刚刚创建的模板文件polls/templates/polls/index.html中：

```
{% if latest_question_list %}
    <ul>
    {% for question in latest_question_list %}
        <li><a href = "/polls/{{ question.id }}/">{{ question.question_text }}</a></li>
    {% endfor %}
    </ul>
{% else %}
    <p>No polls are available.</p>
{% endif %}
```

然后，更新polls/views.py中的index视图以使用模板：

```
from django.http import HttpResponse
from django.template import loader

from .models import Question

def index(request):
    latest_question_list = Question.objects.order_by('-pub_date')[:5]
    template = loader.get_template('polls/index.html')
    context = {
        'latest_question_list': latest_question_list,
    }
    return HttpResponse(template.render(context, request))
```

上述代码的作用是载入polls/index.html模板文件，并向它传递一个上下文(context)。这个上下文是一个字典，它将模板内的变量映射为Python对象。

用浏览器访问"/polls/"，将看见一个无序列表，其中列出了前面添加的"What's up"投票问题，链接指向这个投票问题的详情页。

14.5.3　渲染模板

载入模板，填充上下文，再返回由它生成的HttpResponse对象是一个很常见的操作流程。为此，Django提供了快捷函数render()，用它来重写index()函数：

```
from django.shortcuts import render

from .models import Question

def index(request):
    latest_question_list = Question.objects.order_by('-pub_date')[:5]
    context = {'latest_question_list': latest_question_list}
    return render(request, 'polls/index.html', context)
```

注意，这里不再需要导入loader和HttpResponse。如果还有其他函数，而detail、results和vote视图需要用到，就仍需导入HttpResponse。

14.5.4　抛出Http404异常

在查看某个问题时，需要传入question_id，如果传入的question_id不存在，系统将抛出异常。Django此时会输出一堆默认的报错信息，对于这些信息，用户的体验非常不友好。实际项目中合理的处理方法是抛出404异常，并渲染定制好的404异常提示页面。下面介绍如何抛出404异常。

现在处理投票详情视图——它会显示指定的投票问题的标题。下面是polls/views.py视图的代码：

```
from django.http import Http404
from django.shortcuts import render

from .models import Question
# ...
def detail(request, question_id):
    try:
        question = Question.objects.get(pk=question_id)
    except Question.DoesNotExist:
        raise Http404("Question does not exist")
    return render(request, 'polls/detail.html', {'question': question})
```

重新运行程序，访问detail视图时，如果与指定的question_id对应的问题不存在，这个视图就会抛出Http404异常。

14.5.5　get_object_or_404()

尝试用get()函数获取一个对象，如果这个对象不存在，就抛出Http404异常，这也是一个常见的流程。Django为此提供了一个快捷函数，下面是修改后的polls/views.py视图的代码：

```
from django.shortcuts import get_object_or_404, render

from .models import Question
# ...
def detail(request, question_id):
    question = get_object_or_404(Question, pk=question_id)
    return render(request, 'polls/detail.html', {'question': question})
```

为什么这里使用辅助函数get_object_or_404()而不是自己捕获ObjectDoesNotExist异常呢？另外，为什么模型API不直接抛出ObjectDoesNotExist异常而是抛出Http404异常呢？

因为这样做会增加模型层和视图层的耦合性。Django设计的最重要指导思想之一就是保证松散耦合。一些受控的耦合将被包含在django.shortcuts模块中。

get_list_or_404()函数和get_object_or_404()函数的工作原理一样，只是get()函数被换成filter()函数，如果列表为空列表，会抛出Http404异常。

14.5.6　为投票应用使用模板

下面回顾一下detail视图，它向模板传递了上下文变量question。下面是polls/templates/polls/ detail.html模板中正式的代码：

```
<h1>{{ question.question_text }}</h1>
<ul>
{% for choice in question.choice_set.all %}
    <li>{{ choice.choice_text }}</li>
{% endfor %}
</ul>
```

模板系统统一使用点符号来访问变量的属性。在示例{{question.question_text}}中，首先Django尝试对Question对象使用字典查找，也就是使用obj.get(str)操作，如果失败了，就尝试使用属性查找(也就是obj.str操作)。如果这一操作也失败了，将尝试使用列表查找(也就是obj[int]操作)。

在{% for %}循环中发生的函数调用如下：question.choice_set.all被解释为Python代码question.choice_set.all()，这将返回一个可迭代的Choice对象，这个Choice对象可在{% for %}标签内使用。

前面在polls/index.html中编写投票链接时，链接是硬编码的：

```
<li><a href="/polls/{{ question.id }}/">{{ question.question_text }}</a></li>
```

这种方式对于包含很多应用的项目来说，修改起来十分困难。然而，因为在polls.urls的url()函数中通过name参数为URL定义了名称，所以可使用{% url %}标签代替它：

```
<li><a href="{% url 'detail' question.id %}">{{ question.question_text }}</a></li>
```

{% url %}标签的工作方式是：在polls.urls模块的URL定义中寻找具有指定名称的条目。可以回忆一下，具有名称 'detail' 的 URL 是在如下语句中定义的：

```
...
path('<int:question_id>/', views.detail, name='detail'),
...
```

如果想修改投票详情视图的 URL，比如想改成polls/specifics/12/，则不用在模板中修改任何东西(包括其他模板)，只需要在polls/urls.py中做如下修改：

```
...
path('specifics/<int:question_id>/', views.detail, name='detail'),
...
```

14.5.7　为URL名称添加名称空间

在真实的项目中，可能会有5个、10个、20个甚至更多个应用。Django如何分辨重名的URL呢？举个例子，polls应用有detail视图，可能另一个博客应用也有同名的视图。Django如何知道{% url %}标签到底对应哪个应用的URL呢？

为了解决这个问题，Django在根URLconf中添加了名称空间。在polls/urls.py文件中稍作修改，添加**app_name**以设置名称空间：

```
from django.urls import path

from . import views

app_name = 'polls'
urlpatterns = [
    path('', views.index, name='index'),
    path('<int:question_id>/', views.detail, name='detail'),
    path('<int:question_id>/results/', views.results, name='results'),
    path('<int:question_id>/vote/', views.vote, name='vote'),
]
```

现在，编辑polls/index.html文件，将

```
<li><a href="{% url 'detail' question.id %}">{{ question.question_text }}</a></li>
```

修改为指向具有名称空间的详细视图：

```
<li><a href="{% url 'polls:detail' question.id %}">{{ question.question_text }}</a></li>
```

14.6   为投票应用定制表单

本节将继续编写投票应用，在投票应用中引入表单技术，介绍简单的表单处理并精简代码。表单在Web应用中主要用来收集资料，如用户注册功能。

14.6.1   编写表单

下面更新前面编写的投票详情页面的模板polls/templates/polls/detail.html，让它包含HTML <form>元素：

```
<h1>{{ question.question_text }}</h1>

{% if error_message %}<p><strong>{{ error_message }}</strong></p>{% endif %}

<form action="{% url 'polls:vote' question.id %}" method="post">
{% csrf_token %}
{% for choice in question.choice_set.all %}
    <input type="radio" name="choice" id="choice{{ forloop.counter }}" value="{{ choice.id }}" />
    <label for="choice{{ forloop.counter }}">{{ choice.choice_text }}</label><br />
{% endfor %}
<input type="submit" value="Vote" />
</form>
```

上面的模板在问题的每个选项前都添加了一个单选按钮。每个单选按钮的value属性是对应的各个选项的ID；每个单选按钮的name是"choice"。这意味着，当选中一个单选按钮并提交表单时，将发送POST数据choice=#，其中#表示所选项的ID。这是HTML表单的基本概念。

对于上面代码中的action="{% url 'polls:vote' question.id %}"，method="post"的method="post"非常重要，因为提交表单的行为会改变服务器端的数据。无论何时，当需要创建改变

服务器端数据的表单时，应使用method="post"。

forloop.counter指示for标签已循环了多少次。

由于创建了一个POST表单(它具有修改数据的作用)，因此需要小心跨站请求伪造。Django提供了用于防御系统的功能，所有针对内部URL的POST表单都应该使用{% csrf_token %}模板标签。

现在创建一个Django视图来处理提交的数据。记住，要在投票应用中创建一个URLconf:

```
path('<int:question_id>/vote/', views.vote, name='vote'),
```

另外，还要创建vote()函数的虚拟实现。下面创建一个真实的版本。将如下代码添加到polls/views.py中:

```
from django.http import HttpResponse, HttpResponseRedirect
from django.shortcuts import get_object_or_404, render
from django.urls import reverse

from .models import Choice, Question
# ...
def vote(request, question_id):
    question = get_object_or_404(Question, pk=question_id)
    try:
        selected_choice = question.choice_set.get(pk=request.POST['choice'])
    except (KeyError, Choice.DoesNotExist):
        # 返回该问题并显示详情页
        return render(request, 'polls/detail.html', {
            'question': question,
            'error_message': "You didn't select a choice.",
        })
    else:
        selected_choice.votes += 1
        selected_choice.save()
        # 处理完毕后返回一个HttpResponseRedirect，避免重复提交表单
        return HttpResponseRedirect(reverse('polls:results', args=(question.id,)))
```

request.POST是一个字典对象，可通过关键字的名称获取提交的数据。这个例子中，request.POST['choice']以字符串形式返回所选项的ID。request.POST的值永远是字符串。

注意，Django还以同样方式提供了request.GET，用于访问GET数据，但在代码中显式地使用request.POST，可以保证数据只能通过POST调用进行修改。

如果在request.POST['choice']数据中没有提供选项，POST将引发KeyError错误。上面的代码检查KeyError错误，如果没有给出选项，将重新显示问题表单和错误信息。

在增加选项的得票数后，代码返回的是HttpResponseRedirect而不是常用的HttpResponse。HttpResponseRedirect只接收一个参数，即用户将要被重定向的URL。

这个例子中，在HttpResponseRedirect的构造函数中使用了reverse()函数。这个函数避免了在视图函数中硬编码URL，但需要提供想要跳转的视图的名称，以及对应的URL模式中需要为视图提供的参数。在本例中，使用设定的URLconf，reverse()调用将返回如下字符串:

```
'/polls/3/results/'
```

其中3是question.id的值。重定向的URL将调用results视图显示最终页面。

如前所述，使用HttpRequest对象时，若有人对问题进行投票，vote视图会将请求重定向到问题的结果界面。下面编写这个视图：

```
#polls/views.py
from django.shortcuts import get_object_or_404, render


def results(request, question_id):
    question = get_object_or_404(Question, pk=question_id)
    return render(request, 'polls/results.html', {'question': question})
```

这和detail视图几乎一模一样，唯一不同的是模板的名称。下面创建polls/results.html模板：

```
#polls/templates/polls/results.html
<h1>{{ question.question_text }}</h1>

<ul>
{% for choice in question.choice_set.all %}
    <li>{{ choice.choice_text }} -- {{ choice.votes }} vote{{ choice.votes|pluralize }}</li>
{% endfor %}
</ul>

<a href="{% url 'polls:detail' question.id %}">Vote again?</a>
```

现在，在浏览器中访问/polls/1/后为问题投票。应该可以看到投票结果页面，并且在每次投票后页面都会更新。如果提交时没有选中任何选项，将会看到错误信息。

14.6.2 通用视图

detail和results视图都很简单，但存在冗余问题。用于显示投票列表的index视图和它们类似。

这些视图反映了基本的Web开发中的以下常见流程：根据URL中的参数从数据库中获取数据、载入模板文件，然后返回渲染后的模板。Django为此提供了一种快捷方式，叫作"通用视图"。

通用视图将常见的模式抽象化，可在编写应用时甚至不需要编写Python代码。

下面将投票应用转换成使用通用视图，这样可以精简许多代码。对于该应用，仅需要执行以下几步即可完成转换：

(1) 转换URLconf。

(2) 删除一些不再需要的旧视图。

(3) 基于Django的通用视图引入新的视图。

为什么要重构代码？一般来说，当编写Django应用时，应该先评估一下通用视图是否可以解决所面临的问题。应该在一开始就使用通用视图，而不是进行到一半时再重构代码。

1. 转换URLconf

首先，打开polls/urls.py，对它进行如下修改：

```
from django.urls import path
```

```
from . import views

app_name = 'polls'
urlpatterns = [
    path('', views.IndexView.as_view(), name='index'),
    path('<int:pk>/', views.DetailView.as_view(), name='detail'),
    path('<int:pk>/results/', views.ResultsView.as_view(), name='results'),
    path('<int:question_id>/vote/', views.vote, name='vote'),
]
```

注意，在第二个和第三个匹配准则中，路径字符串中匹配模式的名称由<question_id>改为<pk>。

2. 改良视图和使用通用视图

下一步将删除旧的index、detail和results视图，并用Django的通用视图代替。打开polls/views.py文件，对它进行如下修改：

```
from django.http import HttpResponseRedirect
from django.shortcuts import get_object_or_404, render
from django.urls import reverse
from django.views import generic

from .models import Choice, Question

class IndexView(generic.ListView):
    template_name = 'polls/index.html'
    context_object_name = 'latest_question_list'

    def get_queryset(self):
        """返回最近的5个问题"""
        return Question.objects.order_by('-pub_date')[:5]

class DetailView(generic.DetailView):
    model = Question
    template_name = 'polls/detail.html'

class ResultsView(generic.DetailView):
    model = Question
    template_name = 'polls/results.html'

def vote(request, question_id):
    pass
    # 在没有任何修改时调用
```

这里使用了两个通用视图：ListView和DetailView。这两个视图分别抽象了两个概念："显示对象列表"和"显示特定类型对象的详细信息页面"。

每个通用视图需要知道自己将作用于哪个模型，这由model属性决定。

DetailView需要从URL中捕获名为pk的主键值，所以，对于通用视图，应把question_id修改为pk。

默认情况下，通用视图DetailView使用名为<app name>/<model name>_detail.html的模板。在上述示例中，它将使用polls/question_detail.html模板。template_name属性用来告诉Django使用指定的模板名称，而不是使用自动生成的默认名称。这里也为results视图指定了

template_name——这可确保results和detail视图在渲染时具有不同的外观，即使它们在后台都是同一个DetailView。

类似地，ListView使用名为<app name>/<model name>_list.html的默认模板，使用template_name告诉ListView使用已存在的polls/index.html模板。

在之前的介绍中，提供模板文件时都带有包含question和latest_question_list变量的context变量。对于DetailView，question变量会自动提供——因为使用了Django的Question模型，Django能够为context变量选择合适的名称。然而对于ListView，自动生成的context变量是question_list。为了覆盖这个行为，这里提供了context_object_name属性，表示想要使用latest_question_list。作为一种替换方案，可以对模板进行一些修改以匹配新的context变量——这是一种更便捷的方法，通知Django使用期望的变量名。

14.7 管理投票应用的静态资源

下面继续为投票应用编写测试，现在需要加上样式和图片。

除了服务器端生成的HTML，投票应用通常需要一些额外的文件——如图片、脚本和样式表——以帮助渲染Web页面。在Django中，这些文件统称为"静态文件"。

对于小项目来说，这很容易实现，因为可以随便存放这些静态文件，只要服务器程序能够找到它们。然而对于大项目——特别是由多个应用组成的大项目，处理不同应用所需要的静态文件就显得有点麻烦了。

这就是django.contrib.staticfiles存在的意义，它将各个应用的静态文件(和一些指定目录中的文件)统一收集起来，这样在生产环境中，这些文件就会集中于一个便于分发的地方。

14.7.1 自定义应用界面和风格

首先，在polls目录下创建一个名为static的子目录。Django将在该子目录下查找静态文件，这种方式和Diango在polls/templates/目录下查找模板的方式类似。

Django的STATICFILES_FINDERS设置包含一系列的查找器，它们知道去哪里找到静态文件。AppDirectoriesFinder是默认查找器中的一个，它会在INSTALLED_APPS的每个应用的子文件中寻找名为static的文件夹。管理后台采用相同的目录结构管理静态文件。

在创建的static文件夹中创建一个名为polls的子文件夹，再在polls子文件夹中创建一个名为style.css的文件。换句话说，样式表的路径应是polls/static/polls/style.css。因为AppDirectoriesFinder的存在，所以可在Django中以简单的polls/style.css形式引用此文件，这种引用方式类似引用模板路径的方式。

14.7.2 管理静态资源

虽然可以像管理模板文件一样，把静态文件直接放入polls/static中——而不是创建另一个名为polls的子文件夹，不过这种方式不太合理，因为Django仅会使用第一个找到的静态文件。如果在其他应用中有同名的静态文件，Django将无法区分它们。对于这种情况，需要指引Django选择正确的静态文件，而最简单的方式就是把这些同名的静态文件放入各自的名称空间中，也就是把这些静态文件放入另一个与应用名相同的目录中。

将以下代码放入样式表(polls/static/polls/style.css)：

```
li a {
    color: green;
}
```

下一步，在polls/templates/polls/index.html的文件头添加以下内容：

```
{% load static %}
<link rel="stylesheet" type="text/css" href="{% static 'polls/style.css' %}" />
```

{% static %}模板标签会生成静态文件的绝对路径。

以上就是需要做的全部事情。浏览器重载http://localhost:8000/polls/，然后可以看到投票链接是绿色的(Django样式)，这意味着样式表已被正确加载。

接着，创建用于存放图像的目录。在polls/static/polls目录下创建一个名为images的子目录。在这个子目录中，存放一张名为background.gif的图片。换言之，就是在目录polls/static/polls/images/background.gif中存放一张图片。

随后，在样式表(polls/static/polls/style.css)中添加以下代码：

```
body {
    background: white url("images/background.gif") no-repeat;
}
```

之后，浏览器重载 http://localhost:8000/polls/，便可在屏幕的左上角见到这张背景图片。

14.8　完善投票管理后台

本节将综合应用前面介绍的知识，使用Django自动生成的管理后台为投票应用创建后台管理程序。

14.8.1　修改后台表单

由前面的介绍可知，通过admin.site.register(Question)注册Question模型，Django能够构建一个默认的表单。通常实际项目中，比较倾向于自定义表单的外观和工作方式。开发人员可在注册模型时将这些设置告诉Django。

下面通过重排表单上的字段来看看表单的工作方式。首先，用以下内容替换admin.site.register(Question)：

```
#polls/admin.py
from django.contrib import admin
from .models import Question
```

```
class QuestionAdmin(admin.ModelAdmin):
    fields = ['pub_date', 'question_text']

admin.site.register(Question, QuestionAdmin)
```

在需要修改模型的后台管理选项时，开发人员可按照以下步骤来实现：首先创建一个模型后台类，然后将其作为第二个参数传给admin.site.register()。

这样修改后，Date published字段显示在Question text字段之前，如图14-11所示。

图14-11　字段显示

这种修改方式在只有两个字段时显得没什么用，但对于拥有数十个字段的表单来说，根据字段使用频次来安排显示顺序，对提升工作效率显得尤为重要。

当显示大量字段时，除了显示顺序，显示布局也尤为重要。用户可能更期望将表单分为几个字段集，以便进行管理操作：

```
#polls/admin.py
from django.contrib import admin
from .models import Question

class QuestionAdmin(admin.ModelAdmin):
    fieldsets = [
        (None, {'fields': ['question_text']}),
        ('Date information', {'fields': ['pub_date']}),
    ]

admin.site.register(Question, QuestionAdmin)
```

fieldsets元组中的第一个元素是字段集的标题。运行管理后台，将看到如图14-12所示的表单。

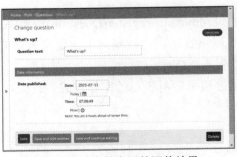

图14-12　表单布局的调整效果

　　问题和选项数据通过外键关联。但在上面的管理界面中，两者没有任何映射，对于这样的显示方式，在管理员管理信息时，是很容易填错的，也很不方便。下面为Question和Choice对象添加关联。

　　有两种方法可以解决这个问题。第一种就是仿照向后台注册Question对象一样注册Choice对象。这种方法很简单，程序如下：

```
#polls/admin.py
from django.contrib import admin

from .models import Choice, Question
# ...
admin.site.register(Choice)
```

　　此时，Choice对象在Django后台界面中就是可用的选项了。Add choice(添加选项)表单如图14-13所示。

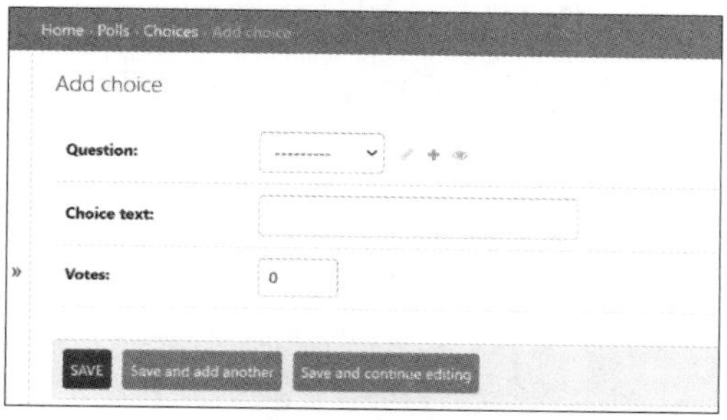

图14-13　Add choice(添加选项)表单

　　在这个表单中，Question字段是一个包含数据库中所有投票的选择框。Django知道要将外键在后台中以选择框的形式展示。此时只有一个投票。

　　同时，注意Question旁边的"添加"按钮(✚)，每个使用外键关联到另一个对象的对象都会自动获得这个功能。当单击"添加"(✚)按钮时，可以看到一个包含"添加投票"功能的表单。如果在这个选择框中添加一个投票，并单击SAVE按钮，Django会将其保存至数据库，并动态地在当前的Add choice表单中选中它。

　　不过，这是一种很低效的添加选项的方法。更好的方法是在创建"投票"对象时直接添加几个选项。下面介绍这种实现方式。

　　移除通过调用register()注册Choice模型的代码。随后，按如下方式修改Question模型的注册代码：

```
#polls/admin.py
from django.contrib import admin
from .models import Choice, Question

class ChoiceInline(admin.StackedInline):
    model = Choice
    extra = 3

class QuestionAdmin(admin.ModelAdmin):
    fieldsets = [
        (None, {'fields': ['question_text']}),
```

```
                ('Date information', {'fields': ['pub_date'], 'classes': ['collapse']}),
        ]
        inlines = [ChoiceInline]

admin.site.register(Question, QuestionAdmin)
```

以上程序告诉Django，Choice对象要在Question后台界面被编辑，默认提供3个选项字段。运行该程序，在后台管理界面中，将打开添加投票页面，如图14-14所示。

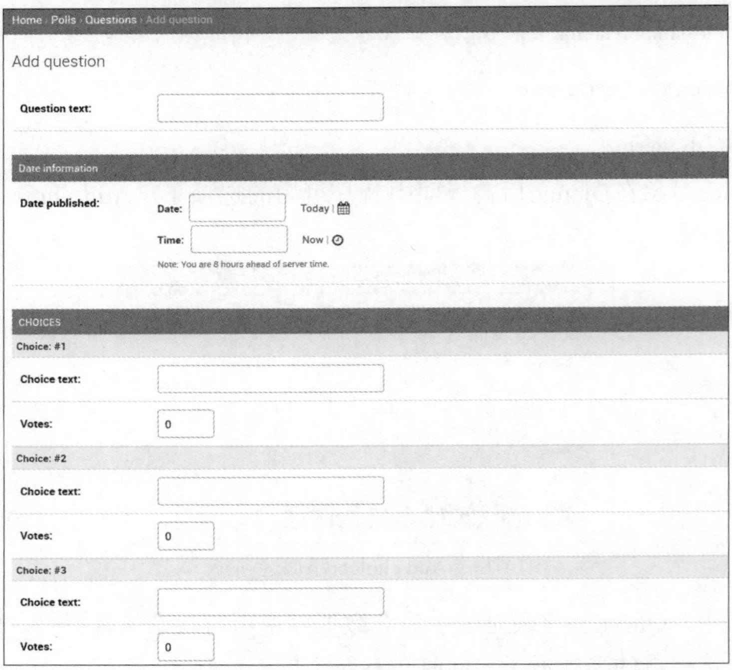

图14-14　添加投票页面

此时添加投票页面有三个关联的插槽——由extra定义，且每次返回已创建的任意对象的"修改"页面时，可以看到这三个新的插槽。

在三个插槽的下面，可以看到Add another Choice(添加新选项)按钮。单击该按钮后，将添加一个新的插槽。如果要移除已有的插槽，可以单击插槽右上角的❌按钮，但是不能移除原始的三个插槽。

前面的Add choice表单(见图14-15)仍然存在一点小问题，它需要占据大量的屏幕区域来显示所有关联的Choice对象的字段。对于这个问题，Django提供了一种表格式的单行显示关联对象的方法。只需要按如下形式修改ChoiceInline声明即可：

```
#polls/admin.py
class ChoiceInline(admin.TabularInline):
    #...
```

通过用TabularInline替代StackedInline，关联对象就能以表格方式展示，这使得显示更紧凑，效果如图14-15所示。

图14-15　修改后的Add choice表单

注意，此时表单中有额外的"DELETE?"列，这允许移除通过Add another Choice按钮添加的或是已保存的数据记录。

14.8.2　修改字段列表

现在，投票应用的后台界面看起来很不错，下面再对更改列表页面进行一些调整，将该页面修改成一个能展示系统中所有投票的页面。

默认情况下，管理后台的更改列表页面只显示一个字段，也就是每个对象的str()方法返回的值。但有时如果能够显示多个字段，它会更有帮助。为此，使用list_display选项指定了一个包含要显示的字段名的元组，在更改列表页面中以列的形式展示这个对象，这非常有用。示例代码如下：

```
#polls/admin.py
class QuestionAdmin(admin.ModelAdmin):
    # ...
    list_display = ('question_text', 'pub_date')
```

为了演示list_display的强大作用，下面再使用前面介绍过的was_published_recently()方法：

```
#polls/admin.py
class QuestionAdmin(admin.ModelAdmin):
    # ...
    list_display = ('question_text', 'pub_date', 'was_published_recently')
```

运行程序，现在投票应用的更改列表页面如图14-16所示。

Home · Polls · Questions

Select question to change　　　　　　　　ADD QUESTION +

Action: _____ ∨ [Go] 0 of 1 selected

□	QUESTION TEXT	DATE PUBLISHED	WAS PUBLISHED RECENTLY
□	What's up?	July 13, 2023, 7:06 a.m.	True

1 question

图14-16　显示多个字段

这时可以单击列标题对这些行进行排序——除了was_published_recently列，因为没有实现排序方法。顺便看一下该列的标题was_published_recently，默认就是方法名(用空格替换下画线)，该列的每行都以字符串形式显示出处。

可通过给这个方法(polls/models.py)添加一些属性来优化页面，代码如下：

```
#polls/models.py
class Question(models.Model):
    # ...
    def was_published_recently(self):
        now = timezone.now()
        return now - datetime.timedelta(days=1) <= self.pub_date <= now
    was_published_recently.admin_order_field = 'pub_date'
    was_published_recently.boolean = True
    was_published_recently.short_description = 'Published recently?'
```

下面再来编辑文件polls/admin.py，优化问题编辑页面中的过滤器，这可通过list_filter来实现。将以下代码添加至QuestionAdmin类：

```
list_filter = ['pub_date']
```

添加了FILTER(过滤器)侧边栏后，管理员就可以通过pub_date字段过滤列表，如图14-17所示。

图14-17　添加过滤器

图14-17中展示的过滤器类型取决于要过滤的字段类型。因为pub_date是DateTimeField类的实例，所以Django知道要提供哪个过滤器：Any date(任意时间)、Today(今天)、Past 7 days(过去7天)、This month(这个月)和This year(今年)。

现在，管理界面的用户体验已足够友好。下面再来扩展搜索框，以免数据量大时查找数据记录不方便。扩展搜索框可通过search_fields实现：

```
search_fields = ['question_text']
```

在列表的顶部添加一个搜索框。当输入待搜项时，Django将搜索question_text字段。可以使用任意多个字段——由于后台使用LIKE查询数据，因此会对待搜索的字段数进行限制，以便对数据库进行查询操作。

除了以上功能，还可以给问题编辑页面添加分页功能，指定每页默认显示的记录条数、默认的变更页分页行为，等等。感兴趣的同学可以多加思考，阅读相关资料并动手练习。

14.8.3　更改后台界面和风格

在前面的管理界面中可以看到，在每个后台页面的顶部显示"Django管理员"显得很滑稽。不过，这只是一串占位符。

对于这种情况，可通过Django的模板系统方便地进行修改。Django的后台由自己驱动，且交互接口采用Django自己的模板系统。

1. 自定义项目模板

在项目目录(包含manage.py的那个文件夹)内创建一个名为templates的子目录。模板可放在系统中Django能找到的任何位置。谁启动了Django，Django就以其用户身份运行。不过，建议把模板放在项目中，因为这样做可以带来很大便利。

打开设置文件pyqi/settings.py，在TEMPLATES设置中添加DIRS选项：

```
#pyqi/settings.py
TEMPLATES = [
    {
        'BACKEND': 'django.template.backends.django.DjangoTemplates',
        'DIRS': [os.path.join(BASE_DIR, 'templates')],
        'APP_DIRS': True,
        'OPTIONS': {
            'context_processors': [
                'django.template.context_processors.debug',
                'django.template.context_processors.request',
                'django.contrib.auth.context_processors.auth',
                'django.contrib.messages.context_processors.messages',
            ],
        },
    },
]
```

DIRS是一个包含多个系统目录的文件列表，在载入Django模板时常用到，它是一个待搜索路径。

2. 组织模板

就像静态文件一样，可以把所有的模板文件存放在一个大的模板目录内，这样做系统也能工作得很好。但是，属于特定应用的模板文件最好放在应用所属的模板目录(如polls/templates)内，而不是放在项目的模板目录(如templates)内。

现在，在templates目录内创建名为admin的子目录，随后，将存放Django默认模板的目录(django/contrib/admin/templates)内的模板文件admin/base_site.html复制到这个子目录内。

Django 的源文件在哪里？ 如果不知道Django的源文件存放在系统的哪个位置，可以运行以下命令：

```
C:\Python\Python311\pyprojects\pyqi> python -c "import django; print(django.__path__)"
```

接着，用站点的名称替换文件内的{{ site_header|default:_('Django administration') }}(包含花括号)。完成后，应该可以看到如下代码：

```
{% block branding %}
<h1 id="site-name"><a href="{% url 'admin:index' %}">Polls Administration</a></h1>
{% endblock %}
```

在真实项目中，可能更期望修改现有的django.contrib.admin.AdminSite.site_header，以进行简单定制，降低成本。

这个模板文件包含很多类似{% block branding %}和{{ title }}的文本。{% 和{{标签是

Django模板语言的一部分。当Django渲染admin/base_site.html时，这种模板语言会被求值，生成最终的网页。

注意，Django默认的所有后台模板均可修改。要重复写模板，可先将其从默认目录复制到自定义目录，再进行修改。

14.9 打包和发布投票系统

可重用性很重要。设计、构建、测试以及维护一个Web应用要做很多工作。很多Python和Django项目都存在一些常见问题。如果能保存并利用这些重复的工作，岂不更好？

14.9.1 重用的重要性

在某个应用开发完毕后，为了最大程度地提升其价值，往往将它安装到不同的项目中，供不同的项目使用。本节将把投票应用polls打包到一个独立的Python包中，以便在新的项目中重用或与他人分享。

可重用性是Python的生存方式。Python软件包索引(PyPI)有很多可在Python程序中使用的软件包。建议查看Django Packages，以了解可整合到项目中的现有可重用应用。Django本身也只是一个Python包。这意味着可将现有的Python包或Django应用组合到自己的Web项目中。只需要编写项目中独一无二的部分即可。

14.9.2 打包项目和应用

假设创建了一个新项目，并且需要一个类似之前创建的投票应用。该如何重用这个应用呢？庆幸的是，同学们已知道了一些相关知识。在前面的学习中，我们使用include从项目级别的URLconf中分隔出polls。下面将进一步使这个应用更易用于新项目中，并发布给其他人安装使用。

Django中，包提供了一组关联的Python代码的简单重用方式。包("模块")包含一个或多个Python代码文件。

包通过import foo.bar或from foo import bar的形式导入。目录(如polls)要成为包，就必须包含特定的文件__init__.py，即便这个文件是空文件。

Django应用仅仅是专用于Django项目的Python包。应用会按照Django的约定，创建好models、tests、urls、views等子模块。

通过重用前面投票系统的开发过程，此时项目目录看起来应该如下所示：

```
pyqi/
    manage.py
    pyqi/
        __init__.py
        settings.py
        urls.py
```

```
            wsgi.py
      polls/
            __init__.py
            admin.py
            migrations/
                  __init__.py
                  0001_initial.py
            models.py
            static/
                  polls/
                        images/
                              background.gif
                        style.css
            templates/
                  polls/
                        detail.html
                        index.html
                        results.html
            tests.py
            urls.py
            views.py
      templates/
            admin/
                  base_site.html
```

1

　　目录polls现在可以被复制到一个新的Django项目中，且可立即被重用。不过，现在还不是发布它的时候。为了这样做，需要打包这个应用，以便其他人安装。

　　首先搭建必需的环境。目前，用于打包Python程序的工具中，有许多工具可以完成此项工作。本节将使用setuptools来打包程序，这是被推荐的一款打包工具，可使用pip来安装和卸载这个工具。

　　安装打包工具后，就可以开始打包应用了。Python中的打包将以一种特殊的格式组织应用，旨在方便安装和使用应用。Django本身就被打包成类似的形式。对于小的应用，如polls，这样做不会太难。

　　首先在项目目录外创建一个名为 django-polls的文件夹，用于存放polls应用。

　　然后为应用选择名称。当为包选择名称时，应避免使用PyPI这样已存在的包名，否则会导致冲突。当创建发布包时，可以在模块名前添加django-前缀，这是一种很常用也十分有用的避免包名冲突的方法，同时也有助于他人在寻找Django应用时确认应用是Django独有的。

　　应用标签(用点分隔的包名的最后一部分)在INSTALLED_APPS中必须是独一无二的。避免使用任何与Django contrib packages文档中相同的标签名，如auth、admin、messages等。

　　接下来将polls目录移入django-polls目录，创建一个名为django-polls/README.rst的文件，内容如下：

django-polls/README.rst
=======

Polls
=====

Polls is a simple Django app to conduct Web-based polls. For each
question, visitors can choose between a fixed number of answers.

Detailed documentation is in the "docs" directory.

Quick start
----

1. Add "polls" to your INSTALLED_APPS setting like this::

       INSTALLED_APPS = [
           ...
           'polls',
       ]

2. Include the polls URLconf in your project urls.py like this::

       path('polls/', include('polls.urls')),

3. Run `python manage.py migrate` to create the polls models.

4. Start the development server and visit http://127.0.0.1:8000/admin/
   to create a poll (you'll need the Admin app enabled).

5. Visit http://127.0.0.1:8000/polls/ to participate in the poll.

创建django-polls/LICENSE文件。选择非本书使用的授权协议，但需要足以说明发布代码没有授权证书是不可能的。Django和很多兼容Django的应用是以BSD授权协议发布的；不过，可以自己选择授权协议。

创建setup.py旨在用于说明构建和安装应用的细节。对该文件的完整介绍超出了本书的讨论范围，但是setuptools文档中有详细的介绍。创建文件django-polls/setup.py，使之包含以下内容：

```python
import os
from setuptools import find_packages, setup

with open(os.path.join(os.path.dirname(__file__), 'README.rst')) as readme:
    README = readme.read()

# allow setup.py to be run from any path
os.chdir(os.path.normpath(os.path.join(os.path.abspath(__file__), os.pardir)))

setup(
    name = 'django-polls',
    version = '0.1',
    packages = find_packages(),
    include_package_data = True,
    license='BSD License',   # example license
    description = 'A simple Django app to conduct Web-based polls.',
    long_description = README,
    url = 'https://www.example.com/',
    author = 'Your Name',
    author_email = 'yourname@example.com',
    classifiers = [
        'Environment :: Web Environment',
```

```
        'Framework :: Django',
        'Framework :: Django :: X.Y',   # replace "X.Y" as appropriate
        'Intended Audience :: Developers',
        'License :: OSI Approved :: BSD License',   # example license
        'Operating System :: OS Independent',
        'Programming Language :: Python',
        'Programming Language :: Python :: 3.5',
        'Programming Language :: Python :: 3.6',
        'Topic :: Internet :: WWW/HTTP',
        'Topic :: Internet :: WWW/HTTP :: Dynamic Content',
    ],
)
```

默认包中只包含Python模块和包。为了包含额外文件，需要创建一个名为 MANIFEST. in 的文件。刚才关于setuptools的文档详细介绍了这个文件。为了包含模板、README.rst 和LICENSE文件，创建django-polls/MANIFEST.in文件，内容如下：

```
django-polls/MANIFEST.in
include LICENSE
include README.rst
recursive-include polls/static *
recursive-include polls/templates *
```

在应用中包含详细文档是可选的，但建议这样做。创建空目录django-polls/docs，用于未来编写文档。额外添加下面这行代码至django-polls/MANIFEST.in文件：

```
recursive-include docs *
```

注意，现在docs目录不会被添加到应用包，除非往这个目录中添加了几个文件。许多 Django应用也通过类似readthedocs.org 这样的网站提供在线文档。

试着通过ptyhon setup.py sdist(在django-polls目录内)构建应用包，这将创建一个名为dist 的目录并构建应用包django-polls-0.1.tar.gz。

14.9.3　安装和卸载自定义包

由于前面把polls目录移出了项目，因此项目无法工作。现在需要通过安装新的django-polls应用来修复这个问题。

以下步骤将以用户库的形式安装django-polls。与安装整个系统的软件包相比，这种安装方式具有许多优点，例如，可在没有管理员访问权限的系统中使用，可防止应用包影响系统服务和其他用户。

注意，这种安装方式仍然会影响以用户身份运行的系统工具，所以virtualenv是一种更强大的解决方案。

为了安装django-polls，可使用pip：

```
pip install --user django-polls/dist/django-polls-0.1.tar.gz
```

幸运的话，Django项目应该再次正确运行。可启动服务器确认这一点。

如果不再需要django-polls，可通过pip卸载，命令如下：

```
pip uninstall django-polls
```

以用户库的形式安装投票应用存在以下缺点：修改用户库会影响系统中的其他Python软件，用户将不能运行此包的多个版本(或者其他同名的包)。一般来说，这些状况只在同时运行多个Django项目时出现。当这个问题出现时，最好的解决办法是使用虚拟环境工具virtualenv。这个工具允许同时运行多个相互独立的Python环境，每个环境都有各自库和应用包所在名称空间的副本。

14.9.4 发布包

现在，大家已对django-polls完成了打包和测试，接下来可向他人分享自己的包了。可通过邮件将包发送给朋友；可将包上传至自己的网站；还可将包发布至公共仓库，如Python Package Index (PyPI)，可通过相关网站学习如何将包发布到公共仓库。

14.10　本章小结

Django是使用Python开发Web应用时用得最多的Web框架，也是Python中的重量级Web框架。本章结合一个投票管理系统的创建过程，详细讲解了Django框架的使用。

首先，介绍了Web框架和Django框架。使用Django框架创建了项目pyqi，并在pyqi项目下创建投票管理系统polls。另外，简单介绍了所生成项目和应用的目录结构。

其次，为pyqi项目配置了数据库连接信息，为投票管理系统创建模型、激活模型、生成需要的数据库表，并将用到的模型添加到管理界面以方便管理。

之后，完善投票应用的视图，内容包括为投票管理系统编写视图、为视图添加模板、渲染模板、妥当处理404错误、为应用使用模板、为URL添加名称空间，等等。

接着，为投票应用定制表单，管理用到的静态资源，定义和完善投票管理系统。

最后，简单介绍了如何打包和发布投票管理系统。

14.11　思考与练习

1. 反复练习本章内容，熟练掌握使用Django创建Web应用的几个关键点：项目和应用创建、数据库的配置、URL的配置、模型、视图、模板、表单、管理后台、项目与应用的打包和发布等。

2. 尝试用Django框架开发一个Web项目。

参考文献

[1] 埃里克·马瑟斯. Python编程从入门到实践[M]. 3版. 袁国忠，译. 北京：人民邮电出版社，2023.

[2] 未蓝文化. 零基础Python从入门到实践[M]. 北京：中国青年出版社，2021.

[3] 明日科技. Python从入门到精通[M]. 2版. 北京：清华大学出版社，2021.

[4] 嵩天，礼欣，黄天羽. Python语言程序设计基础[M]. 2版. 北京：高等教育出版社，2017.

[5] Beazle D M. Python精粹[M]. 卢俊祥，译. 北京：电子工业出版社，2023.

[6] 严蔚敏，吴伟民. 数据结构(C语言版)[M]. 北京：清华大学出版社，2018.

[7] 谢希仁. 计算机网络[M]. 7版. 北京：电子工业出版社，2017.

[8] 张尧学，宋虹，张高. 计算机操作系统教程[M]. 4版. 北京：清华大学出版社，2013.

[9] Silberschatz A，Korth H F，Sudarshan S. 数据库系统概念[M]. 6版. 杨冬青，李红燕，唐世渭，译. 北京：机械工业出版社，2012.

[10] 黄永祥. Django 3 Web应用开发实战[M]. 北京：清华大学出版社，2021.

[11] 胡阳. Django企业开发实战[M]. 北京：人民邮电出版社，2019.

[12] 明日科技，冯春龙，李永才. Python Web开发从入门到实践[M]. 长春：吉林大学出版社，2021.

[13] 沈聪，全树强. 深入理解Django：框架内幕与实现原理[M]. 北京：电子工业出版社，2021.

[14] Chun W. Python核心编程[M]. 3版. 孙波翔，李斌，李晗，译. 北京：人民邮电出版社，2016.

[15] 胡阳. Django企业开发实战 高效Python Web框架指南[M]. 北京：人民邮电出版社，2019.

[16] 牟文斌. Django开发入门与项目实战[M]. 北京：电子工业出版社，2021.

[17] 安东尼奥·米勒. Django 3项目实例精解[M]. 李伟，译. 北京：清华大学出版社，2021.

[18] 贾森·迈尔斯. SQLAlchemy Python数据库实战[M]. 2版. 武传海，译. 北京：人民邮电出版社，2019.

[19] 刘宇宙. Python实战之数据库应用和数据获取[M]. 北京：电子工业出版社，2020.

[20] 苟英，张晓华，高博. Python网络编程从入门到精通[M]. 北京：北京大学出版社，2020.